一套推动和普及中国动漫游戏
教育及产业发展的优秀教材

教育部全国职业教育与成人教育教学用书行业规划教材

"十二五"全国高校动漫游戏专业骨干课程权威教材
专家委员会

指导单位
中国动画学会
中国图形图像学会
中国视协卡通艺委会
连环漫画研究会

总策划
北京电影学院动画学院

总主编
孙立军

出版策划
孙立军
杨绥华
钱晓彬
邹华跃
黄梅琪
蒋湘群
申　彪
吴清平
赵　武

整体企划
赵　武

张会军　（全国政协委员、北京电影学院院长）
孙立军　（北京电影学院动画学院院长）
高福安　（中国传媒大学副校长）
廖祥忠　（中国传媒大学动画学院副院长）
肖永亮　（北京师范大学艺术与传媒学院副院长）
王　钢　（同济大学传播与艺术学院动画系主任）
林　超　（中国美术学院传媒动画学院副院长）
于少非　（中央戏曲学院新媒体艺术系主任）
晓　欧　（中央美术学院城市设计学院动画系主任）
吴冠英　（清华大学美术学院动画实验室主任）
戴铁郎　（著名动画导演）
余为政　（台南艺术学院动画研究所所长）
朱德庸　（著名漫画家）
黄玉郎　（著名漫画家）
严定宪　（著名动画导演）
王庸声　（连环漫画研究会会长）
余培侠　（中央电视台青少中心主任）
沈向洋　（微软亚洲研究院院长）
凯西·史密斯　（美国南加州大学动画系主任）
凯文·盖格　（美国迪斯尼公司著名动画导演）
谢福顺　（新加坡南洋大学计算机工程学院院长副教授）
田　丰　（新加坡南洋理工大学电脑工程学院助理教授）
马志辉　（香港理工大学设计学院副院长）
赖淑玲　（台湾岭东科技大学设计学院院长）
韩永燮　（韩国祥明大学艺术大学教授/画家）

（以上排名不分先后）

本成果系：

2010年度北京市教育委员会社会科学研究计划面上项目（Social Science Research Common Program of Beijing Municipal Commission of Education）《Virtools游戏设计应用研究》课题组最终成果（项目编号：SM201010050010）。

北京地区普通高等学校北京市重点实验室"数字电影技术与艺术实验室"建设项目最终成果之一。

电子游戏互动设计

Virtools开发实战详解

Games Interactive Design:
Virtools Application Tutorial

李晓彬◎著

名师指点　快速入门
步骤详解　透彻分析
案例丰富　精彩实用
游戏设计专业必备教材

海洋出版社

2013年·北京

内 容 简 介

电子游戏是一种新兴的文化现象，也是一个朝阳产业，越来越多的青年人选择游戏行业作为自己未来的职业发展方向。本书按照高等学校游戏专业最新教学大纲编写，全面系统地讲解了电子游戏互动设计的理论与应用。

游戏是艺术与技术相结合的产物，电子游戏的开发与制作是一项复杂的系统工程，随着人们审美观念和审美趣味的提高，分析游戏中所蕴含的思想，分析游戏中可以表现的艺术，将设计者头脑中想到的创意演变成数字游戏的组成部分，是一个艰苦的过程。本书力求将枯燥的理论和脚本编写用实际范例来体现，将前沿的游戏研发知识、理念融合到著作中。本书作者具有丰富的教学经验，全书共有十几个实例与两个完整游戏的开发过程，全部配有完整的操作步骤与实例文件素材，帮助读者降低学习难度，快速入门，迅速掌握互动开发技术。

全书由 9 章构成，第 1 章，游戏设计基础；第 2 章，虚拟物体的互动控制；第 3 章，条件判断与信息传递；第 4 章，角色控制与碰撞设计；第 5 章，虚拟摄像机的控制；第 6 章，智能控制角色复杂运动；第 7 章，粒子系统；第 8 章，动态物体的加载；第 9 章，游戏综合设计与整合发布。

本书适合从事游戏设计、虚拟现实技术、多媒体等方面的制作人员、专业教师、研究生、本科生和爱好者使用。

图书在版编目（CIP）数据

电子游戏互动设计 Virtools 开发实战详解 / 李晓彬著. — 北京：海洋出版社，2013.8
ISBN 978-7-5027-8440-9

Ⅰ. ①电… Ⅱ. ①李… Ⅲ. ①电子游戏－游戏程序－程序设计－教材 Ⅳ. ①TS952.83

中国版本图书馆 CIP 数据核字(2012)第 255860 号

书　　名：电子游戏互动设计:Virtools 开发实战详解	发 行 部：(010) 62132549（传真）(010) 62173651
作　　者：李晓彬	(010) 62100077（邮购）(010) 68038093
责任编辑：赵　武	网　　址：www.oceanpress.com.cn
责任校对：肖新民	承　印：北京画中画印刷有限公司印刷
责任印制：赵麟苏	版　　次：2013 年 8 月第 1 版
排　　版：海洋计算机图书输出中心　晓阳	2013 年 8 月第 1 次印刷
出版发行：海洋出版社	开　　本：787mm×1092mm　1/16
地　　址：北京市海淀区大慧寺路 8 号（716 室）	印　　张：26.25　（彩色 14.5 印张）
100081	字　　数：630 千字
技术支持：(010) 62100052	印　　数：1～4000 册
	定　　价：59.00 元（附 1CD）

本书如有印、装质量问题可与发行部调换

出版者的话

伴随着互联网技术和CG技术日新月异的发展，动漫游戏产业的前景给每个置身其中的人带来了无限的遐想，全世界影视动画、动漫、游戏行业不断制造的财富故事，特别是欧美发达国家、邻国韩日动漫已经成为其国民经济支柱的现实，为中国动漫游戏产业展示着绚丽的色彩。巨大的市场空间及需求，新媒体动画技术的发展，给中国动漫游戏产业再创昔日"中国学派"的辉煌带来了一次难得的历史性机遇，中国动漫游戏产业为"赶上了好时候"而兴奋不已，整个产业正在涌动着激情的创业热潮。

人才是企业及产业发展的"源动力"，已经成为共识。但是目前动漫游戏人才的数量和质量，离产业的需求有相当差距，这无疑使我国快速发展的动漫游戏产业遭遇瓶颈。人才现实的需求，直接催生了近些年来中国动画教育的蓬勃发展，无论是本科、高职还是各类培训班新生人数及在校人数每年都在快速增长。但是动漫游戏毕竟是新生事物，面对这样的新行业、新技术，如何快速提高"教学水平"，为产业培养及输送既有创意又有实操执行能力的"真人才"，是我们教育工作者面临的一个全新挑战。教学的核心是"课程的设置和教材的编写"，一套高标准的"动漫游戏专业高等教育教材"的推出已经成为各类专业院校的普遍需求。

由北京电影学院动画学院、中国动画学会及海洋出版社等知名机构共同发起和组建的"动漫游戏专业高等教育教材编委会"，组织国内优秀的一线老师历时三年，搜集并整理了大量欧美、韩国、日本等优秀的动画游戏学院的课程设置、教材等教学资料，广泛征求了海内外教育专家、技术专家的各类意见，结合国内的实际情况，编写了这套《"十二五"全国高校动漫游戏专业骨干课程权威教材》，力图全面展示"最核心的动漫游戏理论"、"最新的技术"、"最典型的项目应用"，为国内动漫游戏专业提供一套标准的通用教材。只有建立了这样一种规范和标准，才能使来自各个不同的院校毕业生、在日常的工作中有一种共同的知识底蕴，才会有共同的语言去"对话、沟通"，这样的合作正是中国动漫游戏产业迅速做强做大的根本，否则，我们的动漫游戏可能没有产业，只有作坊。

中国的动漫游戏教育刚刚开始，动漫游戏教材又是一个日常日新的巨大工程，"动漫游戏专业高等教育教材编委会"则是一个开放的平台，因此，衷心希望国内外专家，特别是身在教育最前线的老师加入到我们的策划与编写队伍中来，"众人拾柴火焰高"，让我们共同为推动中国的动漫游戏教育及产业的发展贡献自己的心力和才智。时值本套教材出版不久前，国家有关部门连续出台《关于发展我国影视动画产业的若干意见》、《关于实施"中国民族网络游戏出版工程"的通知》及在北京电影学院等著名高校建立"影视动画原创基地"等重大决策，全力规划并支持动漫游戏产业的发展，甚是欣慰，机会真的来了。

动漫游戏专业高等教育教材编委会

教育部全国职业教育与成人教育教学用书行业规划教材

"十二五"全国高校动漫游戏专业骨干课程权威教材
编写委员会

孙立军	齐小玲	蒯 芯	曹小卉	卢 斌
李 亮	马 华	何 澄	徐 铮	叶 风
苏元元	孙 立	黄 颖	陈静晗	张 丽
康小琳	陈 志	马 欣	王珅珅	杨 科
刘 阔	刘 渊	钱明钧	贾云鹏	孙 聪
叶 橹	孙 悦	韩 笑	李晓彬	葛 竞
冯 文	胡国钰	卢 虹	伍振国	戴盼盼
王玉琴	李一冰	周 进	黄 勇	於 水
刘 佳	姚非拉	聂 峻	刘鸿良	单国伟
王庸声	张 宏	姜维朴	缪印堂	王叔德
吴 辉	洪德麟	赖有贤	吴 月	陈海珠
林利国	祖 安	吴 鹏	陈 明	阳泽宇
李广华	李 铃	高鸿生	张 宇	丁理华
李 益	陈昌柱	陈明红	陈 惟	张健翔
陈伟利	吴筱荣	彭 超	张 拓	邢 禹
陈 琢	刘 畅	刘向群	张丕军	李若岩
杜文岚	林 浩	邹 博	陈 雷	吕 波

（以上排名不分先后）

丛书总序

　　进入崭新的21世纪，中国的动画事业将如何发展？

　　尤其在美国、日本的电影动画得到普遍认同和接受，成为举足轻重的类型片以及其动漫画产业蒸蒸日上成为重要的支柱产业的今天，中国动画产业在各方面都存在着有目共睹的差距，甚至在很多领域存在着诸多的空白！

　　中国动画如何在严峻的形势下找到属于自己的出路，再现"中国学派"的辉煌，这些挑战无疑都已经现实地摆在我们的面前。而对于每一个动画从业者，或者是正准备投身于动画事业的人来说，更是责无旁贷！

　　说到我们的动画创作，虽在改革开放后取得了长足的进步和发展，但是与先进国家的差距却已经日益明显地加大。这当中存在着多方面的因素，最为突出的是我国缺乏大批优秀的动画创作性人才，而发展动画教育则又是人才形成的根本保证。

　　要真正发展我国的动画事业，毋庸置疑首先要关注我们动画教育如何真正地完善。虽然我国的动画教育早从20世纪的50年代就已经在北京电影学院等院校中开始，也培养了一批优秀的动画人才，但是随着整个动画的发展，动画教育也显然面临着新的挑战。随着社会各界对于动画事业发展的日益关注，全国各地院校纷纷建立了动画专业，出现了除研究生、本科、大专院校以外，还包括中专、短期培训等等各种层次的教育形式，为更多有志于在动画领域发展的青年提供了大量的学习机会。中国动画教育正表现出极好的发展态势。但是，出于历史、经济等各方面原因，我们的动画教育一直以来都存在着缺乏系统、科学和连续性的弊病；而在课程设置、教学安排等方面也都未能真正实现一个完整的教育体系。不仅如此，我们的动画教育还没有一套完备的、科学的、体系化的专业教材，显然在很大程度上制约着我国动画教育的发展。一套高水准的专业动画教材已经成为我国动画高等教育的普遍需求，但是我们也要看到，要编写这样的一套教材，难度之大可想而知。不仅要将授课内容和动画创作的精华浓缩在有限的文字和图片中，还要用我们比较熟悉的学习方式去布置各种重要的知识点，而且还要将各国动画大师的创作经验以及优秀作品的成功所在进行理论化、科学化的归纳，并结合到行之有效的教学中……这显然更是难上加难。

　　北京电影学院动画专业教育经过多年的教学积累和实践总结，逐步形成了一套行之有效、具备突出特点的课程安排和教学体系。为了让我们积累的一些教学经验与更多的兄弟院校分享，为了动画人才能够在更为系统和科学的教育中茁壮成长，从而培养更多更好的优秀动画工作者，我们开始筹备这套国内最为全面的《"十二五"全国高校动漫游戏专业骨干课程权威教材》。

为了保证本系列教材的科学性和严肃性，我们组织了上百名以北京电影学院动画学院为主体的优秀教师和国内外专家、教授（其中大多都经历过大量的动画创作实践并且参与了动画教学，具备着丰富的教学经验和个人积累），编写历时多年。因此，从组织的人力、物力、数量以及时间的投入等角度来说，本套动画教材可以说是中国有史以来最大型、最权威的动画教材。

在整套教材的安排上，我们的主导思路是将理论建设和实践操作相结合，强调优秀动画作品的理论总结和动画创作的可操作性两个方面。教材关注当前各国动画的最新发展，将动画的创作理念、艺术创作方式和科技手段等方面有机结合，内容包含了动画创作和各种基础训练、专业训练、各类技法以及动画的影片分析、动画剧作训练、动画大师研究……所以在规模上、系统性上都是我国动画教材的首创，我们本着"依靠理论来指导实践，依靠实践来丰富理论"的整体设想在如何突出整个教学体系、课程安排等角度上编写了本系列教材。

本系列教材的编写过程中，在突出教材实用性的同时，我们坚持"观念新、写作手法新、实例新"的理念，一方面在写作上突破死板和教条的语言，将各个学习点从基础到不断深化的过程体现得活泼而生动；另一方面，突出最新的实例来指导教学，拉近知识与生活的距离，让学生在最新的资讯中以最简单的方式获得知识。

整套系列教材从整体策划、收集整理资料，到作者撰写、编辑出版，历时多年，工程浩大，凝聚了许多人的心血，处处体现了工作者脚踏实地的严谨作风，表现出对中国动画教育事业的执着热情。在此，我再次感谢为本套教材付出劳动和努力的每一个人！真诚感谢他们为中国动画教育所作的卓越贡献。

衷心希望此套系列丛书能够在一定程度上"推动我国动画教育的纵深发展，促进我国动画人才的成熟壮大，开创我国的动画创作更为辉煌的局面"的目标，作出我们力所能及的贡献。

当然，由于时间的紧迫以及动画本身创作的复杂性，在编写过程中肯定存在着诸多的不足和纰漏，恳请广大专家、同行批评指正。

本系列丛书不仅可以作为高等院校动画专业的专业教材，同时也适合动画公司的创作人员以及动画爱好者自学使用。

丛书主编
北京电影学院动画学院院长

本书序

电子游戏是一种新兴的文化现象，也是一个朝阳产业。对于培养未来游戏的设计制作人才的我们来说，肩负着时代的重任。因此，研究虚拟互动与游戏设计制作，整理讲解游戏主要开发技术，游戏开发的需求与流程是非常必要的。

电子游戏的开发与制作是一项复杂的系统工程，随着人们审美观念和审美趣味的提高，分析游戏中所蕴含的思想，分析游戏中可以表现的艺术，将设计者头脑中想到的创意演变成数字游戏的组成部分，是一个艰苦的过程，它需要对游戏创意进行精细设计，并使之具备可实施性。

游戏是艺术与技术相结合的产物，本书力求将枯燥的理论和脚本编写用实际范例来体现，将前沿的游戏研发知识、理念融合到著作中。

本书分为九章：

第1章，游戏设计基础：对于游戏设计来说，无论是整个游戏的策划还是美术设计都要对游戏项目整体规划有所了解，本章从项目规划方面需要考虑到的几个方面入手，首先讲述了项目规划的内容，接着论述三维媒体设计需要遵循的规则，在了解了游戏项目以及三维媒体设计方面的知识后，以实际范例讲解，利用Virtools来实现游戏中的互动设计的工作流程，使读者能够直观了解工作流程和脚本编写的基本规则。

第2章，研究虚拟物体的互动控制：本章以玩家对游戏中的虚拟物体的互动控制进行脚本设计，在编写脚本过程中，对于数据处理的方法进行讲解和实践，以及如何有效利用自己编写的流程模块进行再利用，行为模组的建立是一个很好的工作方式。

第3章，研究条件判断与信息传递在游戏互动设计中的重要作用，首先通过实例讲解条件判断需要考虑的因素，接着对于信息的传递方式如何通过脚本编写来实现进行了详细的讲解，条件判断与信息传递对虚拟角色与场景中物体的互动设计是一个重要的方法，这对于游戏设计者来说掌握利用条件判断与信息传递设计角色与场景中虚拟物体互动非常重要。

第4章，虚拟角色控制与碰撞设计：本章用多种实现手段来对游戏中虚拟角色的控制方法进行了详细的讲解，进而对虚拟角色人物的更多细节的动作，即二级动作的控制也进行了讲解；本章中还对虚拟角色人物在虚拟场景中运动时对于场景中物体及墙壁碰撞的侦测方法也进行了归纳，分析总结了三种方法，这对于实际解决游戏中的物理碰撞问题起到了很好的作用。

第5章，虚拟摄像机的控制：在玩家玩游戏时，常常根据需要不断切换摄像机的视角来完成任务，对于游戏设计者来说，我们就要在设计上完成不同视角摄像机的切换功能，来满足游戏玩家的需要，本章中从虚拟摄像机的设定、摄像机视角的切换及控制摄像机的方法都进行了翔实的讲解，通过本章的学习，读者完全可以掌握摄像机的控制和切换等的设计方法。

第6章，智能控制角色复杂运动：对于游戏中虚拟角色的控制，除了利用键盘以外，还可以利用鼠标控制，本章讲解鼠标控制角色运动的方法以及智能控制角色通过路径搜寻、网格判断等多种有效的方法以最短路程到达指定位置。

第7章，粒子系统：本章内容包括声音的控制（角色的脚步声以及环境声），实时呈现虚拟角色或物体的阴影效果以及对于场景中氛围渲染的粒子效果实现。这里重点讲授虚幻场景中水、火、烟雾等效果在Virtools中实现的方法和对于粒子系统的详细介绍，以实际范例制作游戏场景中的自然现象是如何应用粒子系统的实现的。

第8章，动态物体的加载：本章内容主要是场景管理部分，其中包括动态加载物体、启动场景和Portal System入口系统。场景管理对于整体执行时如何减轻系统额外的计算是非常重要的，如何能够合理支配系统资源，必须要有妥善的规划和安排才行。

第9章，游戏综合设计与整合发布：这一章是前面几章所讲的知识的综合，以实际的游戏设计出发，从游戏的媒体设计制作，到综合应用行为模块、脚本逻辑编写，涵盖了位移、碰撞、Array阵列、粒子等技术和效果，还加入了不少逻辑计算方面的内容，涉及的知识面较广，最后整合发布成为游戏成品。通过本章的学习，读者可以了解整个游戏的设计制作过程，对于自己的游戏设计和开发是非常有帮助的。

本书适合从事游戏设计、虚拟现实技术、多媒体等方面制作人员、专业教师、研究生、本科生和爱好者使用。

在本书的创作过程中，得到了很多朋友们的支持与帮助，在此深表感谢，他们是：姜文玉、赵晨、蒋南南、程平、李露田、田义铭、康新爱、程彻、吕军杰、郝强、郑留改、田义臣、闫水田、李龙飞、刘洪琛、林广为、田源、王力杨、刘旷、孙宏达等。

由于时间仓促，书中难免存在缺点和疏漏之处，恳请读者批评指正。

《电子游戏互动设计：Virtools开发实战详解》学时建议

内　　容	学　　时
第1章　游戏设计基础	10
第2章　虚拟物体的互动控制	12
第3章　条件判断与信息传递	12
第4章　角色控制与碰撞设计	12
第5章　虚拟摄像机的控制	10
第6章　智能控制角色复杂运动	12
第7章　粒子系统	6
第8章　动态物体的加载	8
第9章　游戏综合设计与整合发布	44
合　　计	126

李晓彬

目　录

第一章　游戏设计基础　　1

第一节　项目策划与媒体设计　　2

第二节　三维制作原则与要点　　4

第三节　游戏美术风格设计与场景设计　　10

第四节　Virtools 脚本基本知识　　14

第五节　虚拟 3D 实体运动控制基础　　19

第六节　运动控制实例　　22

课后练习　　49

第二章　虚拟物体的互动控制　　51

第一节　互动控制实例　　52

第二节　数据处理　　64

课后练习　　81

第三章　条件判断与信息传递　　83

第一节　条件判断与信息传递基础　　84

第二节　条件判断与信息传递综合应用　　103

课后练习　　109

第四章　角色控制与碰撞设计　　110

第一节　角色动作控制　　111

第二节　碰撞侦测　　117

课后练习　　132

第五章　虚拟摄像机的控制　　133

第一节　摄像机的设定与切换方式　　134

第二节　第一人称摄像机　　135

第三节　第三人称摄像机　　145

第四节　摄像机视角的切换　160

课后练习　184

第六章　智能控制角色复杂运动　185

第一节　鼠标控制角色移动　186

第二节　路径搜寻控制角色移动　202

第三节　网格路径搜寻　225

课后练习　237

第七章　粒子系统　238

第一节　声音的控制　239

第二节　阴影的设置　251

第三节　粒子系统　260

课后练习　267

第八章　动态物体的加载　268

第一节　场景管理　269

第二节　启动场景　277

第三节　Portal System 入口系统　288

课后练习　296

第九章　游戏综合设计与整合发布　297

第一节　动作类游戏——小蜜蜂　298

第二节　经典小游戏——吃豆子　361

第一章

游戏设计基础

　　对于游戏设计来说，无论是整个游戏的策划还是美术设计都要对游戏项目整体规划有所了解，本章从项目规划方面需要考虑到的几个方面入手，首先讲述了项目规划的内容，接着论述三维媒体设计需要遵循的规则，在了解了游戏项目以及三维媒体设计方面的知识后，以实际范例讲解，利用 Virtools 来实现游戏中的互动设计的工作流程，使读者能够直观了解工作流程和脚本编写的基本规则。

- 项目策划与媒体设计
- 三维制作原则与要点
- 游戏美术风格设计与场景设计
- Virtools 脚本基本知识
- 虚拟 3D 实体运动控制基础
- 运动控制实例

第一节　项目策划与媒体设计

　　项目的规划一般来说需要从概念设计、主题画面表现、技术的规划、制作的规划、制作流程、时程规划等多个方面来考虑。一个项目制作的生命周期可通过图1-1对整个过程有一个直观的了解。

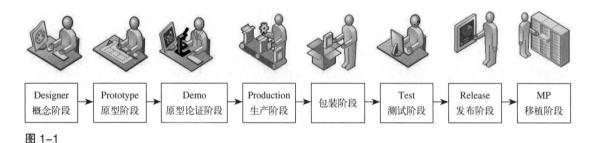

| Designer 概念阶段 | Prototype 原型阶段 | Demo 原型论证阶段 | Production 生产阶段 | 包装阶段 | Test 测试阶段 | Release 发布阶段 | MP 移植阶段 |

图 1-1

　　一个游戏的制作就是一个完整项目的制作过程，它需要很好的团队合作和明确的项目制作分工。通过图1-2可以看到具体的分工情况。

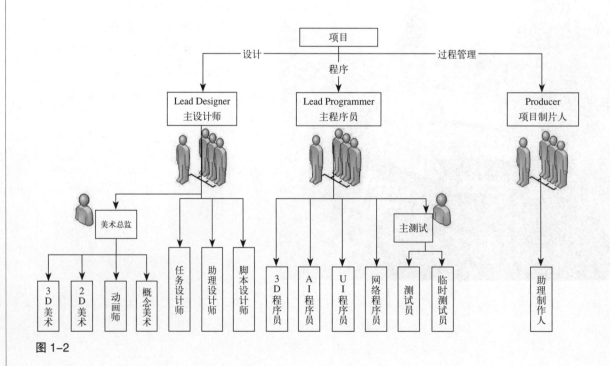

图 1-2

具体到用 Virtools 来制作项目或者说制作游戏的时候，可用图 1-3 来说明问题。

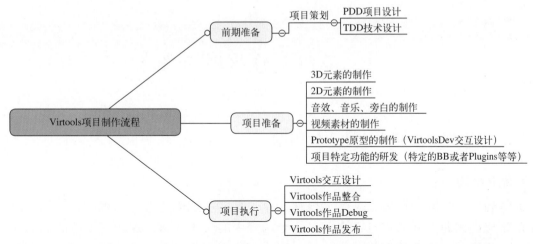

图 1-3

下面对以上几个方面进行简要说明。

1. 主题画面表现

主题表现及画面呈现具体包括：制作类别、风格、呈现平台、呈现视角、操作方式以及互动内容这几个方面。

2. 技术的规划

无论你对一个项目想得多好，架构设计多庞大，如果程式人员本身的技术无法配合的话，那其实一切还是流于空谈，所以在规划一个项目之前必须要先去咨询程序人员的意见，完整的系统分析及系统规划是不可缺少的，这样可以避免在程序中出现不可预期的错误。

3. 流程的结构

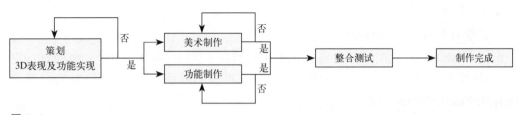

图 1-4

4. 时程规划

Project（项目）→ Design（设计）→ Prototype（原型）→ 1st Playable（第一可玩的版）→ Mini Game（迷你游戏）→ a 测试 → b 测试

第二节　三维制作原则与要点

一、三维制作方面应该注意的问题

1. 资料确认

资料确定要考虑表现方式、命名规则。对于命名一定要注意这条规则，在输出对象之前正确地给每个对象进行命名。当一个场景中的实体增多，那么不规范的命名方式将会使你查找所需要的对象并进行行为操作变得很困难。避免笼统的命名方式，如Poly0001、Poly0002等。

2. 制作规格确认

制作模型首先要考虑模型面数规划、尺寸规划、贴图总数量、效果制作规则，还要考虑模型规划分类、模型制作、纹理贴图，最后要确认文件输出的格式等。

3. 三维制作流程

图 1-5 展示了三维制作流程。

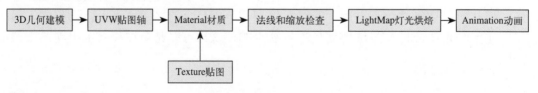

图 1-5

4. 三维制作对于模型的处理

影响 Realtime3D 实时执行效能的因素主要有用户的硬件级别、用户视觉特效的要求等级、3D 模型的总面数、3D 模型的数量、3D 模型的材质数量、3D 模型的贴图总量、程序算法或者脚本的执行效率等。

二、三维媒体设计原则

对于创建和优化实时渲染的三维对象数据，我们常常遵循下面的规则。

1. Low Polygon 低多边形建模原则

什么是低多边形建模呢？简单的定义是用最少的面数并配合贴图的运用来表现出高

面数模型的外观，如图 1-6 和图 1-7 所示。

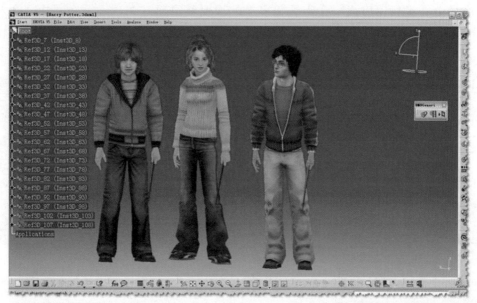

图 1-6

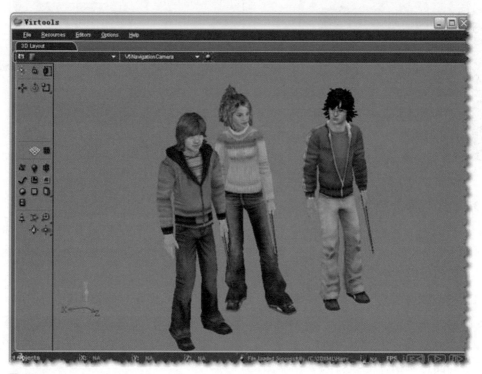

图 1-7

低多边形建模原则实施方法有以下几种。

（1）删除表面

将物体看不到的面删除掉，如图 1-8 所示。

（2）对象组合

将场景中一类物体组成一个组。将多个的次要对象通过布尔运算合并成一个对象，减少 Virtools Render Engine 在 Hierarchy 处理的工作量，便于场景的管理，如图 1-9 所示。

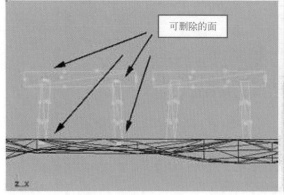

图 1-8

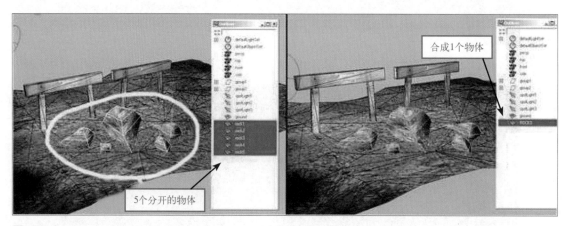

图 1-9

（3）大型对象分割

尤其是地形，常把一个大的地形划分为多个小的地形。大地形没有切割时，所有面的数据都会载入内存；大地形进行适当的切割后，只有摄像机看得见的部分资料加载入内存中，这样可以大大节省资源，如图 1-10 所示。

（4）模型细分等级

合理设置模型的细分等级，既可以保证画面效果又可以加快实时速度。对于许多物体，特别是圆形的物体，必须进行适当的模型细分等级，以便在保证视觉品质的前提下，使用最少的面达到最佳的执行效果，如图 1-11 所示。

（5）三维对象与图片的选择

场景设计不一定全部都是三维实体对象，可以把搭建好的物体和灯光效果渲染烘焙，作为贴图贴在场景中，既保证实时的速度又统一了整个场景的影调风格。合理组织场景中的物体对于制作和实时控制都有很好的作用。

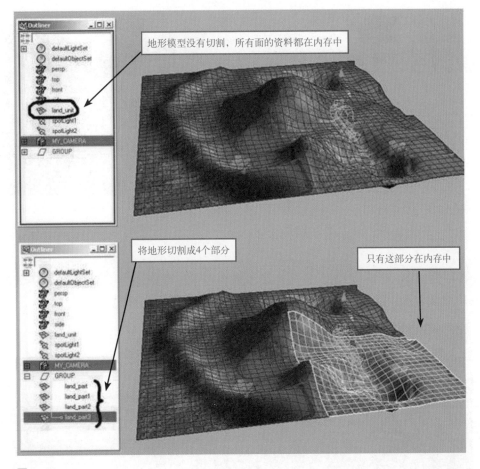

图 1-10

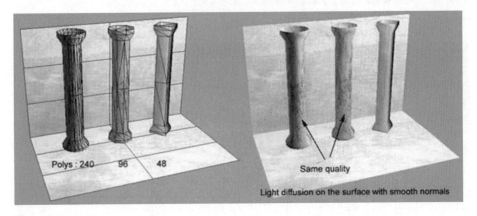

图 1-11

（6）广告牌技术

在游戏场景设计中，常常会设计一些植物为环境制造氛围，一般不要用真实的三维实体的树，那样会大大耗费资源影响实时效果。我们常应用一个带有 Alpha 通道的图片来利用广告牌技术呈现场景中的树，如图 1-12 所示。

图 1-12

2. 重复使用原则

场景中的网格、材质、纹理、动画可以尽量利用重复使用原则。以重复使用网格为例，如图 1-13 和图 1-14 所示。

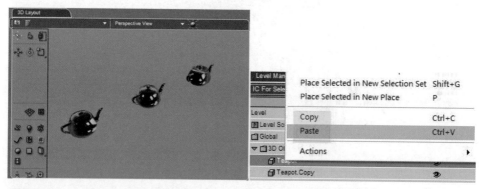

图 1-13

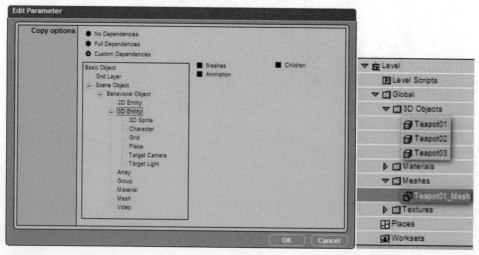

图 1-14

3. Normal 法线问题

透明对象和法线反转（用双面材质方法解决），如图 1-15 所示。法线不当制作产生的问题，如图 1-16 所示。在某些情况下，法线反转才有效果，如图 1-17 所示。

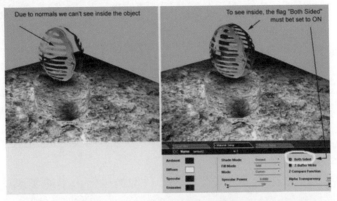

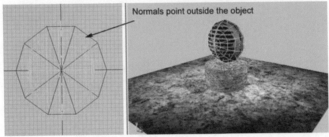

图 1-15

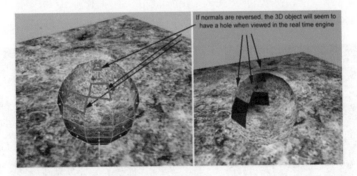

图 1-16

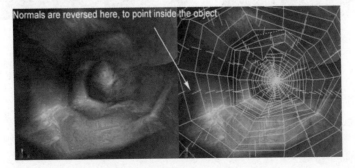

图 1-17

第三节　游戏美术风格设计与场景设计

一、游戏美术风格设计

前面一节讲了在媒体设计中需要了解游戏设计中技术上要遵守的规则和要求，实际游戏美术设计时，在美术风格上的不同，设计观念和设计思路也是不同的，下面总结一下游戏美术风格大体的分类。

游戏美术风格设计主要分为写实类风格、科幻类风格、卡通类风格。

1. 写实类风格

主要以现实生活为元素，设计场景、人物的每个细节，让玩家感受到不同的文化气息，拉近世界地域及时空的距离。很多设计都是根据真实的事件或者电影演变过来的，有其设计的原型。以 3D 技术为支持，模拟出逼真的环境效果。写实风格大致可以分为现代题材和古代题材。例如《战地 2》（Battlefield 2），其设计风格的背景就是由真实的历史战役转移到了现代化的军事战争，玩家使用的武器和游戏的场景都来源于现实生活，感受到了前线真枪实弹的激烈和残酷，如图 1-18 所示。再如《刺客信条》的美术设计是以欧洲黑暗的十字军东征为故事背景，人物的服饰，场景的建设与质地都十分符合 11 世纪末期欧洲的状况，如图 1-19 所示。

图 1-18 《战地 2》

图 1-19 《刺客信条》

2. 科幻类风格

主要是以人们对未来及外太空等领域的想像来设计的，通过对现实元素的变形和延伸，玩家在这里可以扩大自身的影响力，充分体现其价值。在新的世界里创建自己新的价值观，让玩家充分享受在虚拟世界的乐趣当中。在设计上多采用绚丽的光影特效，展现出更多现实不能达到的魔力效果。以《魔兽争霸——冰封王座》（Warcraft Ⅲ）为例，展现了人族、兽族、不死族、精灵族之间的战役，每一个种族都有各自的特点，互相克制，如图 1-20 所示。

3. 卡通类风格

以动画、漫画的设计造型元素为主，通过夸张、变形以及归纳的手法来设计人物和场景。可爱的形象、亮丽的色彩，形成了这类设计风格的一大亮点，让玩家在工作学习之余能放松、释然。以《愤怒的小鸟》为例，人物形象设计得极为概括和简练，鸟儿以自身为武器，像炮弹一样去攻打偷走鸟蛋的小猪。色彩极为艳丽、明快，再配合一些欢快的音乐，给玩家带来了无穷的乐趣，如图 1-21 所示。

图 1-20 《冰封王座》

图 1-21 《愤怒的小鸟》

二、场景设计

场景是人物角色的生存空间，是游戏的时代背景。它应符合剧情内容，体现故事发展的地域特征、时代特征、历史时代风貌、民族文化特点、事件性质和特点、人物角色生存氛围，让玩家感到一个无比逼真的虚拟空间，这就需要在设计时考虑到游戏所涉及的地域、年代、时间等因素。通过游戏场景的转变，才能让玩家不感到单调与乏味。

场景设计既要有高度的创造性，又要有很强的艺术性。所以游戏的场景设计必须遵循艺术审美的基本规律，能够将玩家的兴奋点集中到特定的某个情景当中，这样就能增强游戏的可玩性，展现游戏的魅力所在。游戏的场景设计要从游戏的背景及剧情出发，营造出某种特定的基调与气氛，增加游戏的代入感，表达出游戏的内容特点，例如恐怖、刺激、紧张等氛围。游戏的场景设计决定了游戏的美术风格，因为游戏画面每时每刻都在展现游戏场景，游戏角色也融入游戏场景之中。好的游戏场景设计不仅要了解造型艺术、色彩构成艺术，还要有丰富的人生阅历与广阔的视野，了解人文地理等文化知识。熟练点、线、面、体的运用和对平面、立体构成的掌握。

1. 色彩的运用

色彩是刺激人类视觉感官的第一要素，是造型语言的重要表现手段。在游戏中对于色彩的运用也是依据色彩的基本原理。了解色相、明度、纯度等概念，把握好色彩构成的节奏。要时刻根据玩家的心理需要，表现情绪的起、承、转、合。在故事情节做铺垫的时候，色彩的明度、纯度、对比度都应该适中，为后续高潮做好准备。在达到高潮时，色彩也要达到最强烈。同时颜色也能指引观众，起到一个视觉引导的作用。当物体所占画面大小相同或者先凸显某一个个体的时候，色彩是一种有效的手段。也可以把角色和背景有效地分离出来，加大画面的空间感。图1-22为游戏《寂静岭》的截图，红色基本充实了整个画面，给人一种血腥、杀戮的感觉，表达出了警示、危险的意思，这种色调使你仿佛闻到了尸臭味，让你的心躁动不安。

图1-22 《寂静岭》

2. 光影的运用

在游戏场景的制作中，为了模仿现实中的光影，达到最佳的视频视觉效果，我们要充分利用光线的斜度、主光与辅光的配合使用、镜头的采光方向等因素。首先光影对空间的塑造起着最基本、最重要的作用，场景的空间感、立体感、结构、层次都需要通过光影来展现。同时也有利于对画面整体构图产生影响，起到填充画面的作用。其次就是对画面氛围的营造，光影可以影响玩家、观众们的心理，如图1-23所示。在暴雪公司制作的《星际争霸2》的截屏中，逆光能够勾勒出物体的轮廓，增强画面的空间感，表现恐怖紧张的效果。

图1-23 《星际争霸2》

3. 场景的材质

场景的材质和质感对整体的环境起到了渲染及烘托的作用，能够增加游戏的真实性。因为在现实生活中，人们时刻都在追求物质的质感，宛如对金光闪闪的宝石的迷恋和对皮革耐人寻味的质地的追求。场景的材质体现了场景的年代感、地域观，把场景变得充满了"故事"，能把玩家带入到一个全新的世界当中，让你能自然地打开你的好奇心，很快地融入其中。如图1-24《战神3》当中的场景，石材为场景的主要材质，表面极为粗糙，给人一种坚硬、冰冷的感觉，同时也赋予了大自然的张力，凸显了人物富有着征服自然的超凡力量，暗示了故事发生时间是在远古时期，赋予了场景神秘的感觉。

图1-24　《战神3》

4. 特效的运用

特效的运用加强了游戏场景的合理性，渲染了气氛。这里不仅包括风、雨、雷、电、雾气、尘埃等模拟真实自然视觉效果的一些特效，还包括一些流血，爆炸等模拟现实生活的特效。这点是游戏场景不可缺少的一部分，把场景的魅力凸显出来，使得场景中静中有动，不会让玩家觉得单调，有利于推动游戏故事情节的发展，起到一个承上启下的转变过程。渲染出了游戏场景所表达的情绪,起到一个提示作用,预示着下一关卡的出现。图1-25为《尘埃3》游戏的截图，可以看到，当赛车疾驶而过的时候，带动了马路上的树叶和灰尘，它们在空中翩翩起舞，渲染出了赛车的速度感及赛道的真实性。这些树叶和尘埃就是特效的典型运用，增加了游戏的可玩性和可信度。

图1-25　《尘埃3》

第四节　Virtools脚本基本知识

对于初学者来说，使用 Virtools 的行为模块（Building Blocks）来实现所需的互动，基本上了解 Virtools 提供哪些功能、功能的限制、参数的意义等即可完成，因为运用 Virtools 制作互动基本上需要逻辑概念即可，不一定需要有 C/C++ 程序撰写基础，除非要进行底层程序开发。

要使用 Virtools 提供的行为模块编写脚本，首先一定要了解和熟悉下面 3 条。

① Building Blocks 的流程控制和数据流控制。②模块的参数类型。③ Building Blocks 分类简介。

虚拟环境中，强调的是互动。在 Virtools 中常说的"行为"就是人与虚拟场景中实体的互动和实体所呈现出来的反应。在 Virtools 中，掌管互动的功能，称之为"行为互动模块"，简称行为模块。

Virtools 中建立互动行为的方式应该遵循既定的规则，有一定的秩序，有条理，通过流程控制组成一个完整的"行为"。

一、Building Blocks 的流程控制和数据流控制

下面结合图例来说明。图 1-26 中，实线为脚本的事件流程，虚线为数据的执行流程。

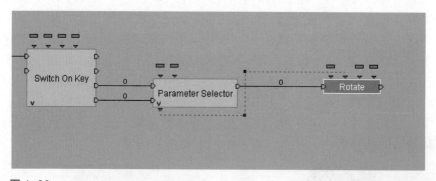

图 1-26

1. 行为模块（Building Blocks）介绍

图 1-27 中 Building Blocks 上边框起来的是"参数输入"，下边框起来的是"参数输出"，这个 Building Blocks 有 5 个"参数输入"，2 个"参数输出"。左边框起来的是"流程输入"，右边框起来的是"流程输出"。

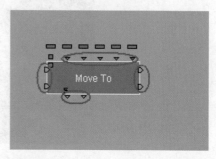

图 1-27

2. 参数 Parameter 显示方式

Building Blocks 的参数显示方式有以下 4 种方式：参数信息全部隐藏 (Closed)、显示参数名称 (Name)、显示参数数值 (Value)、同时显示参数名称与数值 (Name and Value)，如图 1-28 所示。

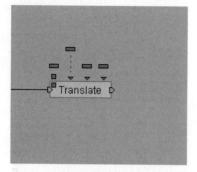
参数信息全部隐藏

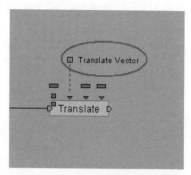
显示参数名称

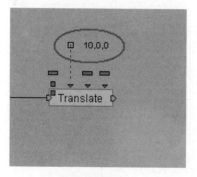
显示参数数值

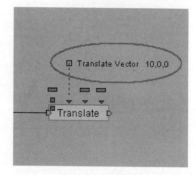
显示参数名称与数值

图 1-28

3. 参数快捷方式 (Parameter Shortcuts)

为了跟踪查看参数的变化和参数控制方便常常将参数设定为快捷方式，图 1-29 中显示的就是参数的快捷方式。

4. "This" 参数 ("This" Parameter)

在编写程序时有的参数的指代是通用的，这时就可以利用 "This" 参数，这样可以省去一些参数的设定步骤，图 1-30 中就是 "This" 参数。

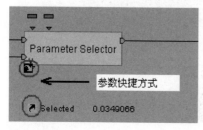
图 1-29

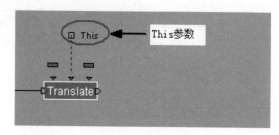
图 1-30

5. Building Blocks 的相关图标

读者可能发现，有的 Building Blocks 的左下角还有一些不同的图标，下面把各图标代表的意义做一个说明。

s 可打开模块的参数设置窗口，对某些参数进行设置。

v 可以添加输入、输出参数变量，设置变量的类型等（有 constract 命令）。

c 可以打开参数输入和设置的对话框。

图 发送信息。

图 接收信息。

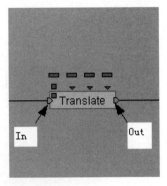

图 1-31

6. Building Blocks 行为流程的三种类型

1 一次执行：In—Out。如图 1-31 所示。

2 重复执行：Loop In—Loop Out。如图 1-32 所示。

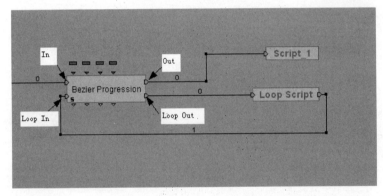

图 1-32

3 不定时执行：On/Off—Out 1/Out 2。如图 1-33 所示。

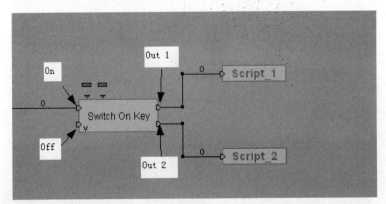

图 1-33

二、参数介绍

参数的表达需要有三个要素：名称（Name）、类型（Data Type）和数值（Value）。

参数类型有很多，下面我们列举一些常用的参数类型。

　　Angle：一般是指旋转的圈数和旋转的角度。

　　Boolean：表示状况的真假，通常取值为 True 或 False。

　　Float：浮点数。

　　Interger：整数。

　　Percentage：百分比。

　　Color：颜色，分别为（R，G，B，A）数值，R 为红色，G 为绿色，B 为蓝色，A 为旋转值，每个数值取值范围 0~255。

　　Time：时间，如 01m22s400ms。

　　Vector：三维向量，表示方向或位置。

　　Vector 2D：二维向量，表示方向或位置。

三、Building Blocks 分类

Virtools 中提供了很多具有不同功能的行为模块，它们根据功能的不同进行了归类，如图 1-34 所示。

下面对每个分类进行简单说明。

（1）3D Transformations，处理 3D 物件的基本属性，包含坐标位置 (position)、缩放尺寸 (scale) 与方向 (orientation)。其他的功能包括 3D 物体的动态控制 (Animation)、约束 (Constraint)、位移控制 (Movement) 等。

（2）Cameras，基本的摄像机属性可以从"Basic"项目中找到，只要是牵涉到物体位移的都会放在"Movement"中，"FX"指的是特殊效果。

（3）Characters，这是特别独立出来的类别，处理的功能类似"3D Transformations"，所以内部的项目几乎一样，除了"IK"之外。

（4）Collisions，所有要处理碰撞的功能都放在这里，不管是 3D Object 或是 Character，而且设定碰撞的方式不止一种。在 Virtools 中有些 Building Blocks 的功能，与直接手动增加物体属性的方式效果是一样的，例如"Floor>Declare Floor"或是"Obstacle>Declare Obstacles"，会针对所作用的物件增加"Floor"或是"Obstacle"的属性。

（5）Controllers，处理一般较常使用的输入设备的功能，如摇杆、鼠标、键盘与 MIDI。

（6）Grids，处理 Virtools 中 Grid 物件的功能。Grid 为 Virtools 中的专用物体之一，主要功能可以做碰撞，可以检测 Object 的所在区域。

（7）Interface，处理 2D 使用者界面的功能，

Category
▶ 3D Transformations
▶ Cameras
▶ Characters
▶ Collisions
▶ Controllers
▶ Grids
▶ Interface
▶ Lights
▶ Logics
Lua
▶ Materials-Textures
▶ Mesh Modifications
▶ Multiuser
▶ Narratives
▶ Network
▶ Optimizations
▶ Particles
▶ Physics
▶ Players
Selection Set
▶ Sounds
Vector Graphics
▶ Video
▶ Visuals
▶ VR
VSL
▶ Web
▶ World Environments

图 1-34

例如按钮功能、字体（英文）、文字显示。

（8）Lights，灯光，这个与 Camera 相同，从字面上就可以知道意义。同样的，控制灯光基本的功能都放在"Basic"中，有关特殊效果的部分如光晕、Lightmap 都放在"FX"里面。

（9）Logics，大部分属于逻辑运算处理的、比较抽象的物体都放在这个位置。如决定流程走向的"Streaming"，处理回圈的"Loop"，可处理不同类型之间运算的"Calculator"，负责做判断的"Test"等等，是属于逻辑运算处理的部分。其他的如"Array"、"Attribute"、"Group"、"Message"与"String"，属于比较抽象的物件，也是放在这个位置。

（10）Materials-Textures，处理材质、贴图的功能。

（11）Mesh Modifications，主要进行 Mesh 相关的交互效果设置。多重纹理实现可以是一个对象，N 个 Mesh，每一个 Mesh 一个 Texture。

（12）Narratives，处理整个文件中物体的管理，包含 Config 可以从 Window 的 Registry 注册表中写入或读取一些设定。

（13）Management，Object Management 可以 Object 的建立、载入、删除……其中 Object 可以是 3D 模型、声音或是贴图。Scene Management"场景物件"的管理，决定显示哪一个场景的内容。Script Management 控制 script 的执行与否。

（14）Optimizations，处理场景、场景中的物件最优化的功能与场景执行中的一些统计数值，如 Frame Rate、处理的总面数、着色所花费的时间等，能够调整出更顺畅、更好的画质。

（15）Particles，粒子运动系统的功能。

（16）Sounds，处理音效、音乐的功能，调整基本的声音属性可以在"Basic"中找到。

（17）Video，有关视频的载入、播放等控制功能。

（18）Visuals，处理一些视觉效果的功能，属于特殊效果的部分，如阴影、镜面反射、Motion Blur 运动模糊等，放在"Shadow"与"FX"中。比较特别的是 2D 的物体(2D Frame 与 2D Sprite) 也放在这个位置的"2D"中。物体的显示与隐藏处理则放在"Show -Hide"中。

（19）VSL，Virtools Script Language 脚本语言，它是提供给程序设计人员的功能。

（20）Web，处理与 Web 相关的功能，较常用的应该是"Navigation/Go To Web Page"，要记得的是，这个 Building Blocks 只要执行一次就要停下来；另一个较常用的是"Scripting/Browser Script"，可以在 Virtools 中写 JavaScript 或是 VBScript。

（21）World Environments，处理场景的背景图片(CubeMap)与背景颜色。

第五节　虚拟3D实体运动控制基础

在这一节中进入到 Virtools 环境中，首先认识工作界面和工具的功能，学会创建用户自己的数据资源库，然后进行 Building Blocks 的互动设计实例讲解。

一、Virtools 中的工具

Virtools 的操作接口由数个窗口构成，如图 1-35 所示，主要包含以下几个部分。

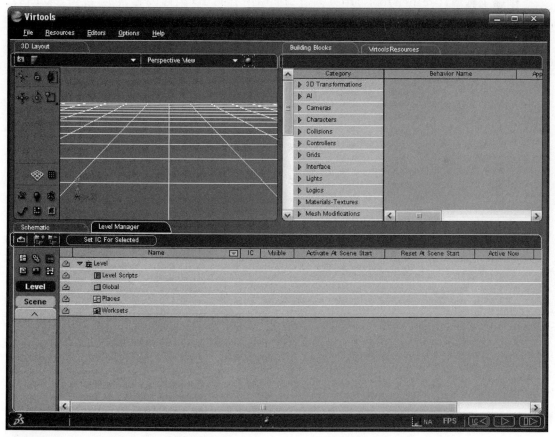

图 1-35

3D Layout 窗口（预设窗口：位于画面左上）

在实时 3D 的环境下展示正在进行的项目作品，并提供所有用来创造、圈选或操作 3D 组件所必需的工具及导览工具等。

Building Block 窗口（预设窗口：位于画面右上）

负责 Virtools "行为模块" 组织管理。

Level Manager 窗口（预设窗口：位于画面下方）

能够以清楚的树状阶层结构来查看与编辑目前正在进行的项目作品。

Schematic 窗口（预设窗口：位于画面下方）

这个窗口能够可视化与互动化地建构与编辑目前项目中所有的行为模块。

3D Layout 编辑器中的编修工具集

位于 3D Layout 编辑器的左上面板中，以实时 3D 的环境展示正在进行的项目作品，并提供所有用来创造、圈选或操作 3D 组件所必需的工具。

变形工具集（Transformation tools）用来圈选、移动、旋转与缩放 3D 组件，如图 1-36 所示。

创造工具集（Creation tools）用来创造与调整所有的 3D 组件内容，包含镜头（camera）、光源（light）、3D 虚拟对象（frame）、曲线（curve）及网格虚拟对象（grid）、2D 虚拟对象（frame）、材质（material）、贴图（texture）、空间门（portal）等，如图 1-37 所示。

导览工具集（Navigation tools）以 3D 视角导览目前的项目，包含移动镜头（dolly）、视野调整（field of view）、镜头缩放（zoom）、摇摄（pan）及镜头轨道设定（orbit）等，如图 1-38 所示。

图 1-36　　　　　图 1-37　　　　　图 1-38

二、建立自己的数据资源库

在进行一个项目前一定要创建自己的数据资源库，在数据资源库中存放这个项目所需要的 3D 物体、角色、材质、纹理、声音、视频等资料。创建数据资源库的方法是选择 Resources/Create New Data Resource 命令，指定存放数据资源库的路径文件夹并命名资源库的名称，如 Lesson，在存放数据资源库的文件夹就会出现一个以 "Lesson" 命名的文件夹和一个 "Lesson.rsc" 文件，如图 1-39 所示。

三、打开自己的数据资源库

选择 Resources/ Open Data Resource 命令，在存放资源库的目录下选择 "Lesson.rsc" 文件单击打开，在右侧上方的窗口出现，如图 1-40 所示。

图 1-39

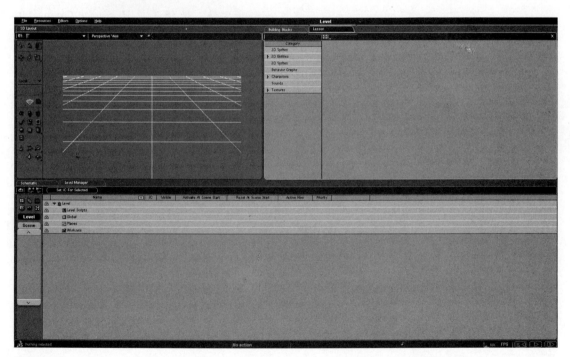

图 1-40

第六节   运动控制实例

接下来我们以实例来讲解对 3D 物体的移动控制进行流程编写。

实例 1-1

将吉普车移动到 (0，0，0)、(10，0，0)、(10，0，10)、(0，0，10)，并在这 4 个点停留 1 秒钟。

使用行为模块 3D Transformations/Basic：Translate，3D Tranformations/Basic：Set Position，3D Transformations/Movement：Move to，3D Transformations/Basic：Rotate，Logics/Loops: Delayer 来实现。

1 选择 File/new Composition 命令建立一个新文件。选择菜单 Resource/Open Data Resource 命令在相应目录中找到前面创建的数据资源库单击 Lesson.rsc 文件打开资源库。

2 展开 Lesson 数据库的 3D Entities 目录，选择 Jeep.nmo 文件拖放到左侧的场景中，如图 1-41 所示。

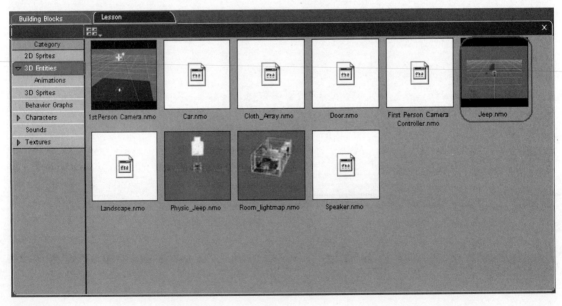

图 1-41

3 首先要为拖放到场景中的物体设定初始状态。在 Level Manager 中，展开 Global 下面的 3D Objects 把 Jeep 和 5 个轮胎都选中，单击 `Set IC For Selected` 设定它们的初始值，如图 1-42 所示。

4 从上面可看到拖放进入场景中的吉普车是由 1 个车身、4 个轮胎和 1 个备胎构成的，先要确认一下 Jeep 与 5 个轮胎的 Hierachy 关系。选择菜单 Editors/Hierachy

Manager 命令打开 Hierachy Manager 窗口，展开 3D Root 可以看到 Jeep 与 5 个轮胎是父子关系（如果在三维软件中没有设定它们的父子关系的话，在 Hierachy Manager 窗口中可以进行设定），如图 1-43 所示。

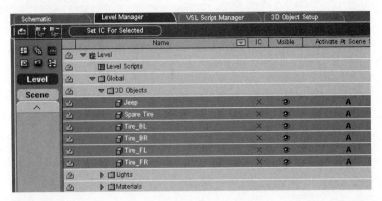

图 1-42

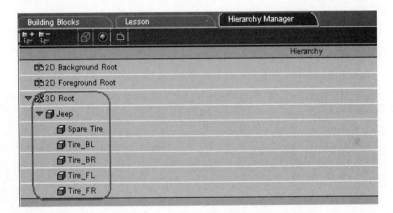

图 1-43

5 现在看到吉普车在场景中的位置在 (0,0,0) 上，如图 1-44 所示。

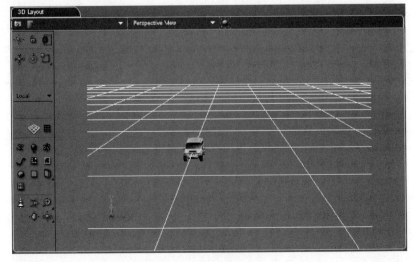

图 1-44

6　回到 LeverManager 窗口，选择 Jeep 单击左侧的 🔡 图标为 Jeep 创建 Script 脚本，如图 1-45 所示。

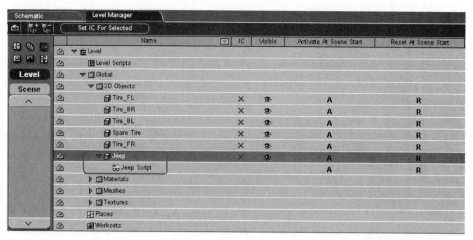

图 1-45

7　切换到 Schematic 视窗，然后在右上方的 Building Blocks 窗口展开，将 3D Transformations/Basic: Translate 行为模块拖放到 Jeep Script 流程编辑窗口中，如图 1-46 所示。

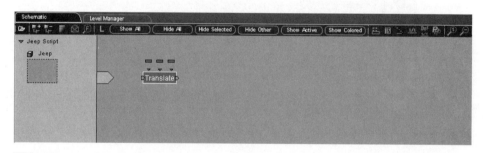

图 1-46

8　Translate 行为模块可以将 3D 物体改变位置。当前吉普车在 (0,0,0) 位置，要使吉普车到 (10,0,0) 位置，连接流程并设置 Translate 的参数，如图 1-47 所示。

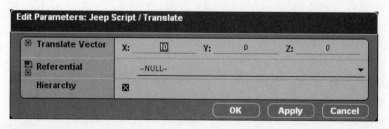

图 1-47

9　为了对流程编写直观，了解每个模块一些参数设置，可以将参数的值和名称显示出来，方法是鼠标单击要显示的参数，按空格键 1 次显示名称，按空格键 2 次显示参数值，按空格键 3 次显示名称和数值，如图 1-48 所示。

10　单击 Schematic 窗口右下角的 ▷ 按钮，播放测试观看效果，如图 1-49 所示。

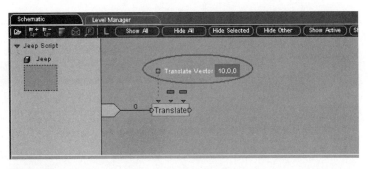

图 1-48

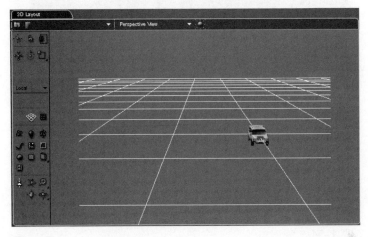

图 1-49

11　结束播放测试，单击 IC◀ 按钮回到吉普车在场景中的初始状态。接下来添加行为模块 Logics/Loops: Delayer 到 Jeep Script 窗口，连接流程，设置参数让吉普车在（10,0,0）点上停留 1 秒钟，如图 1-50 所示。

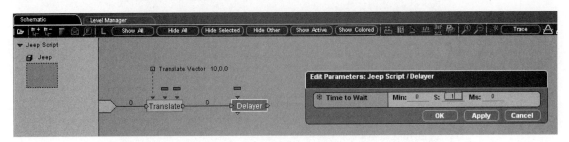

图 1-50

12　按上述方法，最后编辑脚本如图 1-51 所示。

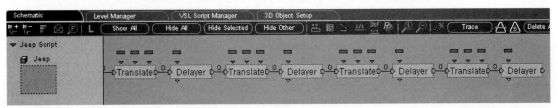

图 1-51

其中从左到右的行为模块"Translate"的设置分别如图1-52至图1-55所示。

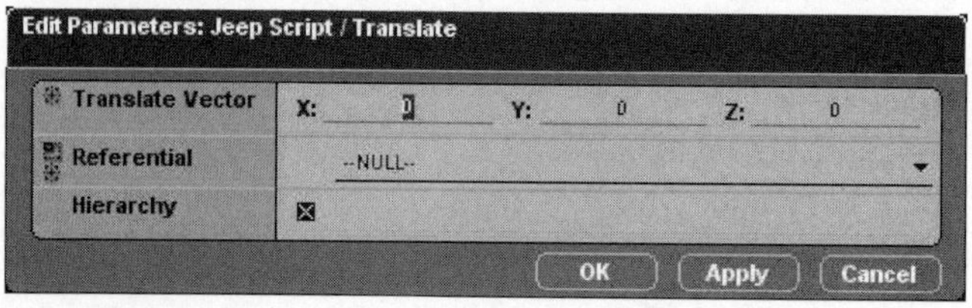

Edit Parameters: Jeep Script / Translate

| Translate Vector | X: | 0 | Y: | 0 | Z: | 0 |

Referential　　　　--NULL--

Hierarchy　　☒

OK　Apply　Cancel

图1-52

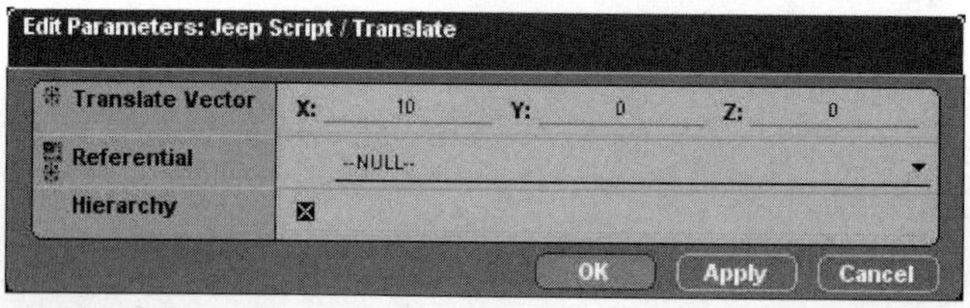

Edit Parameters: Jeep Script / Translate

| Translate Vector | X: | 10 | Y: | 0 | Z: | 0 |

Referential　　　　--NULL--

Hierarchy　　☒

OK　Apply　Cancel

图1-53

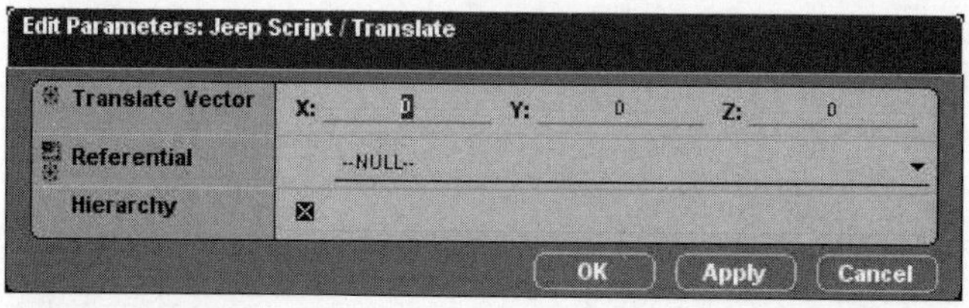

Edit Parameters: Jeep Script / Translate

| Translate Vector | X: | 0 | Y: | 0 | Z: | 0 |

Referential　　　　--NULL--

Hierarchy　　☒

OK　Apply　Cancel

图1-54

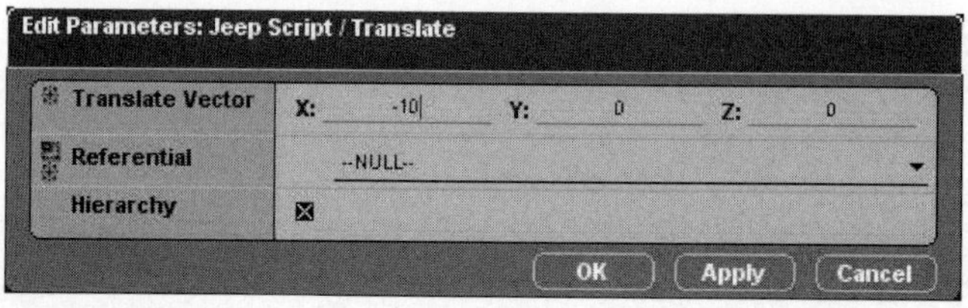

Edit Parameters: Jeep Script / Translate

| Translate Vector | X: | -10 | Y: | 0 | Z: | 0 |

Referential　　　　--NULL--

Hierarchy　　☒

OK　Apply　Cancel

图1-55

行为模块Delayer设置如图1-56所示。

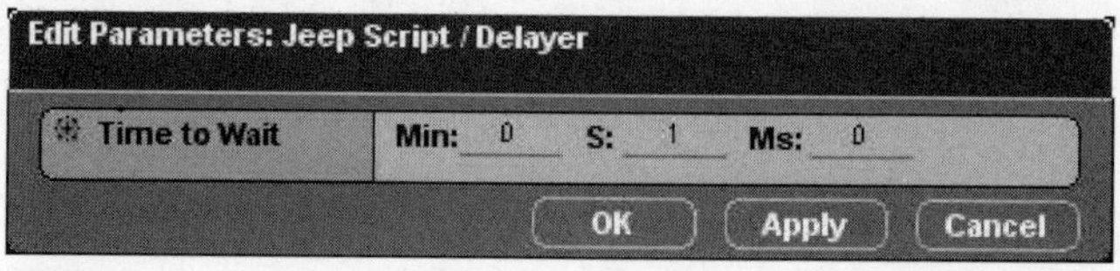

Edit Parameters: Jeep Script / Delayer

| Time to Wait | Min: | 0 | S: | 1 | Ms: | 0 |

OK　Apply　Cancel

图1-56

[13] 在播放测试前按下"Trace"按钮，可以查看流程在执行过程中的情况。

[14] 将文件另存为Jeep_01_Translate.cmo。

注意

比较Set Position和Translate的不同。

实例 1-2

控制吉普车在 (0, 0, 0)、(10, 0, 0)、(10, 0, 10)、(0, 0, 10) 4 个点顺序移动循环，并每到达一个点停留 1 秒钟。

使用 3D Transformations/Movement：Move to，3D Transformations/Basic: Rotate 来实现。

☐1　执行 File/Load Composition 命令，打开 Jeep_01.cmo 文件（本书配套光盘 chap1 提供）。

☐2　在 Level Manager 中，把 Jeep 和 5 个轮胎都选中，单击 Set IC For Selected 设定它们的初始值，如图 1-57 所示。

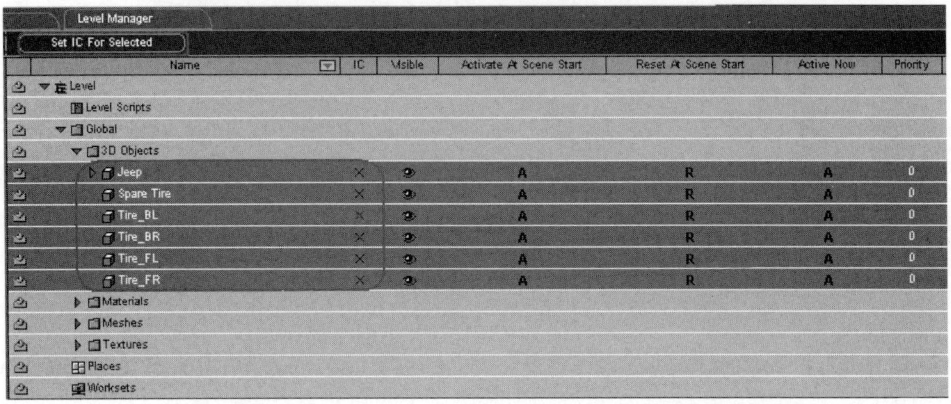

图 1-57

☐3　在右上方的行为模块窗口，直接将 3D Transformations/Move ment:Move To 行为模块拖放到 Jeep 身上，就会自动出现在 Schematic Jeep Script 中出现 Jeep 的脚本，如图 1-58 所示。

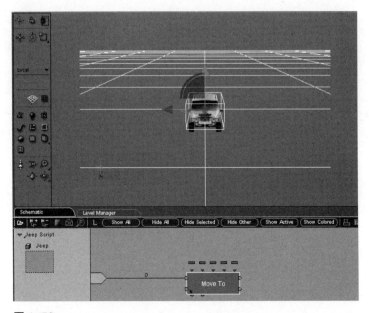

图 1-58

4　双击 Move To 行为模块, 设置参数如图 1-59 所示。

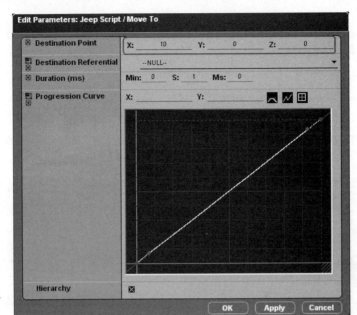

图 1-59

图 1-59 中参数, Destination Point(目标点) 设置为 (10,0,0), Destination Referential (参考坐标）NULL 表示以世界坐标为参考, Duration （时间）是 1 秒, Progression Curve （进程曲线）是直线表示移动是匀速的。

5　将 Move To 行为模块的 Loop Out 连接回 Loop In。然后根据题目要求在 (10,0,0) 点上停留 1 秒钟, 将 Logic/Loops/Delayer 拖放到 Move To 后面, 并设定其参数值, 如图 1-60 所示。

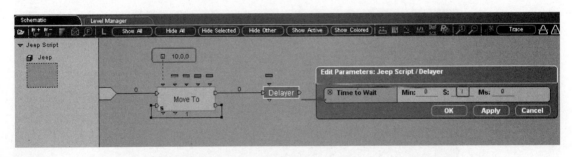

图 1-60

6　接下来依次加 Move To 和 Delayer 行为模块, 程序流程连接, 依次对应的 Move To 行为模块的参数 Destination Point （目标点）设置为 (10,0,10)、(0,0,10)、(0,0,0) 如图 1-61 所示。

7　如果要使吉普车在这 4 个点循环移动, 要将最后的 Delayer 行为模块的流程输出连接到第一个 Move To 行为模块的流程输入上, 即流程连接回第一个 Move To 的 In 上形成一个循环, 最后编辑的脚本如图 1-62 所示。

8　测试结果, 并将文件另存为 Jeep_01_Move To.cmo, 如图 1-63 所示。

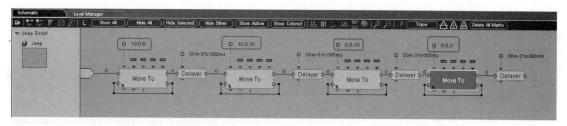

图 1-61

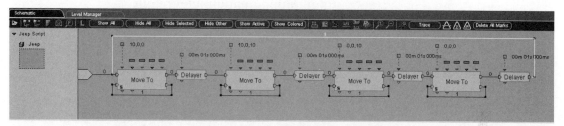

图 1-62

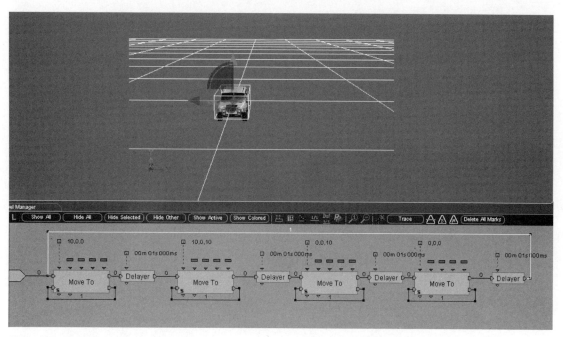

图 1-63

 实例 1-3

　　接上面范例，进一步改变吉普车移动的方式，让吉普车从一个点移动到另一个点时转动方向，让车头转动 90 度后再向下一个点移动。

　　使用 3D Transformations/Movement: Move to，3D Transformations/Basic:Rotate 来实现。

1　打开上例保存的 Jeep_01_Move To.cmo 文件。

2　让吉普车先转 90 度后再移动到下一个点，将 3D Transformations/Basic: Rotate

行为模块拖放到 Schematic 的 Jeep Script 脚本编辑窗口，将 Rotate 模块流程输入连接到开始端，流程输出连接到第一个 Move To 的流程输入。双击行为模块 Rotate，打开行为模块 Rotate 参数编辑窗口，参数设置，如图 1-64 和图 1-65 所示。

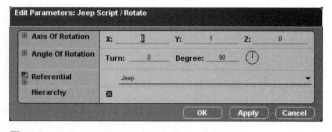

图 1-64

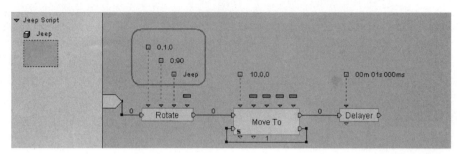

图 1-65

🔒注意

Referential 参考坐标轴选择 Jeep。

3 为了提高编写速度可以将前 3 个连接好的行为模块复制、粘贴，连接好流程，再将相应的行为模块的参数进行修改。复制的方法是，按住 Ctrl 键＋鼠标框选，使要复制的行为模块高亮显示，然后按住 Shift 键拖动到 Jeep Script 窗口的空白处即可，如图 1-66 所示。

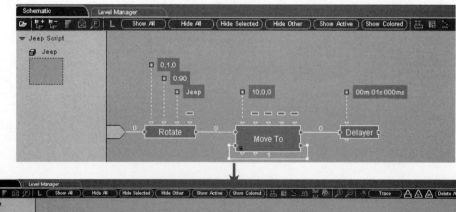

图 1-66

4　将上例中后面连接好的行为模块删除掉，按住 Shift 同时拖动行为模块，复制出 3 个，然后将流程连接好，如图 1-67 所示。

说明

　　行为模块操作，Ctrl+ 框选，可多选行为模块；Shift+ 左键移动，可将行为模块复制。

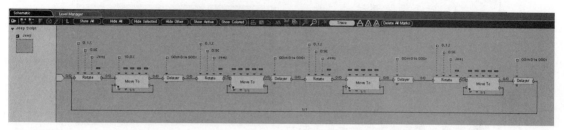

图 1-67

5　接下来依次修改 Move To 的参数值为 (10,0,10)、(0,0 10)、(0,0,0)，最后流程图如图 1-68 所示。

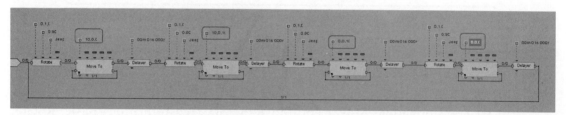

图 1-68

6　播放测试结果，如图 1-69 所示。

7　没有问题，保存文件，另存为 Jeep_01_Move To_Rotate.cmo。

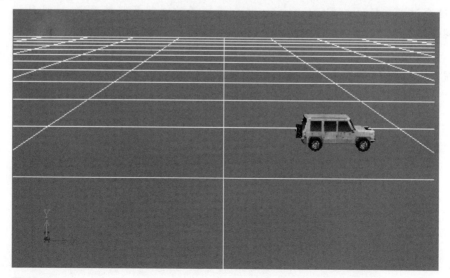

图 1-69

注意

如果连接 Move To 和 Rotate 不是串联，而改用并联的方法，读者可以进行尝试，测试看看结果如何，有没有问题发生，如果有如何解决？这个问题留给读者思考。

注释

(1) 对于播放测试时，看到的实际物体的运动速度，对于不同配置的机器，有可能播放速度不一样，可以在界面最下方的 ▶ 上单击右键，在弹出的对话框中设置播放速度限制，这样播放测试时，播放的速度就是按照播放速度限制来播放的，如图 1-70 所示。

图 1-70

(2) 在播放时如果想观察流程执行的情况，可以按下 Trace 按钮，这样播放时当流程执行到某个行为模块时，流程连线呈现红色。

实例 1-4

对上面实例进一步改变吉普车移动的方式，让吉普车在从一个点移动到另一个点时转动方向，要求转向时慢慢地转，我们可以看到转动的过程。

使用 3D Transformations/Movement: Move to，3D Transformations/Basic: Rotate，Logic/Loops/Bezier Progression 来实现。

1 打开 Jeep_01_Move_To_Rotate.cmo 文件，在 Jeep_01_Move_To_Rotate.cmo 程序的基础上，加 Bezier Progression 行为模块，来控制 Rotate 转动在一段时间内从 0 度转到 90 度这个过程。Bezier Progression 这个模块的功能就是将其变量 A 到 B 的变化在一定的时间慢慢地积累，形成一个过程。

2 将 Building Blocks 窗口的 Logic/Loops/Bezier Progression 拖放到 Jeep Script 脚本编辑窗口 Rotate 行为模块之前，然后连接流程如图 1-71 所示。

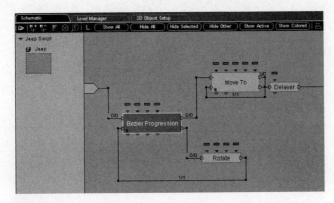

图 1-71

3 双击 Bezier Progression 行为模块，打开参数对话框，设置参数如图 1-72 所示。

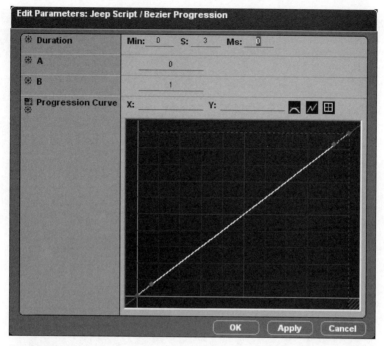

图 1-72

　　参数对话框中，参数 Duration 是从变量 A 到变量 B 所需用设定的时间，Progression Curve 进程曲线现在是直线表示变量 A 到变量 B 变化是线性匀速的。

4 在脚本编辑窗口将鼠标移到第 2 个参数即 A 变量和第 3 个参数即 B 变量可以显示该变量的变量类型，现在看到是 Float 浮点数，如图 1-73 所示。

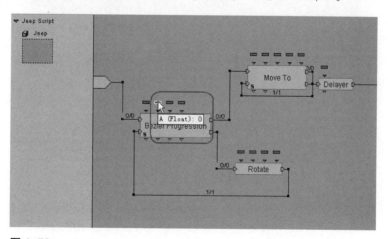

图 1-73

5 但是可以考虑一下，希望通过 Bezier Progression 行为模块来控制 Rotate 行为模块的旋转角度，那么需用改变变量 A、B 的变量类型。选择 Bezier Progression 行为模块上方的第 2 个参数，右键弹出快捷菜单，选择 Edit Parameter 命令更改参数类型，如图 1-74 所示。

6　在打开的对话框中，更改参数类型为 Angle，如图 1-75 所示。

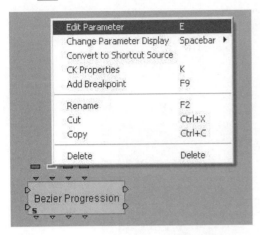

图 1-74

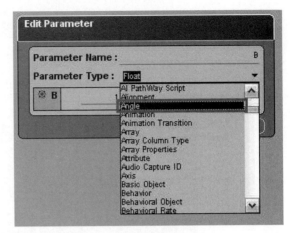

图 1-75

7　把第 2、第 3 个参数类型都更改完后，双击打开 Bezier Progression 行为模块参数设置 B 参数的参数数值，如图 1-76 所示。

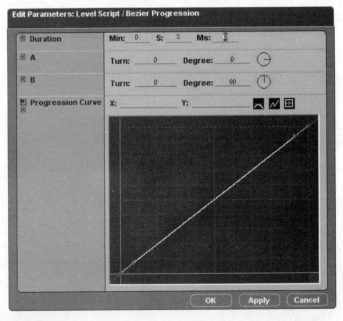

图 1-76

8　下面让 Bezier Progression 行为模块的数据输出 Delta 值来控制变量 A，把 Bezier Progression 行为模块的数据输出的第 3 个 Delta 值连接到 Rotate 的角度 A 参数输入上，让 Delta 值来控制旋转的角度，如图 1-77 所示。（Delta 值是单位时间一次增加的量）。

9　有时候为了监测数据的实时变化或者进行数据传递的方便，常常用数据复制后粘贴数据的快捷方式，这样可以将快捷方式像显示参数方法一样，按空格键可以将数值显示出来或方便数据传递连接，如图 1-78 所示。

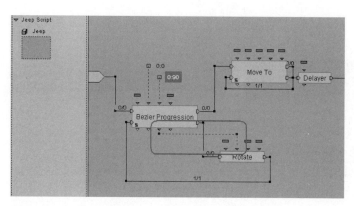
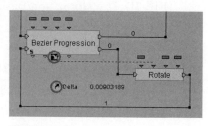

图 1-77　　　　　　　　　　　　　　　　　　　　图 1-78

10　后面的流程都相应地添加 Bezier Progression 行为模块，最为快捷的方法是直接将设置好参数的前面的 Bezier Progression 行为模块复制 3 次，连接好流程连线，最后别忘了将 Delayer 行为模块的流程输出连接回最开始的 Move To 的流程输入，组成回圈，让吉普车在这 4 个点上循环移动，最后流程连接如图 1-79 所示。

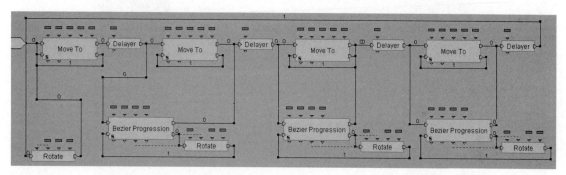

图 1-79

11　测试结果，看到吉普车确实按照题目要求完成了 4 个点上的移动，效果如图 1-80 所示。

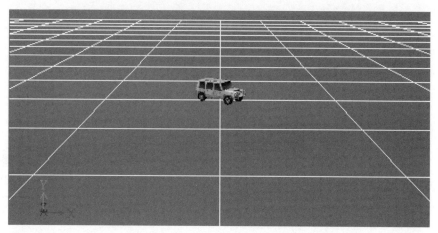

图 1-80

12　最后保存文件为 Jeep_01_Move To_Rotation_Bezier Progression.cmo。

实例 1-5

利用键盘上的方向键，控制吉普车前进、后退、旋转。

使用 3D Transformation/Basic/Translate，3D Transformation/Basic/Rotate，Controller/Keyboard/Switch On Key 来实现。

1　打开 Jeep_02.cmo 文件（本书配套光盘 chap 1 提供）。

2　设置 Jeep 和 5 个 tires 的初始值。

3　在 Lever Marager 窗口中选中 Jeep，单击右键弹出快捷菜单选择 Create Script 命令为 Jeep 创建脚本，如图 1-81 所示。

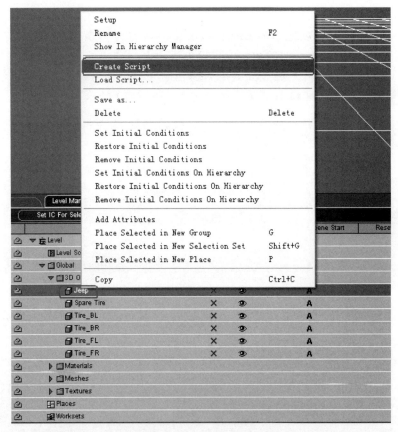

图 1-81

4　在 Schematic 下的 Jeep Script 加行为模块 Controller/Keyboard/Switch On Key，如图 1-82 所示。

5　原本这个行为模块只有 2 个流程输出，但我们想要用 4 个键来控制车的前进、后退、左转、右转 4 个运动，所以需要再增加 2 个流程输出。在 Switch On Key 行为模块上右单击鼠标，在弹出菜单中选择 Construct>Add Behavior Output 两次，或按快捷键 O 增加 2 个流程输出，如图 1-83 所示。

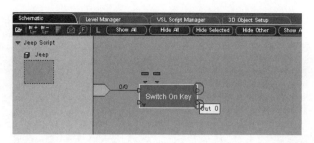

图 1-82

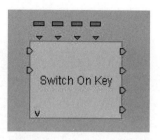

图 1-83

⑥　然后在脚本窗口 Switch On Key
行为模块上右键单击鼠标，在弹出菜单中
选择 Edit Parameter 命令打开参数设置窗
口，进行控制键的设置，分别选择 Key 0、
Key 1、Key 2、Key 3 时 按 Up、Down、
Left、Right 键，参数设置如图 1-84 所示。

⑦　下面再添加 Translate 和 Rotate
行为模块，分别两次放入脚本编辑窗口。

⑧　设定 Translate 行为模块的参考坐标轴为 Jeep，前进方向 Z：1，后退方向
Z：-1，如图 1-85 和图 1-86 所示。

图 1-84

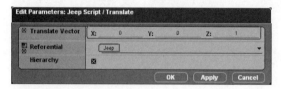

图 1-85

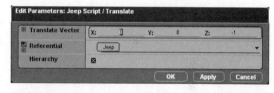

图 1-86

⑨　设定 Rotate 的参考坐标轴为 Null，左转为 1Degree，右转为 -1Degree，如图
1-87 和图 1-88 所示。

图 1-87

图 1-88

⑩　连接流程，流程图如图 1-89 所示。

⑪　测试结果，查看效果，如图 1-90 所示。

⑫　最后保存文件为 Jeep_02_Switch On Key_Trans_Rota.cmo。

 说明

在编辑行为模块时，对于设置或改变的参数，尽量显示出这些参数的
数值和名称，这样在读程序或检查程序错误的时候很方便。

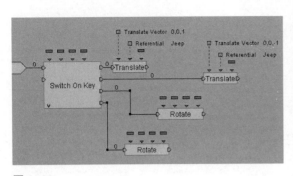

图1-89

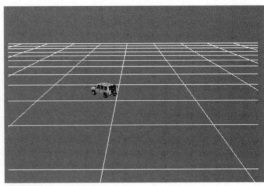

图1-90

实例1-6

在上面实例中再加上一个Camera，使摄像机跟着吉普车运动。可以使用上一个文件Jeep_02_Switch On Key_Trans_Rota.cmo设定跟随摄像机为Follow Camera。

1 打开Jeep_02_Switch On Key_Trans_Rota.cmo文件。

2 在Perspective View视窗中，使用摄像机旋转工具 和Dolly工具 调整画面将视角调整到正好能看到吉普车背影，如图1-91所示。

图1-91

3 单击 新增加一个摄像机，在Camera Target Setup窗口中调整摄像机的参数，更改摄像机的名称为Follow Camera，如图1-92所示。

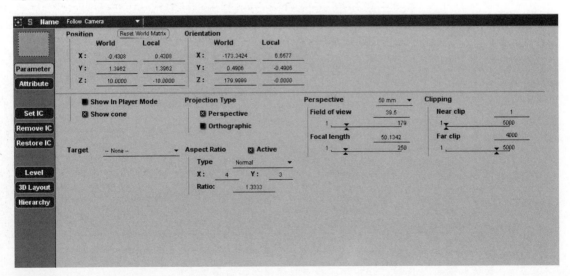

图1-92

4　调整好后，再到界面右上角 Hierachy Manager 窗口，将 Follow Camera 拖放到 Jeep 下方使之变成 Jeep 的子级，如图 1-93 所示。

5　回到 Camera Target Setup 窗口，单击左侧的 Set IC 按钮，给摄像机设置初始值。

6　切换到 Follow Camera 视窗，Play 测试，观看效果，如图 1-94 所示是在 Follow Camera 的视角看到的情景。

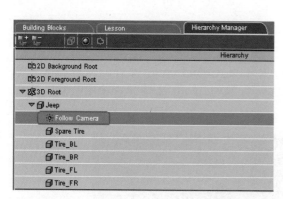

图 1-93

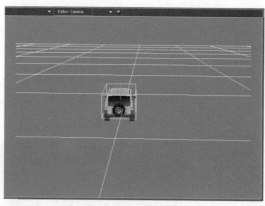

图 1-94

7　保存文件为 Jeep_02_Switch On Key_Trans_Rotate_Camera.cmo。

 注意

摄像机的参数 Clipping 图示说明如图 1-95 和图 1-96。

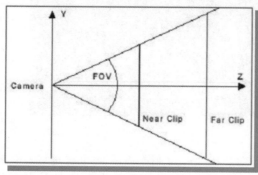

图 1-95

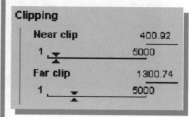

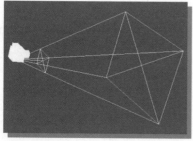

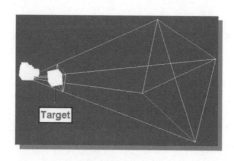

图 1-96

实例 1-7

将上面实例再丰富场景元素，加入地形实景，然后添加让车保持在地面的效果，使 Jeep 在地面上行驶。

可以有两种方法，可以分别使用 3D Transform/Constraint/Object Keep On Floor 和 Collision/Declare Floor 来实现。

这个例子我们用两种方法来讲解。

方法 1

1 打开 Jeep_02_Switch On Key_Trans_Rotate_Camera.cmo 文件，从数据资源库 Lesson 中的 3D Entities 下把 Landscape.nmo 拖放到 3D Layout 编辑窗口的空白处，给吉普车加上陆地，如图 1-97 所示。

图 1-97

2 此时 Jeep 是浮在空中的，按 Play 播放时看到车是在空中行进的，还有可能在地势高的地方汽车会开进地里，下面需要加上让车能够保持在陆地上的行为模块，让 Jeep 始终保证在地面上，要达到这样的效果，需要考虑两个方面，一个是使用行为模块让 Jeep 保持在地面上，另一个需要考虑到地形要指定它为地面。

3 在 Level Manager 中，在 Level Scripts 下新建一个脚本 Level Script，回到 Schematic 窗口的 Level Script 下，添加行为模块 Object Keep On Floor，把 3D Transform/Constraint/Object Keep On Floor 拖入，设置 Object Keep On Floor 行为模块上方的 Target 参数指定为 Jeep，并自己做循环，如图 1-98 所示。

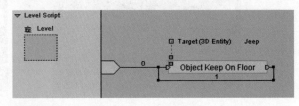

图 1-98

4 下面给陆地加上地面属性。回到 Level Manager 下，在 3D Objects 下找到 landscape 三维物体，单击右键在弹出菜单中选择 Setup，如图 1-99 所示。

5 打开 3D Object Setup 窗口，单击左侧的 Attribute 按钮，进入属性添加窗口，单击 Add Attribute 按钮，打开 Add Attribute 对话框，从中选择 Floor Manager 下方的 Floor，然后单击下方的 Add Selected 按钮，如图 1-100 所示。

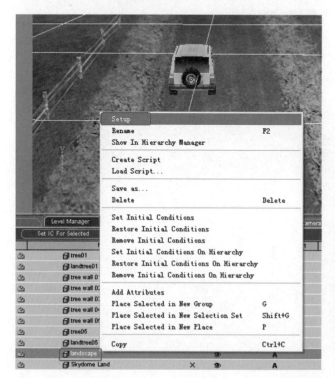

图 1-99

图 1-100

6 关闭上面窗口，此时在属性窗口中，就显示出给陆地添加的地面属性了。在属性窗口中，选中 Floor 属性，单击左侧的 Set IC 按钮，设定地形的地板属性的初始状态，如图 1-101 所示。

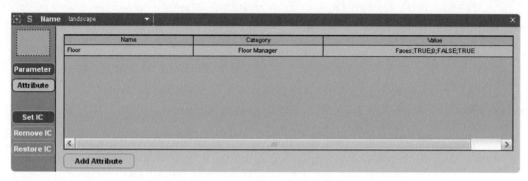

图 1-101

7 测试播放，汽车保持在陆地上了，如图 1-102 所示。

8 保存文件为 Jeep_02_Switch On Key_Trans_Rotate_Camera_keep on floor1.cmo。

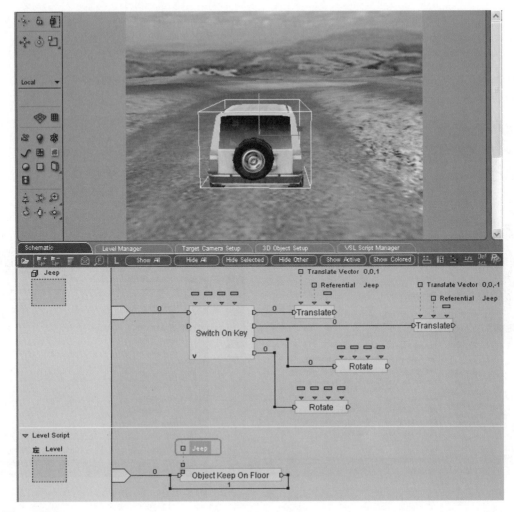

图 1-102

方法 2

1 打开 Jeep_02_Switch On Key_Trans_Rotate_Camera.cmo 文件，从数据资源库 Basic_Script 中的 3D Entities 下把 Landscape.nmo 拖放到编辑窗口，给吉普车加上陆地。

2 此时 Jeep 是浮在空中的，按 Play 看到车是在空中行进的，还有可能在地势高的地方汽车会开进地里，下面需要加上让车能够保持在陆地上的行为模块。

3 添加行为模块 Object Keep On Floor V2，把 3D Transform/Constraint/Object Keep On Floor 拖入场景中的 Jeep 身上，行为模块自己做循环，如图 1-103 所示。

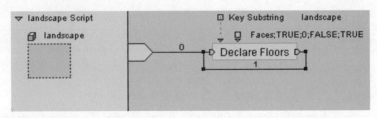

图 1-103

4　当然我们可以用另一个方法解决指定地面。回到 Level Manager 下，在 3D Objects 下找到 landscape 三维物体，并新增加脚本，把 Collision/Floor/Declare floors 给 landscape 加上，建立 landscape Script 脚本编辑窗口，如图所示。

5　在 Declare floor 参数对话框中，指定其中的 Key Substring 参数为 landscape。（这里的 landscape 名称，一定是陆地在 Level Manager 中的名字），如图 1-104 所示。

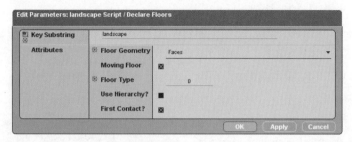

图 1-104

6　测试后，汽车也同样保持在陆地上行驶了，效果很好，如图 1-105 所示。

图 1-105

7　保存文件为 Jeep_02_Switch On Key_Trans_Rotate_Camera_keep on floor2.cmo。

实例 1-8

改变编写脚本的行为模块，熟悉用更多的行为模块来实现用键盘的方向键控制 Jeep 在陆地上移动，同时让车身具有颠簸的效果。

使用 Controller Keyboard/Switch On Key，Logic/Streaming/Parameter Selector　3D Transformation / Constraint/ Object Keep On Floor V2 来实现。

1　　打开 Jeep_03.cmo 文件（本书配套光盘 chap 1 提供），这个文件中已经给陆地制定了 Floor 属性，也给 Jeep 加了保持在地面的行为模块 Object Keep On Floor V2，这种方法可以使汽车随着陆地的起伏而起伏。

2　　双击 Object Keep On Floor 行为模块，打开参数编辑窗口，进行参数设置，其中 Follow Inclination 参数决定随地形不同倾斜角度变化，Replacement Altitude 为物体与地面的距离调整，如图 1-106 所示。

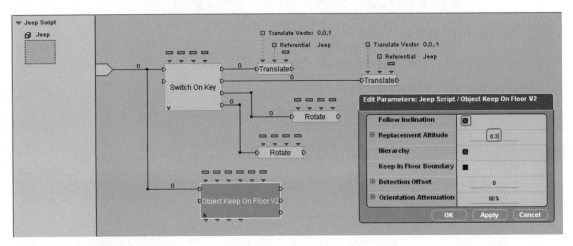

图 1-106

3　　下面用 Controller Keyboard/Switch On Key、Logic/Streaming/Parameter Selector 来控制 Jeep 的前进、后退、左转、右转的运动（Parameter Selector 功能主要是 Parameter Selector 根据激活 Input，发送相应的输入参数给 Output）。

4　　把 Parameter Selector 两次拖放到 Jeep Script 窗口，一个用来控制 Translate，另一个用来控制 Rotate。分别对第一个、第二个 Parameter Selector 行为模块，选择上面的参数的小方块，如图 1-107 所示，右键选择 Edit Parameter 窗口，更改参数的类型为矢量 Vector 和数值。

Pin0 参数类型改为矢量 Vector，因为前进方向是 Jeep 的 Z 轴方向，所以 Z 设为 1；PIn1 参数类型改为矢量 Vector，因为是后退，是负 Z 轴方向，所以 Z 参数值设置为 -1。如图 1-108 所示。

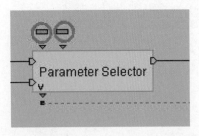

图 1-107　　　　　　　　　　图 1-108

第二个行为模块，参数类型改为角度 Angle。左转角度为正值，右转角度为负值。角度的大小，决定每次按键车转向的幅度大小，如图 1-109 所示。

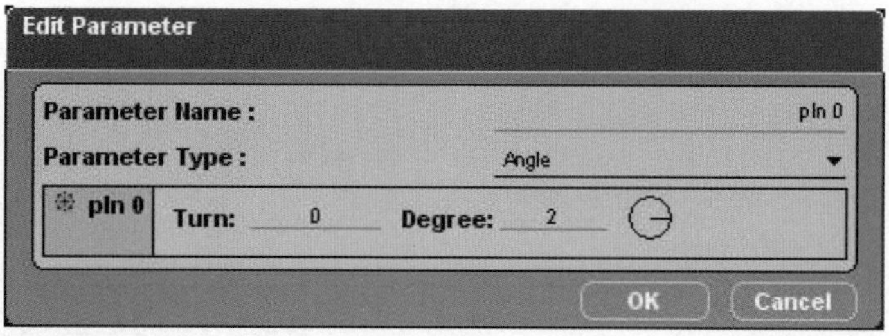

Edit Parameter

Parameter Name :　　　　　　　　　　　　　　　pln 0
Parameter Type :　　　　　　　Angle　　　　　　▼
🔆 pln 0　　Turn:　　0　　Degree:　　2　　⊖

OK　　Cancel

图 1-109

5　双击 Parameter Selector 行为模块，打开参数设置窗口，可以看到设置的参数数值。图 1-110 Parameter Selector 是控制 Translate 运动的。图 1-111 Parameter Selector 是控制 Rotate 旋转运动的。

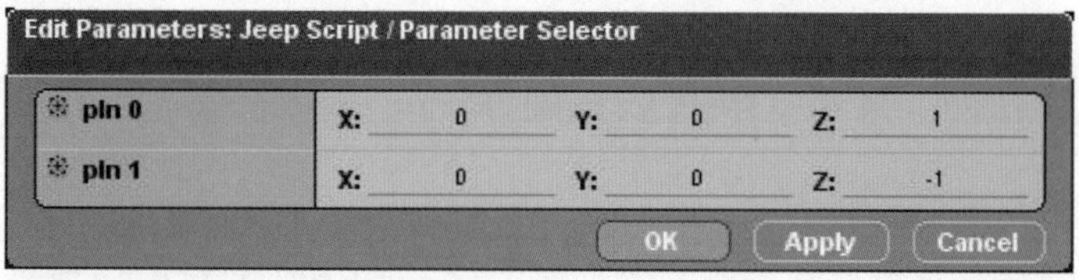

Edit Parameters: Jeep Script / Parameter Selector

🔆 pln 0　　　X:　　0　　Y:　　0　　Z:　　1
🔆 pln 1　　　X:　　0　　Y:　　0　　Z:　　-1

OK　　Apply　　Cancel

图 1-110

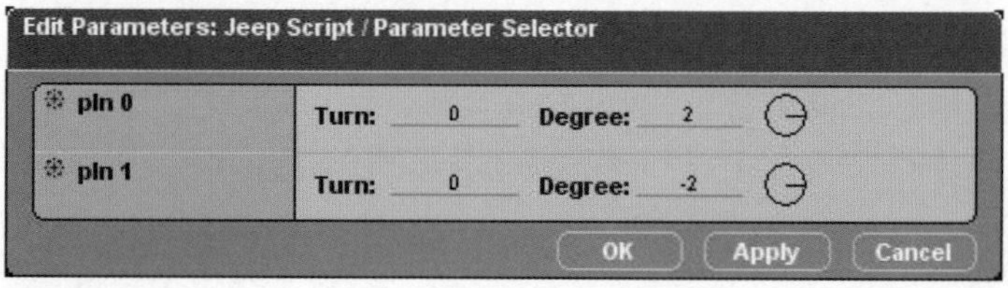

Edit Parameters: Jeep Script / Parameter Selector

🔆 pln 0　　　Turn:　　0　　Degree:　　2　　⊖
🔆 pln 1　　　Turn:　　0　　Degree:　　-2　　⊖

OK　　Apply　　Cancel

图 1-111

6　Translate 和 Rotate 行为模块的参数的参考坐标系都设为 Jeep，参数设置如图 1-112 和图 1-113 所示。Translate 的矢量输入参数由 Parameter Selector 行为模块参数输出的矢量来控制；Rotate 的旋转角度由 Parameter Selector 行为模块参数输出的角度来控制。

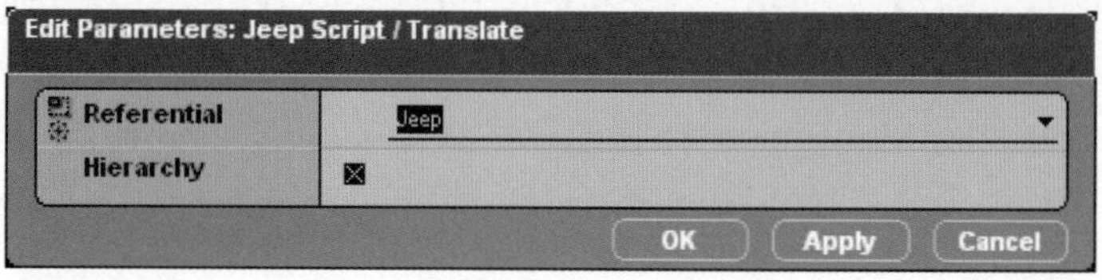

Edit Parameters: Jeep Script / Translate

🔲 Referential　　　Jeep　　　　　　　　　　▼
🔆 Hierarchy　　　☒

OK　　Apply　　Cancel

图 1-112

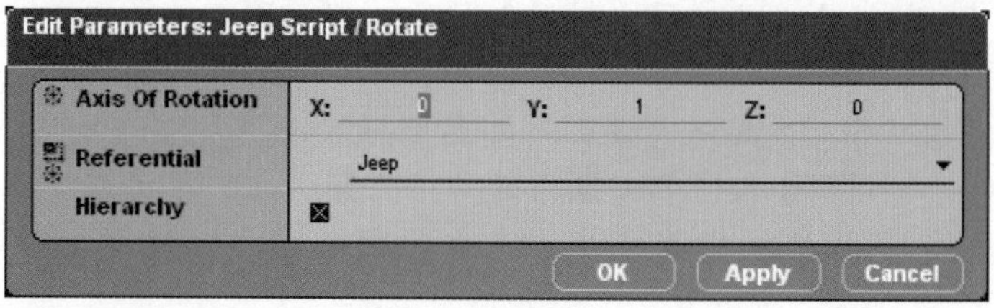

Edit Parameters: Jeep Script / Rotate

🔆 Axis Of Rotation　　X:　　0　　Y:　　1　　Z:　　0
🔲 Referential　　　　Jeep　　　　　　　　　　▼
🔆 Hierarchy　　　　☒

OK　　Apply　　Cancel

图 1-113

7　最后脚本编写的流程如图 1-114 所示。

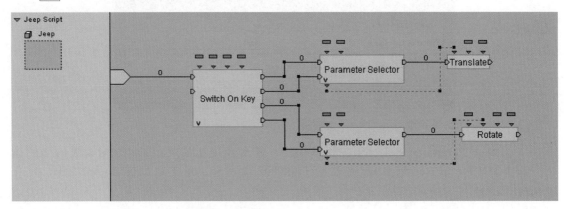

图 1-114

8　播放测试结果，保存文件为 Jeep_03_Param_Selet_Tran_Rota.cmo。

说明

三维模型在建模过程中可能会做一些缩放等操作，在模型输出前，使用 3DMAX 要记得做 Reset X Form，否则输入到 VT 中容易出现问题，在 VT 内的解决办法为：右键单击场景里的模型选择 3D Option Setup，在弹出的窗口单击 Scale 右边的 Set as Unit 按钮。

实例 1-9

用键盘的方向键控制 Jeep 在陆地上移动，让车身具有颠簸的效果，同时在行进中产生车的阴影实时跟随的效果。

使用 Switch On Key、Parameter Selector、Object Keep On Floor V2、Shadow Caster 来实现。

结合上面实例让 Jeep 在行进中在陆地上能够产生实时跟随阴影，使整体效果更加具有真实感。关于实时阴影制作，通常有四种阴影的类型，这里我们选其中之一做示范。下面我们将利用 Attribute Manager 属性管理器的 Visuals FX 视觉特效中的 Shadow Caster Receiver 属性的应用和行为模块 Visual /Shadow / Shadow Caster 来使 Jeep 在行进中产生实时阴影。

1　打开 Jeep_03_Param_Selet_Tran_Rota.cmo 文件。

2　在 Perspective View 窗口，调整好视角，单击 💡，新建一个灯。在透视视窗中看到如图 1-115 所示。

3　然后在 Light Setup 窗口中设置灯的类型为聚光灯，灯的名称 New Light，调整灯光的 Range 等，同时使用选择工具 🔧、移动工具 ✥、旋转工具 🔄对灯的角度和位置进行调整，让影子的产生和场景中其他物体产生的阴影方向一致，如图 1-116 和图 1-117 所示。

图 1-115

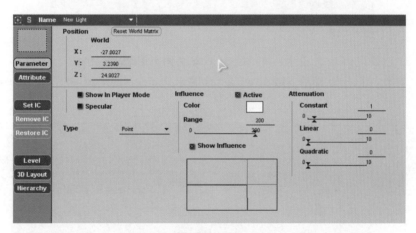

图 1-116

图 1-117

4 因为要求 Jeep 开起来时阴影也跟随，所以利用 Hierarchy Manager 来把灯指定为 Jeep 的子级，如图 1-118 所示。

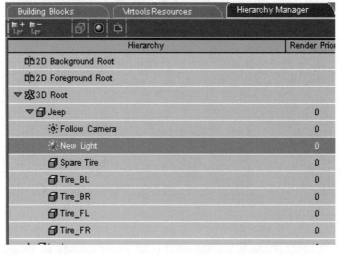

图 1-118

5 把灯光设定好后，设定灯的 IC，单击左侧的 Set IC 按钮。

6 接下来，把行为模块 ShadowCaster 拖放到 Jeep Script 中，并开始连接，如图 1-119 所示。

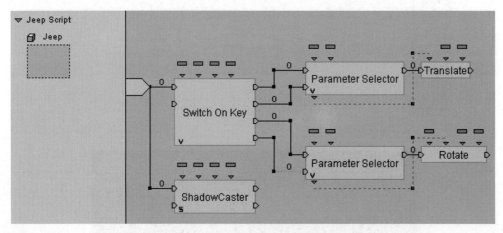

图 1-119

7 双击 ShadowCaster 模块，设置其参数，如图 1-120 所示。

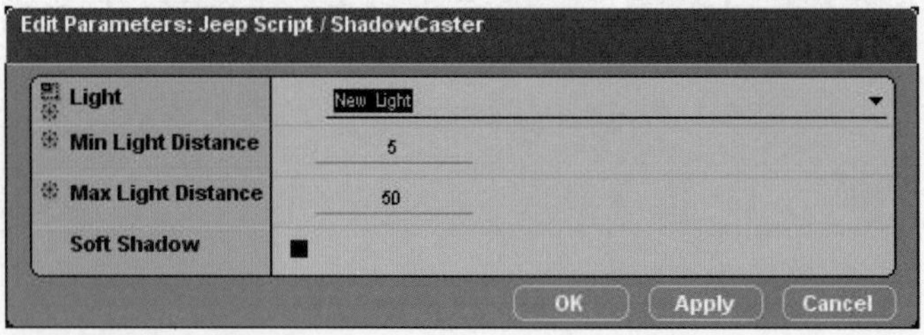

图 1-120

⑧　下面要用 Attribute Manager 属性管理器的 Visuals FX 视觉特效中的 ShadowCaster Receiver 属性将所有能接收到阴影的物体都增加此属性。在 Level Manager 中选择 Landscape，打开 Attribute Manager 属性管理器在 Visuals FX 视觉特效中找到 ShadowCaster Receiver，把它直接拖放到 Level Manager 中的 Landscape 上，然后在 Landscape 的 3D Object Setup 窗口中单击左侧的 Attribute 按钮打开设置窗口，然后选择 Shadow Stencil Caster 属性，单击按钮，如图 1-121 所示。

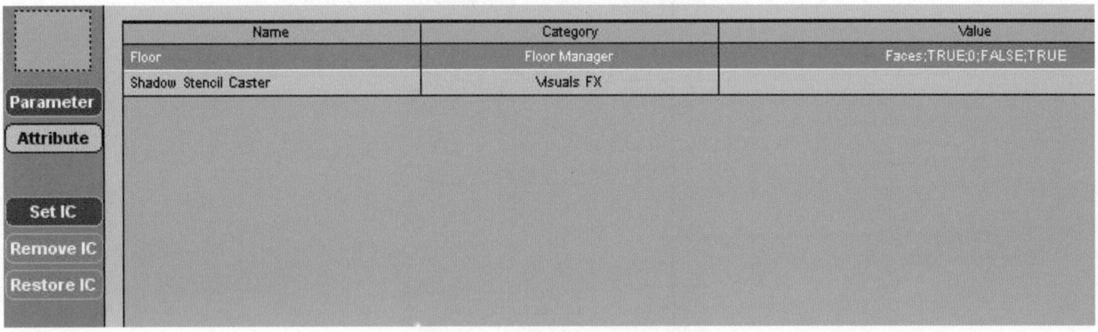

	Name	Category	Value
	Floor	Floor Manager	Faces;TRUE;0;FALSE;TRUE
	Shadow Stencil Caster	Visuals FX	

Parameter
Attribute
Set IC
Remove IC
Restore IC

图 1-121

⑨　切换到 Follow Camera 视窗，Play 测试，观看结果，如图 1-122 所示。

⑩　保存文件为 Jeep_03_Param_Selet_Tran_Rota_Shadow.cmo。

图 1-122

课后练习

1. 参照实例 1-2，控制吉普车在 (0, 0, 0)、(10, 0, 0)、(10, 0, 10)、(0, 0, 10) 四个点顺序移动循环，并每到达一个点停留 1 秒钟。尝试使用 3Dtransformations/Basic/Set Position 来实现题目的要求。

2. 尝试将实例 1-3，控制吉普车在（0，0，0）、（10，0，0）、（10，0，10）、（0，0，10）四个点顺序移动循环，让吉普车从一个点移动到另一个点时转动方向，让车头转动 90 度后再向下一个点移动，并每到达一个点停留 1 秒钟，但连接方法如图 1-123 所示看看结果如何。使用 3D Transformations/Movement: Move to? 3D Transformations/Basic: Rotate 来实现题目的要求。

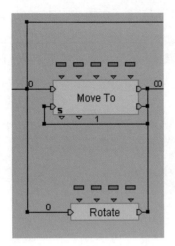

图 1-123

 提示

　　如果出现问题从逻辑方面思考可以解决，也可以增加节点行为模块在流程连接方面考虑解决，从不同角度仔细思考，不要有疏漏。

第二章

虚拟物体的互动控制

本章以玩家对游戏中的虚拟物体的互动控制进行脚本设计，在编写脚本过程中，对于数据处理的方法进行讲解和实践，以及如何有效利用自己编写的流程模块进行再利用，行为模组的建立是一个很好的工作方式。

● 互动控制实例

● 数据处理

第一节　互动控制实例

本节将以场景中门的互动控制为例层层深入地进行讲解，将开门、关门的不同方式的控制进行脚本编写，并讲述如何简化撰写流程，结合重组 Behavior Graph 应用。

实例 2-1

设定一扇门有自动开关的功能。

使用行为模块 3D Transformation/Basic/Rotate 和 Logic/Loops/Bezier Progression 来实现。

参与对象：一扇门。

资料：方位角、时间。

1 新建立一个 VT 文件，选择 File/New Compsition 命令。

2 打开数据资源库，执行 Resources/Open Data Resource 命令，打开本书提供的数据资源库 Lesson.rsc 文件。

3 从 3D Entities 下找到 Door.nmo 拖放到场景视窗，如图 2-1 所示。

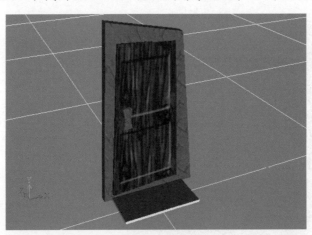

图 2-1

4 在 Level Manager 下选中门、门框、门把手、脚垫设置初始值，单击 Set IC 按钮，如图 2-2 所示。

5 选择 Door02，创建 Script 脚本，下面编写脚本实现门的自动开关功能。门打开、关闭要有一个过程，也就是门慢慢打开或关闭，所以要用 Bezier Progression 行为模块。在 Schematic 的 Door02 Script 中，把 Bezier Progression 行为模块拖放其中，连接流程的开始端，然后把鼠标放到第 2 个输入参数停留一下可以看到提示，可以看到参数变量类型是 Float 浮点数，如图 2-3 所示。

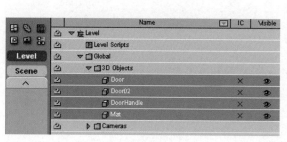

图 2-2

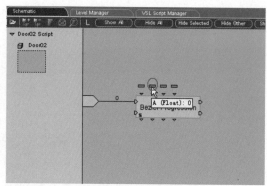

图 2-3

6 因为 Bezier Progression 行为模块要控制门打开、关闭的过程，也就是控制 Rotate 行为模块的角度变化的过程。分别选择行为模块上方的第 2、第 3 参数，右键从弹出菜单中选择 Edit Parameter 命令，打开参数编辑窗口，更改参数类型为 Angle，如图 2-4 所示。

7 双击 Bezier Progression 行为模块，打开参数对话框设置 Bezier Progression 行为模块的参数值，如图 2-5 所示。

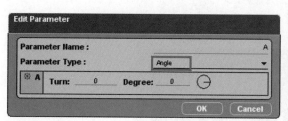

图 2-4

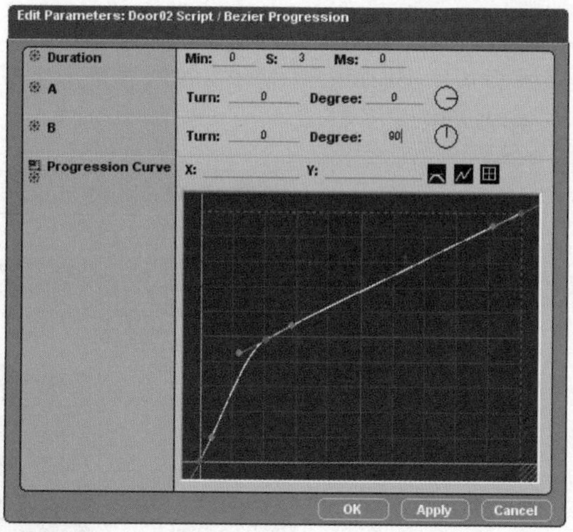

图 2-5

说明

    为了让门在打开的时候不是匀速的，而是先快后慢，在进程控制曲线上加点，在线上双击增加控制点，调整曲线的斜度，后面斜度较前面平缓。

8 把 Rotate 行为模块，拖放在其中，流程输入输出连接，然后数据连接，把 Bezier Progression 的 Delta 参数输出，复制其参数到 Rotate 的输入参数的地方，右键选择 Paste as Shortcut，把连接线连接到 Rotate 的角度输入参数的地方，如图 2-6 所示。

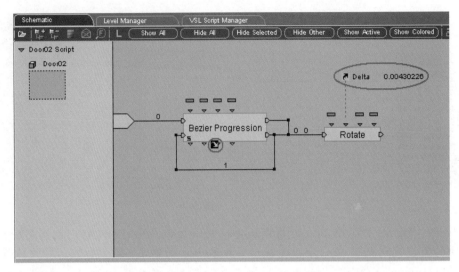

图 2-6

9 加一个 Delayer 行为模块，设置延长时间为 3 秒。然后把 Rotate 的流程输出连接到 Delayer 行为模块流程输入上。

10 再做门关闭的动作。同样利用 Bezier Progression 和 Rotate 行为模块来控制。只是要注意，Bezier Progression 的参数设置进程曲线把开始点移到上面，结束点移到下面，如图 2-7 所示。

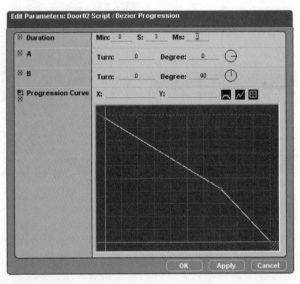

图 2-7

说明

要做到关门动作，也可以不改变曲线的开始点和结束点的方向，把 A 值改变为 90，B 值为 0。

11 最后流程连接如图 2-8 所示。

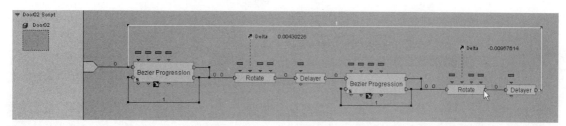

图2-8

12　播放测试，观看效果，如图2-9所示。

13　保 存 文 件 为 Door_01_Auto_Op_Close.cmo。

实例 2-2

加入互动效应，鼠标点击门的把手，可以打开门，再点选一次门把手，则将门关上。

在流程撰写上要考虑，功能：点选门的把手，可以开关门；参与者：一扇门；资料：时间、方位角、信息。实现题目要求有不同的脚本编写方法，下面分别讲解。

图2-9

方法1

使用行为模块　3D Transformation /Basic/Rotate，Logics /Loops /Bezier Progression，Logics /Message /Wait Message 来实现。

1　利用实例 2-1 中做好的自动开关门继续完成此实例（可先将上例已完成的行为模块打包好存到自定义的 Behavior Graphs 档案夹里，以便以后直接拖放使用），打开 Door_01_Auto_Op_Close.cmo 文件。执行之前要先确定，将会动的物体要设定好初始状态 (IC)。

2　在 Door02 Script 的空白处，右击鼠标，选择 Draw Behavior Graph 命令，或按快捷键 G，然后把开门的脚本框选，形成一个封套，如图 2-10 所示。

3　把流程输入连接到封套的输出上，也就是开门的动作完成后，可以将开门的流程脚本行为模块组，再组合成一个现成的模块。要对 Behavior Graph 加流程方向标，在组节点上单击右键，选择 Construct/Add Behavior Input 、Output 行为，或按快捷键 I、O 增加流程输入、输出口，如图 2-11 所示。

图2-10

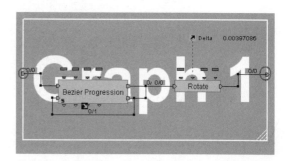

图2-11

$\boxed{4}$ 给封套命名：选择封套，按F2后输入文字 Open Door。用同样的方法把关门也做成封套，命名为 Close Door，如图 2-12 所示。

$\boxed{5}$ 在 Open Door 上右击鼠标，选择 Save As，把 Behavior Graph 保存到自己的资源库相应的目录中，以备以后使用，如图 2-13 和图 2-14 所示。

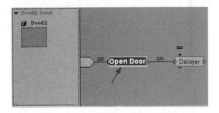

图 2-12

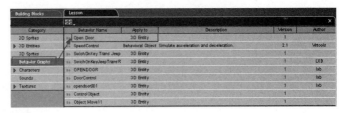

图 2-13

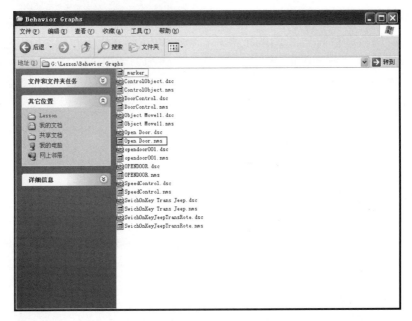

图 2-14

$\boxed{6}$ 简化整理脚本流程后，可以看到流程非常明了直观，如图 2-15 所示。

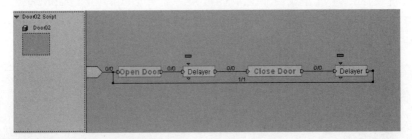

图 2-15

$\boxed{7}$ 下面设计互动功能。思考鼠标按下去是在 Windows 里面做"信息"传递，所以这个实例要加上 Message 的流程。执行 Virtools 里面等待讯息（等待鼠标左键按下去）的功能时，首先想到 Wait Message 是抽象的功能，要到 Logics 里面寻找。在 Building

Blocks 里面找到 Logics/Message/Wait Message，把 Wait Message 行为模块拖放到 Door02 Script 里面，Wait Message 行为模块是要等待接受一个信息。

⑧ 要实现鼠标单击门把手，门被打开。双击 Wait Message 模块，弹出窗口选择按钮执行方式 On Click，单击 OK。

⑨ 接下来要做整个流程的修改，取消自动开门开始的连接线，将 Wait Message 模块放在自动开关门前面，开始的线段连接到 Wait Message 模块，Wait Message 模块连接自动开门，如图 2-16 所示。

⑩ 接下来思考，是把手要接受点击，而不是大门，所以要设定一个 Target 给把手（这里可以练习在行为模块里面增加 Target 的方式）。Wait Message 在没有指定哪个 Target 执行的情况下，会以 Wait Message 写在哪个对象上为主，如果另外有指定，就会由另一个对象来执行 Wait Message 这个功能。因为我们决定执行 Wait Message 的是门把手，所以必须另外做指定的动作。

⑪ 单击 Wait Message 模块，按右键，选择 Add Target Parameter，此时模块左上方增加了一个参数，如图 2-17 所示。

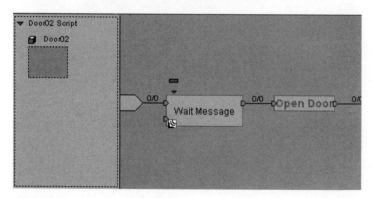

图 2-16

图 2-17

⑫ 再次单击 Wait Message 模块，按右键，选择 Edit Parameters，编辑 Target 内容，可以看到刚才增加的参数上方多一个小方块,弹出的窗口要做更改的只有 Target (Behavior Object) 范围里第一行的 NULL，下方 Class 跟 Text Filter 只是方便做选择，当场景中对象过多时可以先作过滤，这个功能是针对角色来选择，目前不做更改。单击 NULL，选择 DoorHandle；也可以单击 Target（Behavior Object）下方目标图标▩，直接在场景中吸取将要作用的对象，当对象太多时这种方法是一种比较方便选择的办法，如图 2-18 所示。

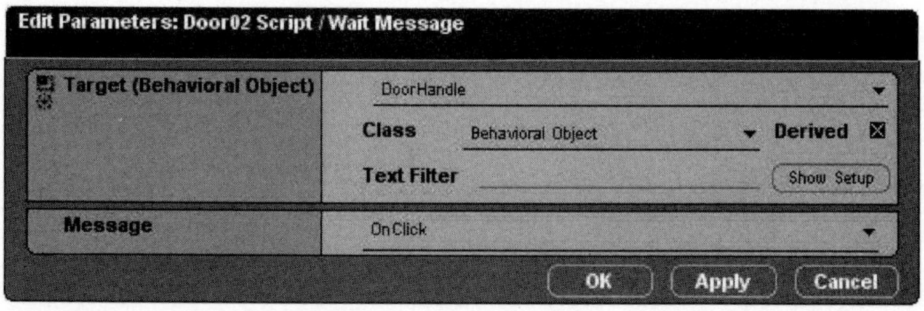

图 2-18

13 单击新增的参数方块，按 Space 键，显示出参数内容，关门也是同样方法，流程图如图 2-19 所示。

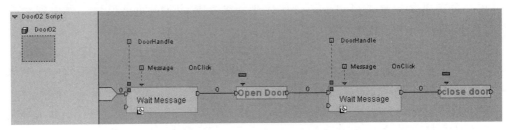

图 2-19

14 播放后，查看点击把手开门、关门效果。

15 如果需要再次点击门把手打开门等功能，将最后的行为模组 Close Door 流程输出连接回第一个 Wait Message 流程输入，形成一个回圈，如图 2-20 所示。

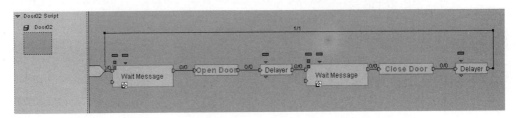

图 2-20

16 保存文件为 Door_OP_CLOSE_Wait Message.cmo。

方法 2

使用行为模块 3D Transformation/Basic/Rotate，Logics/Loops/Bezier Progression，Logics/Message/Wait Message，Logics/Streaming/Sequencer 来实现玩家与门的开、关互动。

Building Bloks 窗口里面的任意一个选项，若其右边描述行内有 "T"，表示可以增加 Target，没有的话表示不能增加，通常相同的行为模块，尽量只执行一次，目的是让脚本读起来更容易，所以将上面例子中的脚本更改得更为简洁，只留下一个 Wait Message 模块，开门动作和关门动作仍然保留。那如何简化呢？我们可以增加一个控制顺序的行为模块来实现题目的要求。现在要考虑的是 "顺序"，如何让使用者第一次点击执行 Open Door，第二次点击执行 Close Door。

1 打开 Door_OP_CLOSE_Wait Message_Once.cmo 文件。

2 打开 Logics/Streaming/Sequencer 拖放到 Door02 Script 中。Sequencer 模块的特点是当执行第一次启动的时候，由 Out1 流出去，执行第二次启动的时候会自动重置，由 Out2 流出去，因为目前只有 2 个动作轮流，所以是 1 与 2 的循环。如果有 4 个动作要轮流，首先增加 Sequencer 流程输出点，同样的，动作执行方式是 12341234……如此循环。可以把 Sequencer 理解为计数器。Sequencer 模块的 Reset 功能是，如果有 4 个启动，但在启动 2 之后又想从 1 启动，就可以用 Reset。

3 选择 Sequencer 行为模块，按快捷键 "O" 增加 Out2。

4 将 Out1 连接开门模块，将 Out2 连接关门模块。

5　分别将开门模块与关门模块的 Out 连接到 Wait Message 左边的流程输入 In，形成回圈，脚本流程如图 2-21 所示。

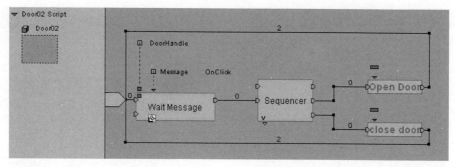

图 2-21

6　播放测试，查看点击门把手后回应的效果。

7　文件保存为 Door_OP_CLOSE_Wait Message_Sequencer.cmo。

说明

当使用者点击门把手时，Wait Message 的输出端会送出一个信号并触动 Sequencer 的输入端 In。之后，Sequencer 会交替地由它的输出端 Out1 与 Out2 输出信号。这意味着 Sequencer 首先将从它的 Out1 输出端送出一个信号，触动 Open Door 的 Rotate，Rotate 依照它门板的轴线移动，把门打开。然后，由 Open Door 的"输出端"送出一个信号，再一次触动 Wait Message，等待新的 OnClick 信息。当使用者第二次按下门板时，行为模块 Wait Message 会再次触动 Sequencer，而这一次将会触动 Close Door 中的 Rotate，Rotate 门板将因此而关上。

方法3

使用行为模块，3D Transformation/Basic/Rotate，Logics/Loops/BezierProgression，Logics/Message/Wait Message，Logics/Streaming/Sequencer，Logics/Streaming/Parameter Selector 来实现。

这个方法主要说明如何在撰写流程上简化，只用一个模块控制开门、关门两个动作。这里将利用参数的不同来解决问题，想办法让参数做变换，达到开关门的控制。

1　打开 Door_OP_CLOSE_Wait Message_Sequencer.cmo 文件。

2　进一步简化流程，加入行为模块 Parameter Selector，Parameter Selector 根据激活 Input，发送相应的输入参数给 Output。

3　选择 Parameter Selector 模块上方的参数，右键选择 Edit Parameter 命令，如图 2-22 所示。

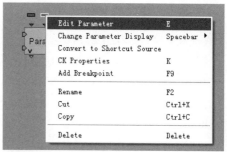

图 2-22

4 打开参数编辑对话框，将Pin0、Pin1参数类型改为2D Curve，数值分别设置为PIn0左低右高，PIn1左高右低，如图2-23和图2-24所示。

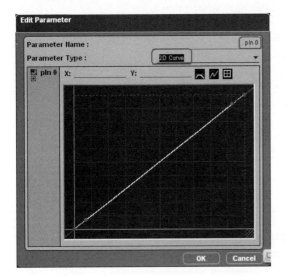 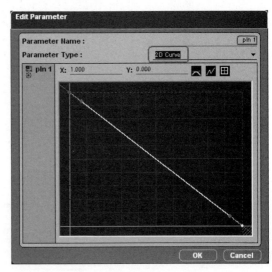

图2-23   图2-24

5 把Sequencer模块的2个输出Out1、Out2与Parameter Selector模块的In0、In1相连，如图2-25所示。

Parameter Selector会通过Sequencer的Out1时会选择In0。而且In0是2D Curve，可以控制开门、关门不同的参数。

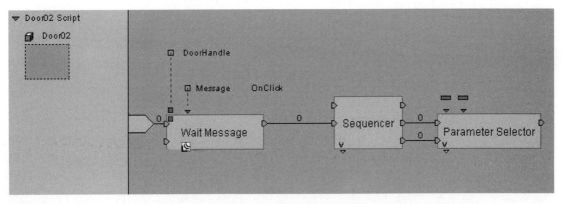

图2-25

6 双击Parameter Selector模块，打开参数设置对话框，设置Pin0、Pin1参数曲线变化，如图2-26所示。

7 按Ctrl键同时,点选Parameter Selector模块上方的参数Pin0、Pin1，右键选择Change Parameter Display>Name and Value把参数名称和数值显示出来，这样会帮助识别参数和读取参数类型等。把Parameter Selector模块输出的参数值Copy，再Paste as Shutcut，如图2-27所示。

8 流程连接开门的行为图组即Behavior Graph，并改名为Open & Close Door，如图2-28所示。

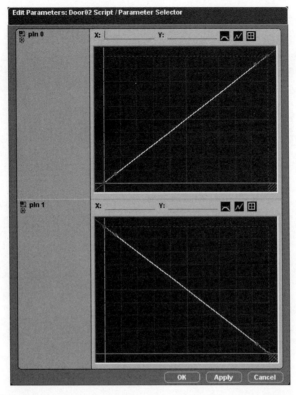

图 2-26

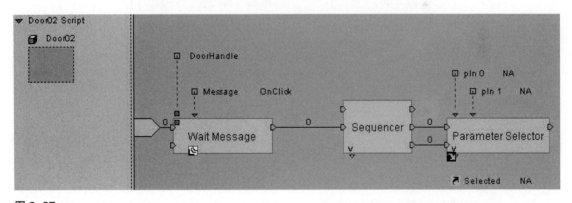

图 2-27

9　为 Open & Close Door 行为图组加参数输入，右键单击弹出快捷菜单，选择 Construct → Add Parameter Input 命令，如图 2-29 所示。

10　将行为图组 Open&Close Door 的参数输入类型设置为 2D Curve，如图 2-30 所示。

11　将 Parameter Selector 模块参数输出连接到 Open &Close Door 行为图组的参数输入上。如图 2-31 所示。

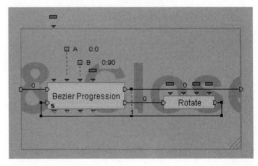

图 2-28

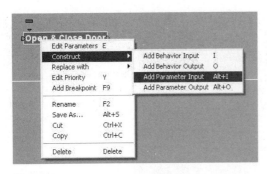

图 2-29

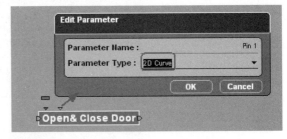

图 2-30

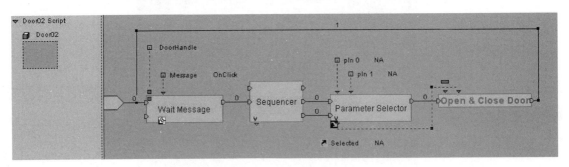

图 2-31

> **说明**
>
> 这里 Parameter Selector 行为模块的参数类型原本是 Float，要改为 2D Curve。而且 Parameter Selector 行为模块的输出参数来控制 Bezier Progression 的输入参数 Progression Curve。原本 Progression Curve 是一个设定好的参数，在这里，把它变为一个变量，通过这个方式，可以用一个 Bezier Progression 和一个 Rotate 控制开门、关门两个动作。

[12] 流程连接，数据连接，打开行为图组 Open &Close Door，把行为图组的参数输入连接到 Bezier Progression 行为模块上面的第 4 个参数输入上，即 Progression Curve 上，数据连接局部图示如图 2-32 所示。

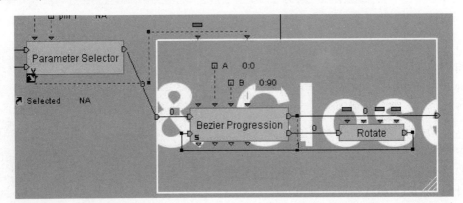

图 2-32

13   播放测试结果，如图 2-33 所示。

图 2-33

14   保存文件为 Door_OP_CLOSE_Wait Message_Sequencer_Parameter Selector.cmo。

第二节　数据处理

Virtools 数据处理的元素分为 4 种：区域参数（Local Parameter）、This、属性（Attribute）、阵列（Array）。下面通过实例，分别说明关于这 4 种数据处理的使用。

实例 2-3

This 与行为模块图 (Behavior Graph) 的运用。

提示

> This 指的是：这个参数写在某个对象上，指定那个对象，This 的参数就会是那个对象的名称。This 是非常方便的参数，尤其对 Behavior Graph 的资料，可以减少应用上的修改时间，设定某个物件要移动时，就可以用 This 来指代。

使用 Jeep.nmo、Landscape.nmo 和立方体 Cube.nmo 素材组成一个场景文件，先设置 Jeep 在场景中做移动、转动等运动，利用 This 指定，来带动立方体的运动。

1　新做一个 Jeep 在场景中移动、转动的互动行为的控制。打开数据资源库，将 Lesson/3D Entities/Jeep.nmo 拖放在 3D Layout 视窗中，再将 Lesson/3D Entities/Landscape.nmo 也拖放到场景空白处，如图 2-34 所示。

图 2-34

[2] 在 Level Manager 窗口中选择 Jeep 设定 IC。

[3] 为 Jeep 创建脚本编辑窗口。Jeep 的运动控制利用行为模块 Switch On Key、Parameter Selecter、Translate、Rotate 编写脚本。因为在上一章中已讲过具体编写的方法，这里不再赘述，完成的流程如图 2-35 所示。

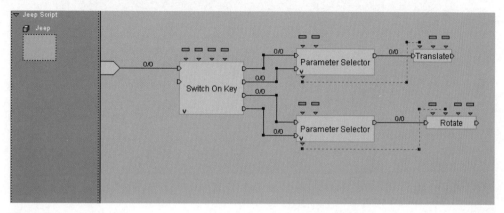

图 2-35

[4] 双击 Translate 和 Rotate 打开行为模块的参数设置对话框，可以看到现在 Referential 参数是 NULL，如图 2-36 所示。

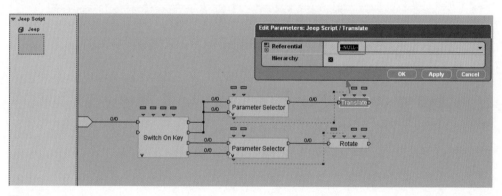

图 2-36

[5] 在 Jeep Script 空白处按右键选择 Add <This> Parameter，增加一个 This，如图 2-37 所示。

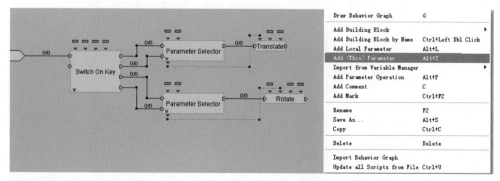

图 2-37

6 将 This 连接到 Translate 上方的 Referential 参数上，表示物体的参考坐标就是 Jeep，如图 2-38 所示。

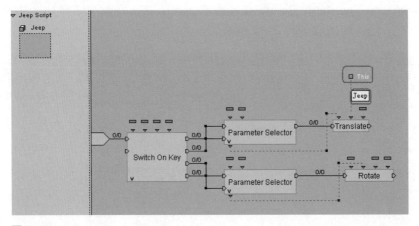

图 2-38

7 将 Jeep Script 内的模块 Draw Behavior Graph 打包，命名为 Object_move，如图 2-39 所示。并按右键从快捷菜单中选取 Save As，存入 Basic_Script/Behavior Graphs，命名为 Object Move，如图 2-40 所示。

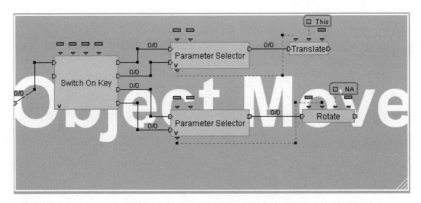

图 2-39

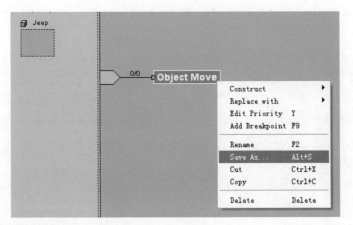

图 2-40

8　看到 Save 对话框在画面上出现，这个行为模块将会以 Object_Move.nms 的文件名储存在 Lesson 资源库相应文件夹中，如图 2-41 所示。

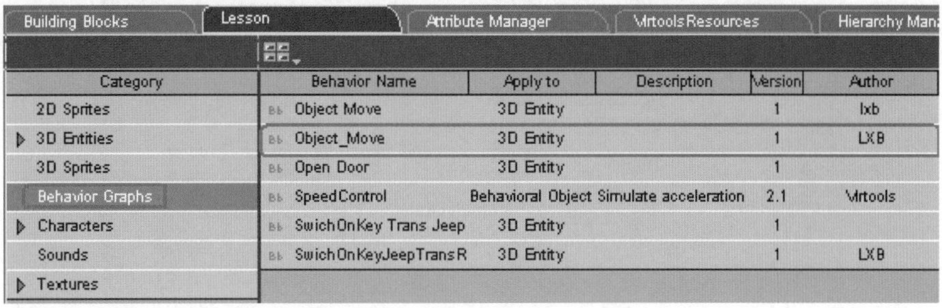

图 2-41

9　下面来看这个行为模块，应用到其他物件上的情况。从 Virtools Resources 中拖放一立方体 Cube.nmo 到场景，利用选择工具 和移动工具 调整 Cube 的位置，然后设置 IC，并建立 Cube Script 脚本，如图 2-42 所示。

图 2-42

10　拖放 Basic_Script/Behavior Graphs/Object_move 给立方体 Cube。

11　在 Cube Script 脚本编辑窗口做启动连接，如图 2-43 所示。

12　双击打开 Object_move 行为图，看到 Translate 的 Referential 自动变为

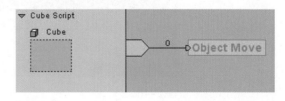

图 2-43

Cube 本身自己，而 Rotate 的 Referential 则是 Null，如图 2-44 所示。

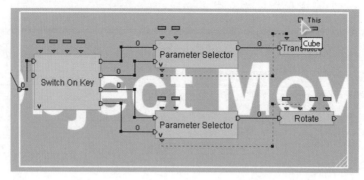

图 2-44

13 把 This 参数 Copy，在 Paste as Shortcut，把 Rotate 的 Referential 连接到 This 上，观看这时 Referential 的值已经是 Cube，如图 2-45 所示。

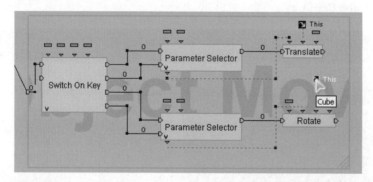

图 2-45

14 播放测试，按方向键查看结果，确实看到在我们玩家控制 Jeep 前进转弯时，立方体也跟随做同样的运动，这就验证了 This 的功能应用，如图 2-44 所示。

图 2-46

15 保存文件为 Jeep_04_This.cmo。

实例 2-4

属性数据（Attribute）的使用

开关门控制，同时显示文字信息，并增加批注使在读程序脚本的时候能够了解某些脚本所完成的功能。

说明

> 属性与行为模块的不同：参数是附属于行为模块的一部分，就是一个行为模块可能会同时对应着几个参数存在，属性则是依附场景中所有对象，可能是 3D 物体、2D 物体、纹理、声音等。使用属性的好处就是，若此对象不在视线之内，而想知道场景里面对象相关的状态（比如在画面中显示目前是开启门还是关闭门的状态），可以有个方便的依据，可以用行为模块将所属的文字显示出来。

使用行为模块 Rotate、Bezier Progression、Has Attribute、Set Attribute 、Interface/Text Display、Logics/Test 来实现。

① 打开 Door_OP_CLOSE_Wait Message_Sequencer.cmo 文件。

② 选择场景中的门（Door02）按右键 3D Object Setup，单击窗口左边 Attribute 按钮，按下面 Add Attribute 按钮，选择 More，新建名称 BFA，按 create，左边新建了一个 BFA 目录，如图 2-47 所示。

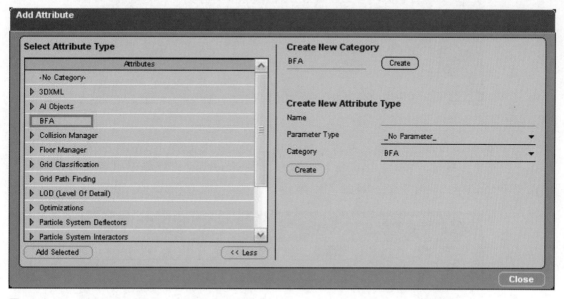

图 2-47

③ 具体属性的创建，右边 Name 命名为 Door Flag，Parameter Type 设定为 Integer，按 create 按钮，左边的 Attribute 中，可以看到 BFA 下有 DoorFlag 属性，然后单击 **Close** 按钮关闭这个窗口，如图 2-48 所示。

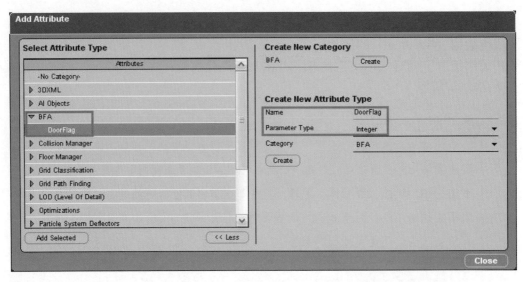

图 2-48

4 切换到 Door02 的 Attribute 窗口，看到 Door02 已经有 DoorFlag 属性了，现在把 Door02 关门的状态 Value 设置为 0，并单击左侧的 Set IC 按钮设置初始状态值，如图 2-49 所示。

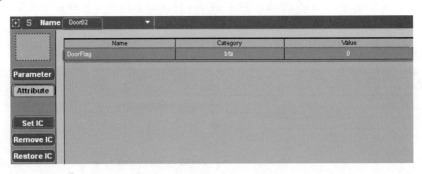

图 2-49

5 回到 Schematic 窗口，选择行为模块 Logic/Attribute/Set Attribute 拖放到 Door02 Script 里，双击新增的 Set Attribute 行为模块，在 Category 中选择刚刚建立的 BFA，上方选择 DoorFlag，确定设置，如图 2-50 所示。

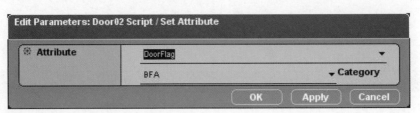

图 2-50

6 流程连接，将 Set Attribute 行为模块将与 Open Door 行为图组连接，如图 2-51 所示。

7 连接后再双击打开 Set Attribute 行为模块，设置参数值 1，如图 2-52 所示。

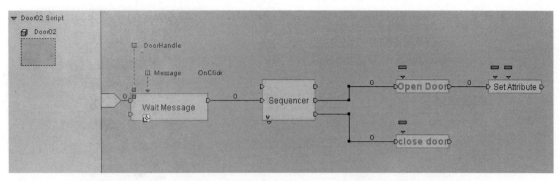

图 2-51

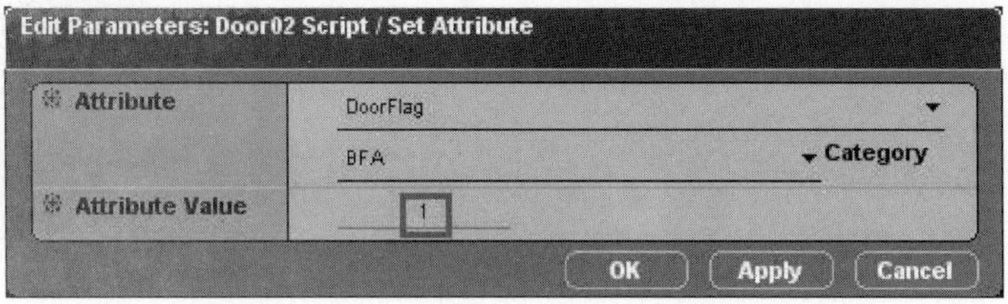

图 2-52

8　复制一个给关门，并与 Close Door 行为模块连接，这时记得设定 Value 值为 0，即关门状态时属性为 0，开门状态时属性为 1，如图 2-53 所示。

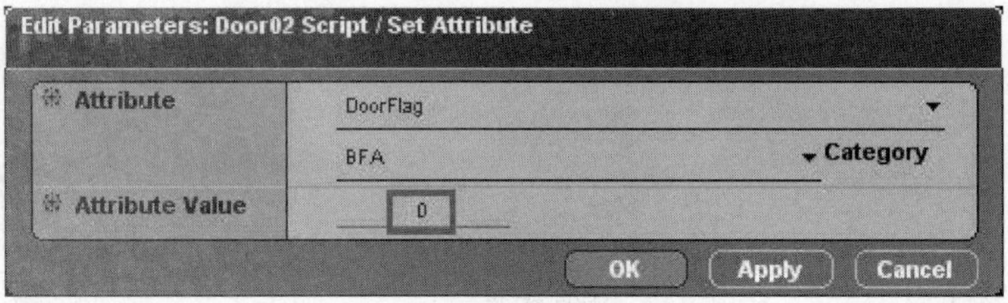

图 2-53

9　切换到 Attribute 窗口，播放图执行后，按停止播放，检查 Value 值是否由 0 变为 1，如图 2-54 所示。

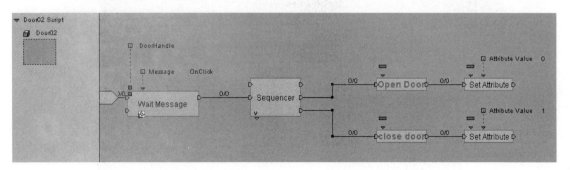

图 2-54

10　下面增加开门状态、关门状态文字提示。当门关着的时候，关门状态属性为 0，文字显示 Please Open Door；开门状态时属性为 1，文字显示 Please Close Door。新创建一个脚本流程窗口 Level Script，选择 Logic/Attribute/Has Attribute 行为模块拖放到 Level Script 里。

11　增加 Interface/Text Display 行为模块用它来显示文字的具体内容。

12　用一个判别式 Logics/Test（类似 if、than 语法）行为模块来进行条件判断，根据 Door02 的属性值是 0 还是 1，来判断门的状态是开还是关着的，如图 2-55 所示。

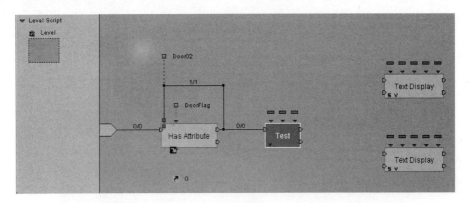

图 2-55

13　Test 行为模块的 A、B 变量类型原是 Float（浮点），下面将 A、B 变量类型改为 Integer（整数），如图 2-56 所示。

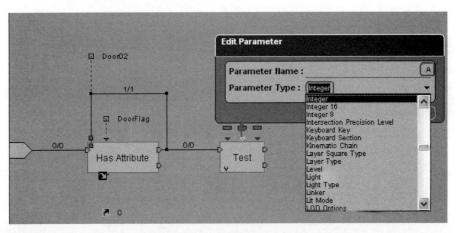

图 2-56

14　双击 Test 行为模块，选择判断方法为 Equal（当 A 等于 B），设定 A 为变量，设定 B 参数值为 1，如图 2-57 所示。

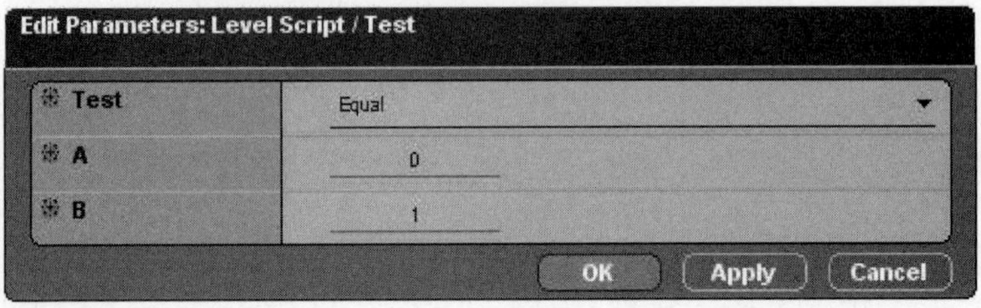

图 2-57

15　双击 Has Attribute 模块，增加 Target 指定给 Door02，Category 选择刚刚建立的 BFA，上方选择 Door Flag，如图 2-58 所示。

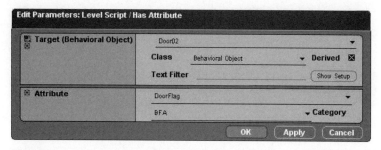

图 2-58

16　将 Has Attribute 行为模块数据输出连接到 Test 行为模块的 A 参数输入上，如图 2-59 所示。

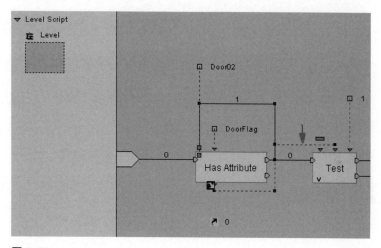

图 2-59

17　设定后面两个 Text Display 行为模块显示的文字内容和文字字体、大小并设定文字的颜色为红色。双击 Text Display 行为模块，分别设定 Please Open Door 和 Please Close Door，如图 2-60 和图 2-61 所示。

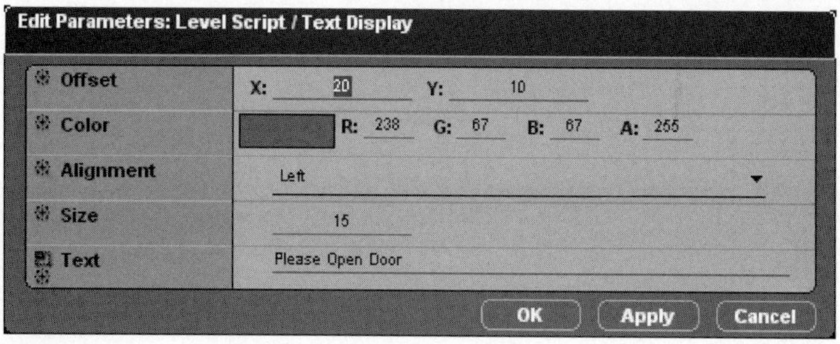

图 2-60

18　如果 Test 行为模块判断为 True，即 A=B=1，表示现在门是开的，如果 Test 行为模块判断为 False，即 A ≠ B，表示现在门是关的，流程连接如图 2-62 所示。

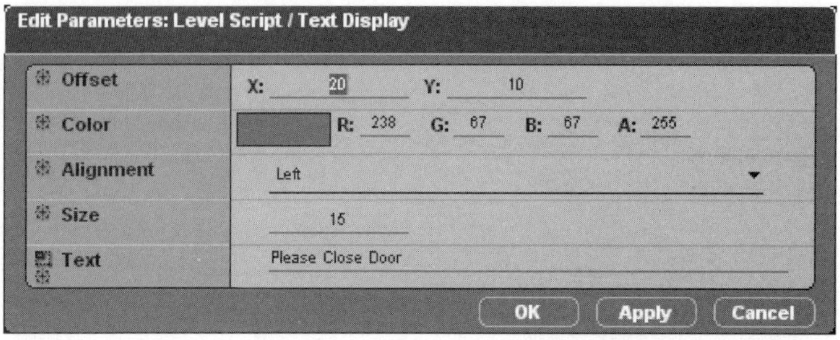

Edit Parameters: Level Script / Text Display
Offset
X: 20
Y: 10
Color
R: 238
G: 67
B: 67
A: 255
Alignment
Left
Size
15
Text
Please Close Door
OK
Apply
Cancel

图 2-61

Level Script
Level
Door02
1/1
DoorFlag
0/0
Has Attribute
0/0
Test
1
0/0
0/0
Please Close Door
Text Display
Please Open Door
0/0
Text Display
0/0
0

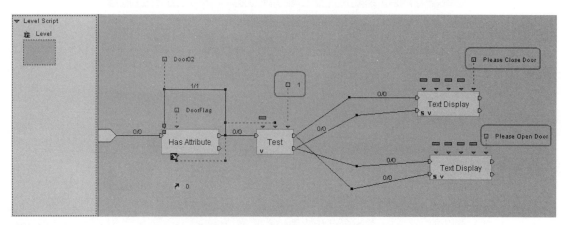

图 2-62

19 下面要修改一下 Door02 Script 的脚本流程。将 Logics/Attribute/Set Attribute 行为模块拖放到 Door02 Script 的脚本编辑窗口，并与 Open Door 行为图组和 Close Door 行为图组的流程输出连接，设定 Set Attribute 行为模块的参数，如图 2-63 至图 2-65 所示。

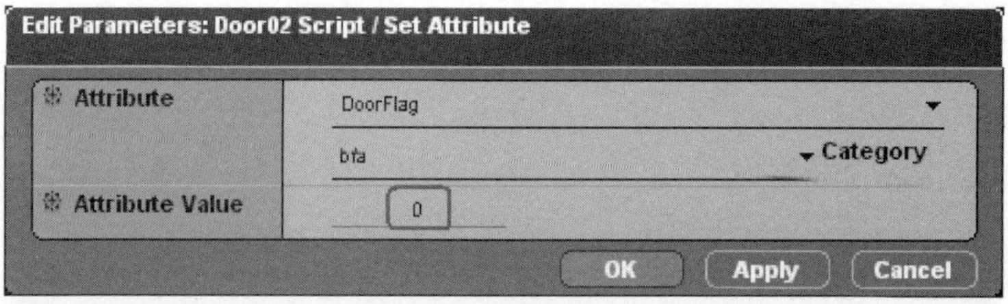

Edit Parameters: Door02 Script / Set Attribute
Attribute
DoorFlag
bfa
Category
Attribute Value
0
OK
Apply
Cancel

图 2-63

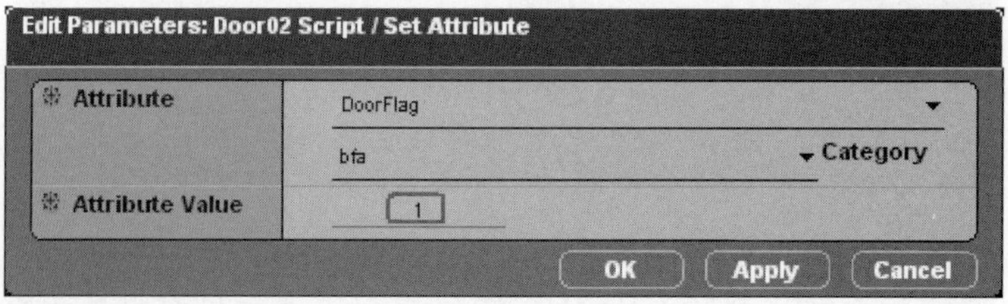

Edit Parameters: Door02 Script / Set Attribute
Attribute
DoorFlag
bfa
Category
Attribute Value
1
OK
Apply
Cancel

图 2-64

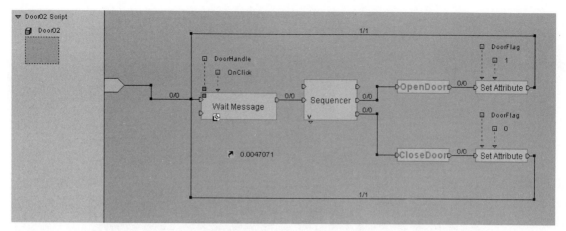

图 2-65

20 最后两个脚本窗口的脚本流程如图 2-66 和图 2-67 所示。

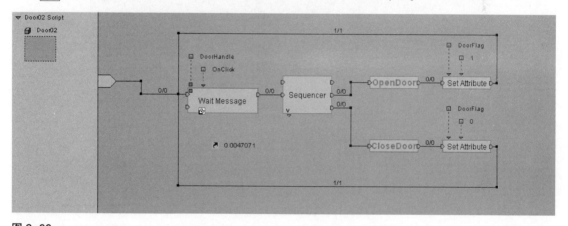

图 2-66

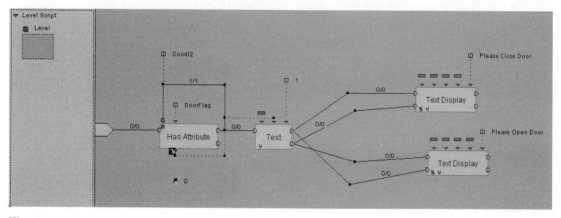

图 2-67

21 播放测试，点击门把手查看开关门的状态和屏幕上显示的文字，如图 2-68 所示。

22 保存文件为 Door_OP_CLOSE_Text.cmo。

图 2-68

 实例 2-5

Array 数组数据的存取

记录吉普车行驶过程的数据，设定车子加速与减速时间，记录车子行驶过程每秒钟的速度。

本例是数据处理 Array 的应用。仍然用 Jeep 在地形场景中运动来讲述数据处理 Array 的应用，给 Jeep 加一个 Array 资料，可以看到除了前几项它的键盘控制，旋转、时间等，再考察 Jeep Speed（吉普车速度）的资料变化。

> **说明**
>
> Array 数组数据处理应用：数组可以比喻为数据库，它是由 Column（列）与 Row（行）所组成，可以储存大量的数据，可以运用于建立数据、事件变量控制等。比如说，如果游戏要做储存功能的时候，可以先用 Array 把大量的数据存起来，在存档的时候再从 Array 中提取出来。

1 新建一个 Compsition 文件。

2 从 Lesson Resources 中，把 Jeep_02.cmo 和 Landscape.nmo 先后拖放到 3D Layout 编辑窗口。

3 在 Level Manager 中选择 Jeep 和它的 5 个轮子以及 Landscape，设定 IC。

4 给 Jeep 建立脚本，在 Schematic 中的 Jeep Script 窗口，加入行为模块 Switch On Key 键盘控制模块，设定上、下、左、右方向键控制汽车的前进、后退、左转、右转，如图 2-69 所示，然后再加上 Jeep 的速度。

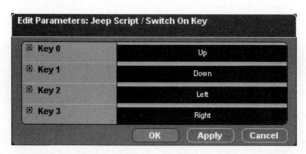

图 2-69

5 从 Virtools Resources 中的 Behavior Graph 的 Navigation 中，拖放 Speed Control 行为图组 到 Switch On Key 之后，Speed Control 模块是控制 Jeep 速度变化的，如图 2-70 所示。

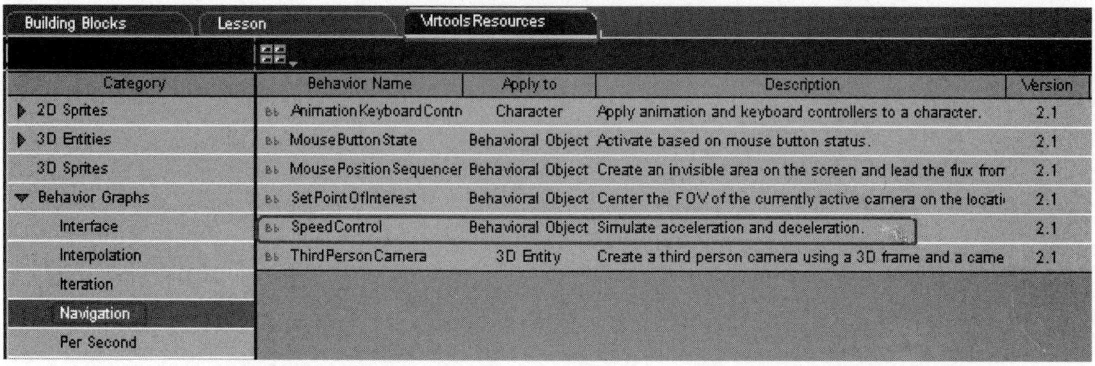

Building Blocks	Lesson	Virtools Resources			
Category	Behavior Name	Apply to	Description		Version
▷ 2D Sprites	ᵇᵇ Animation Keyboard Contr	Character	Apply animation and keyboard controllers to a character.		2.1
▷ 3D Entities	ᵇᵇ Mouse Button State	Behavioral Object	Activate based on mouse button status.		2.1
3D Sprites	ᵇᵇ Mouse Position Sequencer	Behavioral Object	Create an invisible area on the screen and lead the flux from		2.1
▽ Behavior Graphs	ᵇᵇ Set Point Of Interest	Behavioral Object	Center the FOV of the currently active camera on the locati		2.1
Interface	ᵇᵇ Speed Control	Behavioral Object	Simulate acceleration and deceleration.		2.1
Interpolation	ᵇᵇ Third Person Camera	3D Entity	Create a third person camera using a 3D frame and a came		2.1
Iteration					
Navigation					
Per Second					

图 2-70

说明

对 Speed Control 行为图组上方的 5 个参数解释如下，如图 2-71 所示。

第 1 个：加速曲线（2D Curve）。

第 2 个：多长时间达到最高速。

第 3 个：减速曲线。

第 4 个：多长时间达到最低速。

第 5 个：最高速数值，当达到最高数这个数值时，它的速度就不会再增加了。

图 2-71

为了不让速度减低时一下子下降到 0，可以把第 4 个参数时间设置为 1 秒。

[6] 双击 Speed Control 行为图组，看看这个 Behavior Graph 中的流程组成。

● **Trigger Event 行为模块**

这个行为模块可以执行 2 个流程，当它被启动时（In），激活 Activate 这条流程；没被启动时，激活另一条 Deactivate 流程，正好对应按键情况，按下去，执行上面一条，会加速；松开，执行下面一条，会减速，如图 2-72 所示。

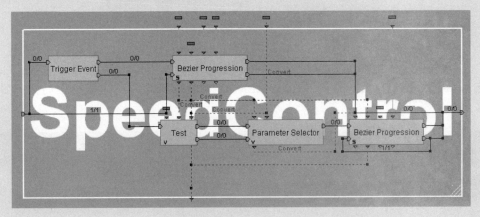

图 2-72

[7] 从上面 Speed Control 行为图组分析可看到这个 Speed Control 行为图组只是控制车子的速度，并不控制位移，所以还要加入 Translate 行为模块，观察一下数值，如图 2-73 所示。

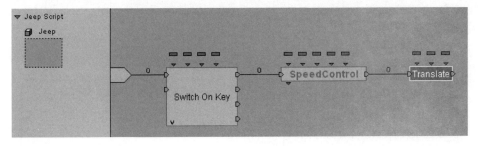

图 2-73

[8] 要用 Speed Control 的输出参数来控制 Translate 的 Vector 的量，用鼠标将数据连接到 Translate 行为模块的 Vector 上是不能成功的，因为 Speed Control 行为图组的参数类型是 Float，右边的 Translate 行为模块是 Vector。所以这里要做一个转换，很清楚，X、Y 不需要转换，只需要转换 Z 就可以了。

[9] 要想完成上面的要求，我们还需要要加一个参数的运算，方法是在脚本编辑窗口空白处右键弹出菜单，选择 Add Parameter Operation 命令，添加一个参数运算，如图 2-74 和图 2-75 所示。

Draw Behavior Graph	G
Add Building Block	▶
Add Building Block by Name	Ctrl+Left Dbl Click
Add Local Parameter	Alt+L
Add ⟨This⟩ Parameter	Alt+T
Import from Variable Manager	▶
Add Parameter Operation	Alt+P
Add Comment	C
Add Mark	Ctrl+F2
Rename	F2
Save As...	Alt+S
Copy	Ctrl+C
Delete	Delete
Import Behavior Graph	
Update all Scripts from File	Ctrl+U

图 2-74

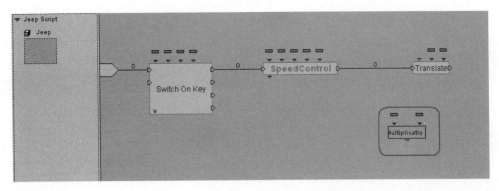

图 2-75

10　参数运算。Set Z 是一种方式，但是这里用另一种方法 Multiply 来通过一个 Float 乘以一个 Vector 其结果是一个 Vector。（这里是一个数值的运算，最好是一个 Float，因为要一个比较精确的值。）即：用浮点数 *Vector → 输出 Vector，如图 2-76 所示。

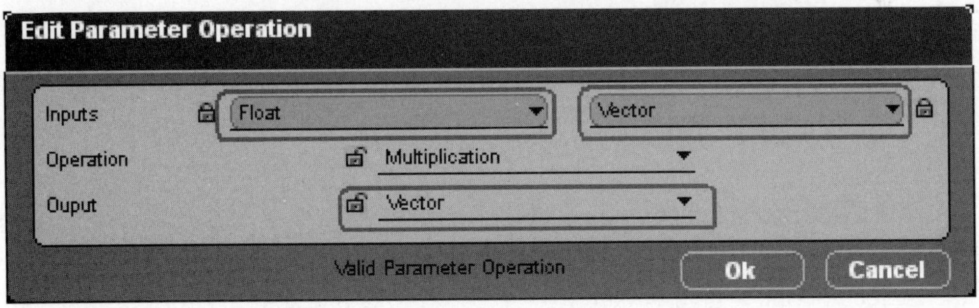

图 2-76

11　图 2-76 中，左边 Float，右边的 Vector 改为 X：0，Y：0，Z：1。观察一下车，它的正面对一个正 Z，过来的速度 * 矢量（0，0，1），参考坐标系为 Jeep。对新增的参数计算，右键弹出快捷菜单，选择 Edit Parameter 命令。Local 11 为 0，表示开始的速度为 0；Local 12 是一个矢量（0，0，1），Z=1，正好和车的正向一致，连接数据传递和连接流程，如图 2-77 所示。

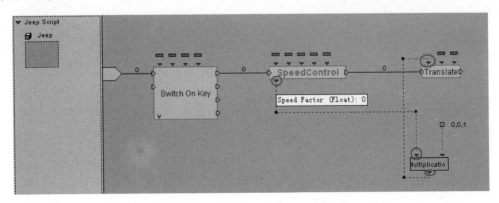

图 2-77

12　测试一下，可以看到车启动时慢慢加速。

13 现在将 Jeep 启动时速度加速变化的数据利用数组记录下来。切换到 Level Manager 窗口，单击左边的 Create Array 按钮█，建立一个 Array 数组，命名为 New Array，打开 New Array 窗口，如图 2-78 所示。

14 在 Array 编辑窗口，单击 **Add Column** 按钮，加一个列，并设为 Speed，如图 2-79 所示。

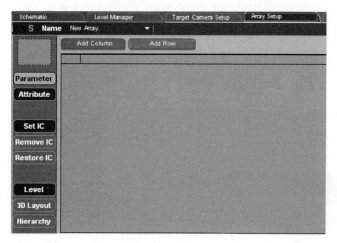

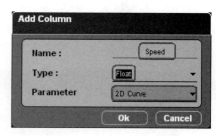

图 2-78   图 2-79

15 单击 **Add Row** 按钮加一行数据，比如可以用 Row 来记录一笔一笔的资料，如汽车的速度等。

16 在 Jeep Script 最后增加 Add Row 行为模块（Logics/Array/Add Row）记录资料。设定 Add Row 行为模块的 Target 为 New Array，新增一笔资料。看它的参数设定，指定 Target。

17 连接 Translate 行为模块和 Add Row 行为模块，并把 Speed Control 行为图组参数输出连接到 Add Row 行为模块的第 2 个输入参数上，如图 2-80 所示。

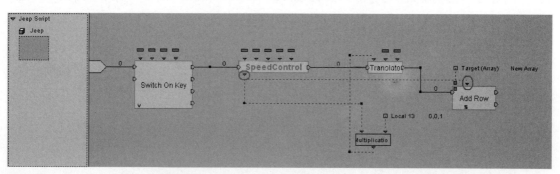

图 2-80

18 播放测试后，回到 Array Setup 看到记录了好多 Speed 的数据，如图 2-81 所示。

19 保存文件命名为 Jeep_Speed_test_Array.cmo。

在赛车游戏的设计中，可以用数组来实时对赛车启动速度、开车速度进行记录，非常有用。

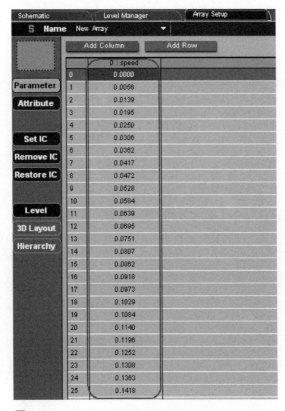

图 2-81

课后练习

1. 利用本书提供的素材 Door2.nmo 文件来完成两扇大门同时开门、关门的互动控制的脚本编写，如图 2-82 所示。

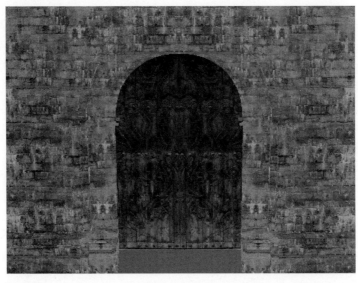

图 2-82

2. 利用本书提供的素材 Car.nmo 和 Landscape.nmo 文件组成场景，完成 Car 在地形上的键盘控制前进转动运动并记录 Car 的速度数据的互动控制的脚本编写，如图 2-83 所示。

图 2-83

第三章

条件判断与信息传递

本章研究条件与信息传递在游戏互动设计中的重要作用，首先通过实例讲解条件判断需要考虑的因素，接着对于信息的传递方式如何通过脚本编写来实现进行了详细的讲解，条件判断与信息传递对虚拟角色与场景中物体的互动设计是一个重要的方法，这对于游戏设计者来说掌握利用条件判断与信息传递设计角色与场景中虚拟物体互动非常重要。

- 条件判断与信息传递基础
- 条件判断与信息传递综合应用

第一节　条件判断与信息传递基础

 实例 3-1

完成角色人物在场景中走动，当走近场景中的门时，门会自动打开，当角色人物远离门时，门自动关闭。

使用行为模块 (Building Blocks) 3d Transformation/Basic：Rotate，Logics/Loops：Bezier Progression，Character/Character Controller，Controller/Keyboard：Keyboard Controller(Keyboard Mapper)，Logics/Test：Test，Logics/Message：Send Message，Logics/Message：Wait Message 来实现。

下面分析题目所给的条件和需要完成的功能。

功能：角色人物走近门时，门随即自动开启，远离后随即自动关门。

参与者：一扇门、人物角色。

资料：方位角 (Orientation)，时间，人物动作。

分析：通常角色靠近门的情况，会使用"距离"来做判断，所以开始时要先取得门与角色间的距离，再判断角色是否在设定的范围之内，一般情况下，会先测试一个预估的数值，再去执行播放结果，看看是否就是我们需要的。然后做进一步的修改，当角色靠近门的时候，要先取得门的状态（门是开着还是关着的），当门关着的时候就要做"开"的动作；当门已经是开着的时候，不要再做"开"的动作，也不要关上。最后要发送信息做开关门的动作。

因为整个实例比较复杂，在编写脚本前要思考脚本分几个步骤来完成，这样编写脚本时候的思路就很清晰了。

脚本编写步骤：

- 开关门。
- 取得距离。
- 人物是否在距离内？
- 取得门的状态，判断是否要开、关门。
- 送出信息，执行开关门动作。

整个脚本撰写分三个大步骤：

- 控制角色移动的脚本。
- 取得距离判断距离的脚本。
- 等待接受信息的脚本。

当脚本撰写上有"取得什么……"的时候，大部分都是"GET"这样的功能，这样的功能大多数放在参数运算里面，所以在这里要取得距离，第一个想法就是要取得参数运算，距离是指门与角色之间的距离。

1.控制角色的移动脚本

1 打开文件Door_OP_CLOSE_Wait Message_Sequencer.cmo（本书配套光盘 chap 3 提供）。

2 从 Virtools Resources/Characters/Skin Characters 中选择Eva.nmo 并拖拉到场景中，如图 3-1和图 3-2 所示。在 Level Manager 窗口中选择Eva 并设定 IC，如图 3-3所示。

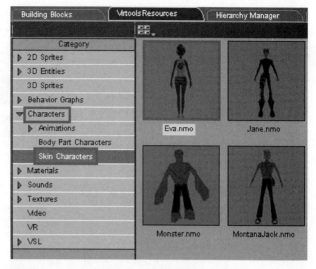

图 3-1

图 3-2

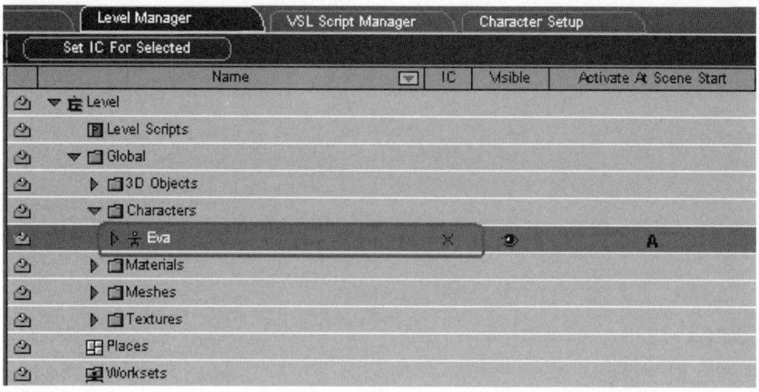

图 3-3

3 给 Eva 添加动作文件，从 Virtools Resources/Characters/Animation/ Skin Characters Animation/Eva 中，选择 Wait.nmo、Wallk.nmo、WalkBckwd.nmo，并把它们分别拖放到场景中的 Eva 身上，赋予 Eva 角色动作，如图 3-4 所示。

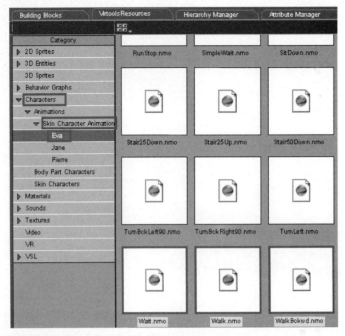

图 3-4

4 查看 Level Manager 里的 Eva 是否已经加入动作，如图 3-5 所示。

5 选择 Eva 和 3 个动作 Wait、Walk、WalkBckwd，单击 [Set IC For Selected] 按钮，再次设置 IC，如图 3-6 所示。

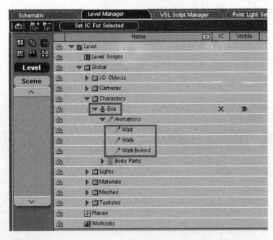

图 3-5

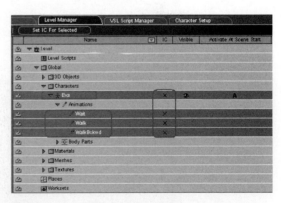

图 3-6

6 从 Characters/Movement/Character Controller 找到角色控制器，拖到场景中的 Eva 身上，这样的方法也可以给 Eva 创建 Script 脚本，在 Character Controller 行为模块打开的参数设置窗口，选择相对应的动作，如图 3-7 所示。

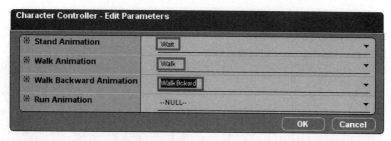

图 3-7

7　查看 Schamatic 窗口，看到增加了一个 Eva Script 脚本编辑窗口，如图 3-8 所示。

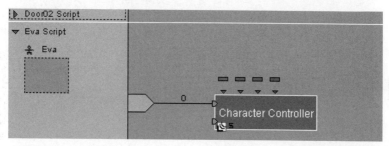

图 3-8

8　将行为模块 Controller/Keyboard/Keyboard Mapper，拖拉到 Eva Scrip 里。Keyboard Mapper 行为模块是用键盘控制约束特别的动作信息。可以看出 Keyboard Mapper 里左下角有发送的信息，将流程连接好，表示从键盘控制发送信息给角色动作接收。

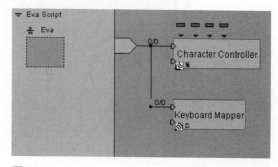

图 3-9

9　双击 Keyboard Mapper 行为模块，在 Key 栏左侧键入 W，右边选择 Joy_Up，单击 Add 按钮，再增加按键控制，同样方式设定好 A(Joy_Left)、S(Joy_Down)、D(Joy_Right)，按 OK 按钮完成设定，如图 3-10 和图 3-11 所示。

图 3-10

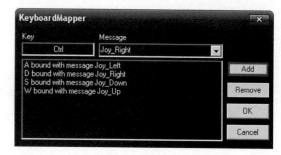

图 3-11

10　按播放测试，单击键盘的 W、A、S、D，控制角色运动方向，可以看到 Eva 被控制在场景中运动，如图 3-12 所示。

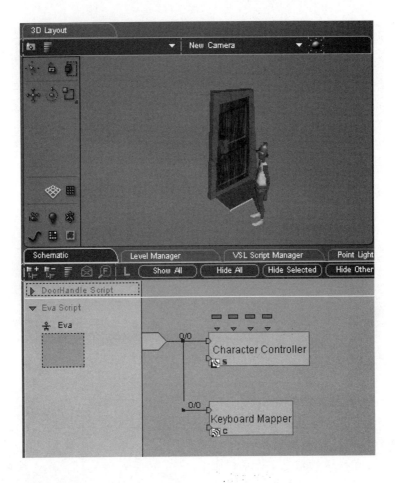

图 3-12

⑪ 取消播放后，在场景中将角色拖离门一段距离。重新设定 IC。

2. 取得距离

⑫ 在 Level Manager 里增加一个 Level Script，首先要取得门与 Eva 角色的距离，也就是要通过 3D Entity 与 Character 的计算得到一个距离的参数。在 Level Script 里按右键选择 Add Parameter Operation，增加一个参数运算。

⑬ 在弹出的对话框中，先设定两个 In put，即 3D Entity 与 Character，按锁🔒按钮锁定，Out Put 选择 Float 锁定，Operation 就会得到距离的选项，如图 3-13 所示。

⑭ 双击 Level Script 里产生的参数模块，弹出编辑窗口，（预设门为 Local 0，角色为 Local 1），单击 Local 0 下方吸附目标图标🔲，选择场景中的门框 Door（以门框为参照，因为门框是固定的），Local 1 选择 Eva，单击 OK 按钮，如图 3-14 所示。

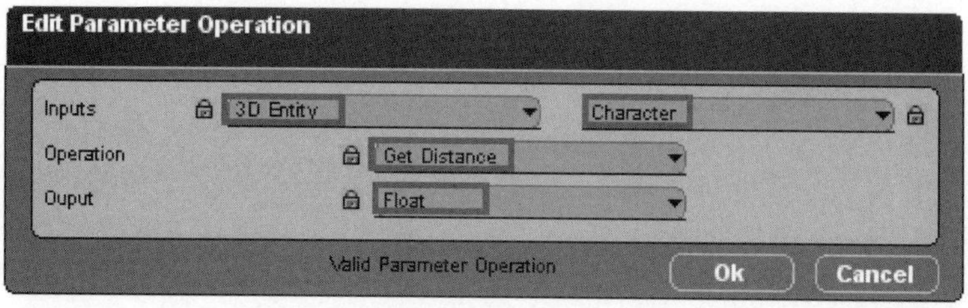

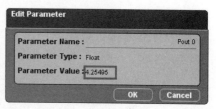

图 3-13

图 3-14

图 3-15

15　此时参数已经设定完毕，双击下方参数输出图标，显示出数据，如图 3-15 所示。

16　加入 Logics/Calculator/Identity 行为模块，做好连接，如图 3-16 所示。

说明

　　加入 Identity 的原因是刚才增加的参数模块没有流程输出与输入功能，所以必须依赖其他的 BB 取得数值，这里的 Identity 类似做变量的声明（宣告）。Identity 这个模块，当激活输入口，它将输出输入参数。一般用来设置游戏的重置。（这个模块对放入一个数值给 Local 参数很有用。）比如说一个加法运算，场景开始，从 1 加到 2，从 2 加到 3，……一直加到 10；但当暂停时，可能正好加到 4，如果没有用 Identity 复位的话，再重新开始加法运算，可能从 4 开始加到 5，……如果用 Identity 复位的话，就会又从 1 开始加法运算了。

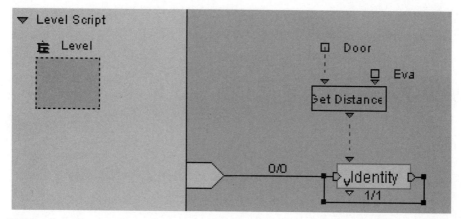

图 3-16

3. 判断距离范围

17 将 Logics/Test/Test 拖放到 Level Script 里，连接好流程。

> **说明**
>
> 要作数值的判断时，要用到 Test 行为模块，可以根据判断条件，比如大于、等于或小于来判断变量的情况。

18 假设 Eva 走近门的时候门会打开，在这里设定一个值，如小于 3 的时候就打开。双击 Test 做设定，设定距离小于 3 的情况会做反应。(当小于 3 时，从 True 这条流程流出去，当大于 3 时，从 False 流出去)，如图 3-17 所示。

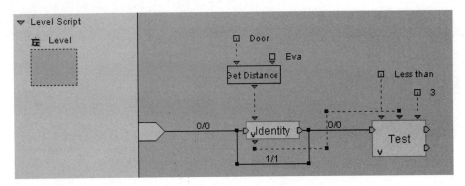

图 3-17

19 下面先测试流程的执行情况。按 Ctrl 键不放，在 Level Script 里双击左键，弹出视窗中键入 Nop，直接选择 Nop 行为模块。

加入两个 Nop 行为模块之后，将连接线连好，并做回圈连接。

> **说明**
>
> Nop 行为模块经常当作查错测试工具，当流程复杂时，可以汇整使用。

当角色走到门边 (小于 3 时) 走上面流程，角色走离门边 (大于 3 时) 是下面流程，如图 3-18 所示。

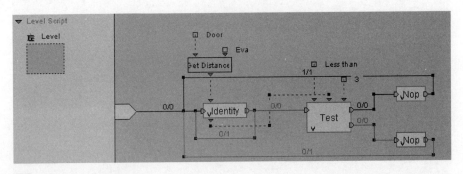

图 3-18

20 单击播放按钮 ▶️，在场景中控制角色走近门或远离门，观看 Script 脚本流程是否正确。记得开启 [Trace] 按钮，这样在播放测试时候，才能看到被激活的红色流程。

22　在 Level Script 空白处右击弹出菜单，选择 Add Comment，可以添加一些标注解释。

如果测试正确，可以将 Nop 删除，因为这里的 Nop 功能只是要测试前面所做的流程有无错误。

4. 判断门的状态与传送信息

要判断门的状态，先建立门的属性，再利用属性判断门的状态。

22　场景中点击门框 Door，按右键选择 3D Object Setup。

23　单击视窗左边的 Attribute 按钮，打开属性设置窗口。

24　单击下方 Add Attribute 按钮，弹出属性添加视窗。

25　单击视窗右下方的 More >> 按钮，展开视窗的右边部分。

26　在 Create New Category 的地方键入 BFA，按 Create 按钮，在左边会新增一个 BFA 的目录。

27　接着新增里面的属性，设定 Name 为 Door_State，Parameter Type 为 Integer。

28　按 Cteate 按钮，在左边 BFA 下面会新增一个 Door_State，双击新增的 Door_State，如图 3-19 所示。

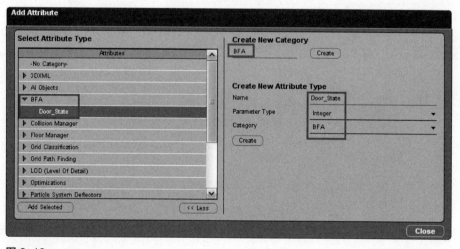

图 3-19

29　选择 Door_State，单击下方的 Add Selected 按钮，给门（Door 02）添加属性。

30　记得此时要在左边单击 Set IC，记录此时的门的状态（位置、角度、旋转等资料），如图 3-20 所示。如果没有设定 IC，按 Reset 时，属性不见了。

31　将 Logics/Attribute/Has Attribute 行为模块拖入 Level Script 内。因为在门内或门外都要判断属性，所以加两个 Attribute。

32　双击 Has Attribute 模块，弹出视窗，先选择下面的 Category 为 BFA，再选择上面为 Door_State，如图 3-21 所示。

33　右键单击 Has Attribute 模块选择 Add Tarage Parameter 选项，如图 3-22 所示。单击 Target（Behavioral Object）下方的吸附目的图标，吸取在门上，单击 OK 按钮。

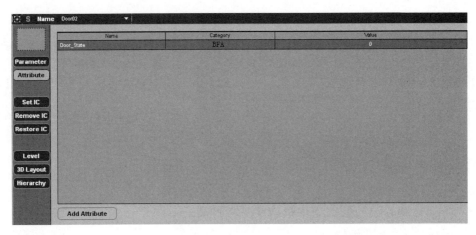

图 3-20

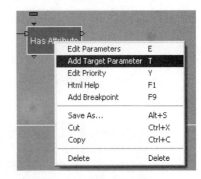

图 3-22

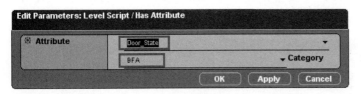

图 3-21

34　使用 Logics/Test/Test，来判断门的状态。

35　双击 Test 行为模块，Test 设定为 Equal，A、B 均为 0。

36　右键单击 Test 行为模块上方的参数输入，打开 EditParameter，将 A、B 参数 Parameter Type 设定为 Integer。

37　将 Has Attribute 行为模块参数输出，连接到 Test 的 A 参数，判断当 A 等于 0（门关着）正确或错误的时候，送出信息。

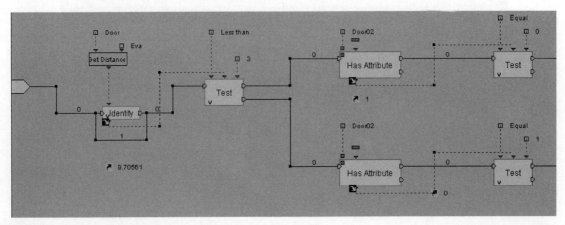

图 3-23

38　将 Logics/Message/Send Message 行为模块拖放到 Level Script 内。

39　双击 Send Message 模块，单击 Dest 下方吸取目标图标，吸取 Door02 Script 里任一地方，命名将要传送的 Message 为 The_Door。然后与 Test 行为模块的 Ture 口连接，如图 3-24 所示。

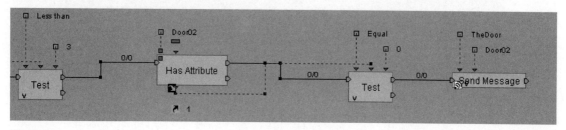

图 3-24

5. 接收信息

40　在 Door02 Script 里，双击 Door Control 行为图组上方的参数，将 Message 参数选择为 The_Door。

41　同样方式设定另一组 Has Attribute 行为模块，将 Test 行为模块中的 B 参数改为 1。

42　双击 Door Control 展开整个 Behavior Group，双击 Open Door 的行为图组。

43　将 Logics/Attribute/Set Attribute 行为模块，拖入 Open Door 行为图组内。

44　双击 Set Attribute 行为模块，弹出对话框窗口，先选择下面的 Category 为 BFA，再选择上面为 Door_State；Attribute Value 设为 1（将开门设为 1，关门设为 0）。

45　同样在 Set Attribute 行为模块增加一个 Target 指定到 Door，连接好 In 和 Out（从 Bezier Progression 行为模块的 Out 连接 Set Attribute 行为模块的 In），如图 3-25 所示。

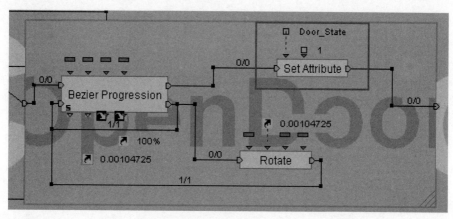

图 3-25

46　同样的方式设置 Close Door 行为图组，将 Attribute Value 设为 0。

47　分别将 Open Door 行为图组与 Close Door 行为图组 Out 连回 Wait Message 行为模块，做回圈，如图 3-26 所示。

48　回到 Door02 Script 脚本编辑窗口，改变原来的 Wait Message 行为模块的 Message 为 The Door。

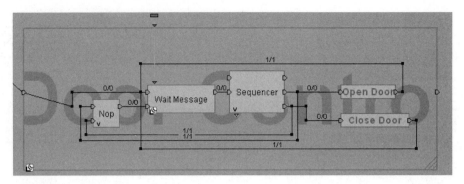

图 3-26

49 播放测试，控制 W、A、S、D 键测试结果，如图 3-27 和图 3-28 所示。

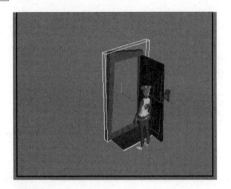

图 3-27

图 3-28

50 最后整体脚本流程如图 3-29 所示。

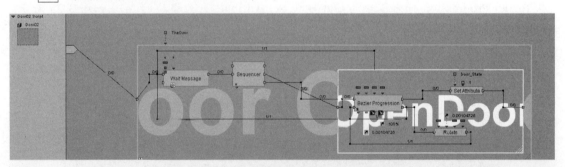

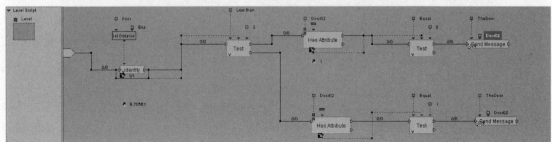

图 3-29

51 文件保存为 Eva_Auto OpenDoor1_test Distance.cmo。

 实例 3-2

更换车身颜色。利用信息传递与条件编写通过点击场景中的彩色小球，来控制车身颜色的变化。

下面根据题目给的条件分析一下要完成这个题目需要设计、考虑的功能、参与者和数据。

功能：等待讯息，改变车身的颜色。

参与者：轿车（车身、左前轮、左后轮、右前轮、右后轮）。

数据（指需处理的数据）：信息、颜色。

1　打开 Car_00.cmo 文件（本书配套光盘 chap 3 提供）。

2　文件中的车颜色比较暗，首先重新设置它的材质参数。选择场景中的车，单击右键选择 Material Setup，调亮漫色光，单击左边 Set IC 设置初始状态值，如图 3-30 所示。

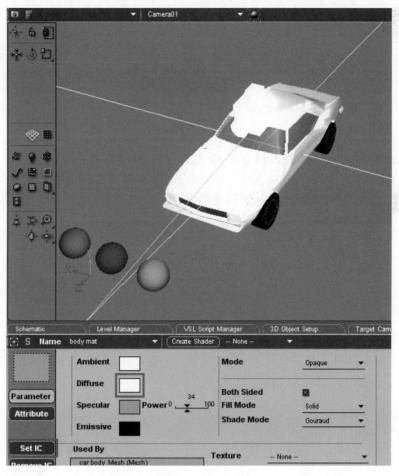

图 3-30

3　切换回到 Level Manager 窗口，选择 Car body 创建脚本编辑窗口 Car body Script，选择 Material-Textures/Mapping/Enviroment Mapping 行为模块，拖放到 Car body Script 窗口。

4 下面分析一下，当点击红球，希望车身变成球代表的颜色。那么球是等待点击这样的动作，轿车等待一个信息告诉它要变成什么颜色。加入 Wait Message 行为模块分别给红球 (Color Red) 和车身 (Car Body)，如图 3-31 和图 3-32 所示。

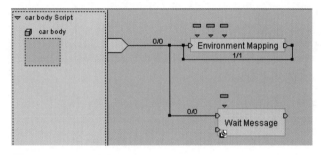

图 3-31

Enviroment Mapping 行为模块，是用一个假的环境贴图来给 3D Emtity 渲染着色。

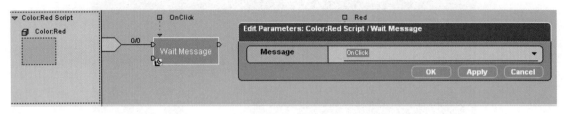

图 3-32

5 拖放 Send Message 行为模块给 Red Script，连接流程。

6 在 Red Script 中，双击 Send Message 行为模块，打开参数设置对话框窗口，Message 栏键入 Red，Dest 下方有目标图标 ▓ ，选择车身，单击 OK 按钮，如图 3-33 所示。

图 3-33

7 做流程连接，并连接回圈，如图 3-34 所示。

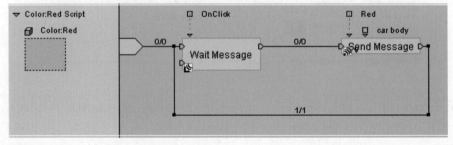

图 3-34

8　下面对 Car Body Script 窗口中的行为模块进行设定，设置车收到信息、收到什么样的信息。打开 Car Body Script 的 Wait Message 行为模块，打开参数设置对话框窗口，Message 选择 Red，如图 3-35 所示。

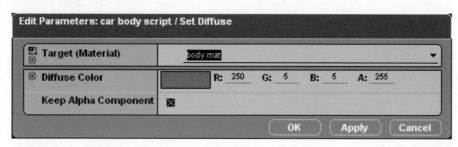

图 3-35

9　收到信息后，车身改变为相应的颜色。在 Car Body Script 中，拖放 Material/Basic/Set Diffuse，双击 Set Diffuse 行为模块，Target 栏选择 body mat，颜色设定红色，按 OK 按钮，如图 3-36 所示。

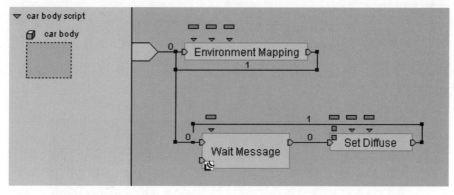

图 3-36

10　做循环连线，如图 3-37 所示。

图 3-37

11　其他两个球以同样方式设置，Car Body Script 中的流程，如图 3-38 所示。

12　红球的脚本流程，如图 3-39 所示。其他两个球脚本流程相同。

13　单击播放按钮 ▶，点击不同颜色的球，查看车身变化的结果，如图 3-40 所示。

14　保存文件为 car_change_R_B_Y.cmo。

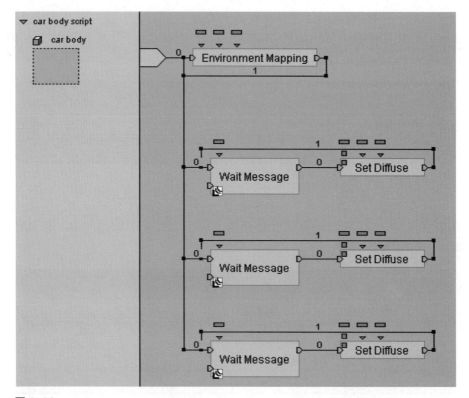

图 3-38

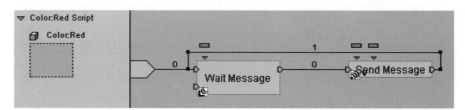

图 3-39

图 3-40

实例 3-3

更换车身颜色。利用信息传递与条件编写通过点击场景中的彩色小球，来控制车身颜色的变化，在更换车身颜色时，让车身渐渐的变颜色。

在实例 3-2 基础上，再加入 Bezier Progression、Logic/Interpolator 行为模块，并增加参数运算，Interpolator 行为模块是在两个参数之间执行一个插值。Environment Mapping 行为模块是用一个假的环境贴图来给 3D Enterty 渲染着色。

1　打开 car_change_R_B_Y.cmo 文件。

2　在 Car Body Script 中拖放 Bezier Progression 行为模块，连接流程如图 3-41 所示。

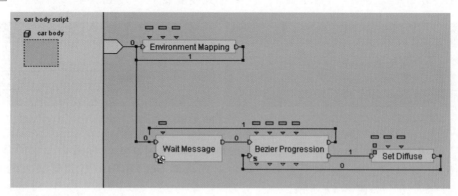

图 3-41

3　要让 Bezier Progression 行为模块的参数输出数据控制 Set Diffuse 行为模块的颜色变化输入参数，它们的参数类型必须要一致。

加入 Interpolator 行为模块，对 Interpolator 模块中的参数 A、B 的类型从 Float 改变为 Color。在行为模块下方的参数输出 C 上单击右键，在弹出菜单中选择 Edit Parameter 命令，然后将参数类型改为 Color，单击 OK 按钮，如图 3-42 所示。

4　此时两个参数输入 A、B 类型自动更改为 Color。双击该行为模块，设置 A 参数数值为（0，0，0，0），B 参数数值为（230，138，6，0），即红色，如图 3-43 所示。

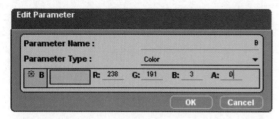

图 3-42

图 3-43

5　把 Bezier Progression 行为模块的 Progression（Percentage）参数输出数据连接到 Interpolator 行为模块的第 3 个输入参数 Value（Percentage），如图 3-44 所示。

6　但是这样还不能完成颜色渐渐变化，在 Interpolator 行为模块上方加一个参数运算，右键单击 Add Parameter Operation 命令，打开参数运算窗口，设置参数运算，如图 3-45 所示。

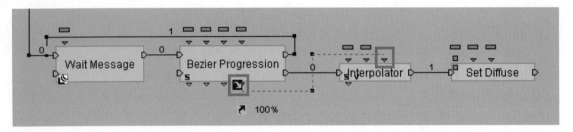

图 3-44

7　双击参数运算上方的 ▭ 参数，打开参数设置窗口，或右键点击上方的 ▭ 参数，在弹出快捷菜单中选择 Edit Parameter，打开参数设置窗口，设置其参数如图 3-46 所示。

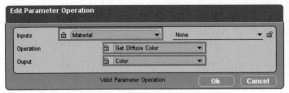

图 3-45

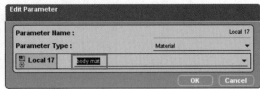

图 3-46

8　把运算所得到的 Color 参数输出连接到 Interpolator 行为模块上方的第 1 个参数上，把 Interpolator 行为模块的参数运算输出连接到 Set Diffuse 行为模块上的 Diffuse Color 参数输入上，如图 3-47 所示。

9　播放测试结果，看到车身渐渐变换颜色，如图 3-48 所示。

10　最后车身 Car Body 的脚本流程如图 3-49 所示。

11　保存文件为 Car_Change_R_B_Y_BZ.cmo。

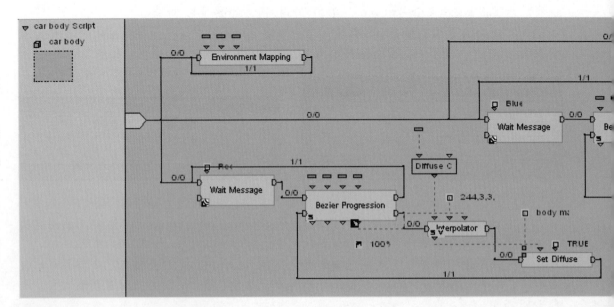

图 3-49

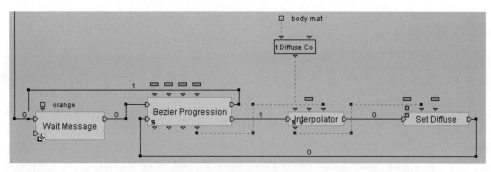

图 3-47

图 3-48

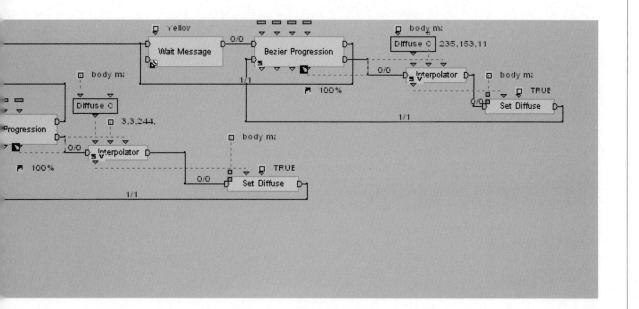

实例 3-4

在实例 3 基础上，再加入 Bezier Progression、Logic/Interpolator 行为模块，并增加两个参数运算，实现相同的功能。本例是利用参数运算的方法来达到汽车车身颜色变化。

1　打开 Car_Change_R_B_Y_BZ.cmo 文件。

2　在它的基础上，对参数运算部分作修改，如图 3-50 所示。

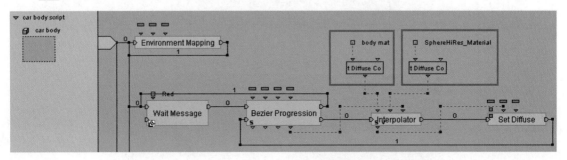

图 3-50

3　保存文件为 Car_Change_Color3.cmo。

第二节　条件判断与信息传递综合应用

 实例 3-5

编写倒数 3 秒后启动汽车控制的脚本流程。

使用行为模块 (Building Blocks) 3D Transformation/Basic：Set Position，3D Transformation/Basic：Translate，3D Transformation/Basic：Rotate，Controller/Keyboard：Switch On Key，Logics/Message：Wait Message，Logics/Loops：Timer，Logics/Loops：Bezier Procession，Camera/Montage：Set As Active Camera，Interface/Text：Text Display 来实现。

先来分析题目要求的功能、参与者和需要的数据有哪些。

功能：倒数计时 3 秒后，随即启动键盘控制。

参与者：汽车、键盘。

资料：位移、方位角 (Orientation)、时间、键盘按键。

实作步骤分析：

初始化

- 场景地形 (Landscape) 位置设定。
- 变换目前的视角（切换摄像机）。
- 汽车位置设定。

开始倒数

- 倒数完成后，传送信息至汽车 (car body)。
- 使用者开始可以使用键盘方向键控制汽车移动。

　1　打开 Car_Change_Color_Colligation_000.cmo 文件。

　2　发现和前面做的车身改变颜色的流程稍微有一点不同，就是在 Nop 后面多了一个 KeyWaiter 模块，如图 3-51 所示。Nop 模块后面只有一个流程输出口，加上 KeyWaiter 模块是当改变颜色后需要等待，按 Enter 键，流程才流到下一个模块，去执行其他的动作。通常遇到比较复杂的情况，建议利用 Behavior Graph 的方法先把想法标示出来。

Key Waiter 有一个特别的功能，左下角有一个 s，表示可以单击右键选择 Edit Settings，将打开的视窗勾选，表示可用任意键触发流程输出，单击 OK 按钮后，Key Waiter 上方参数会消失，如图 3-52 所示。

　3　单击右键选择 Draw Behavior Graph，将车身改变颜色的流程模块组成一个行为图，并命名为 Change car color。

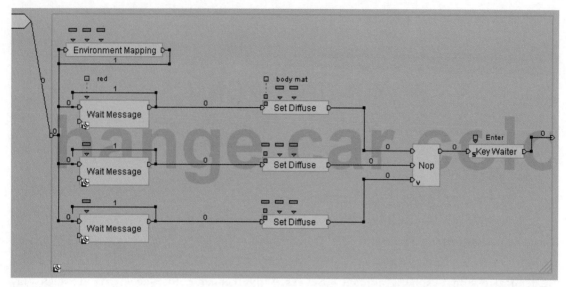

图 3-51

4 根据分析，需要三个大的步骤，第一，改变车身颜色；第二，初始化；第三，倒数 3 秒汽车启动。所以可以先利用 Draw Behavior Graph 把流程模块划出来，然后再在行为图中把具体的模块写出来，如图 3-54 所示。

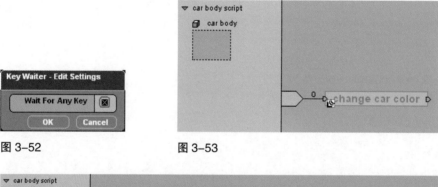

图 3-52   图 3-53

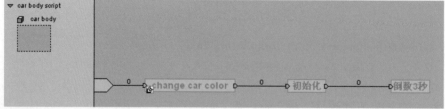

图 3-54

说明

其实如果直接做倒数 3 秒汽车启动也可以，但这样做就比较模糊。我们需要进行更清楚的定义，需要说明哪些物件需要定义，哪些资料需要改变，哪些物件需要参与等。

　　⑤　从数据资源库中将 LandScape 拖放到场景中，并对地形位置设定。在执行这个步骤之前，要先观察地面的位置。从 Level Manager 中选择 Landscape，单击右键，在 Object Setup 中，查看地形的位置，可以看到地面放的很高，如图3-55所示。

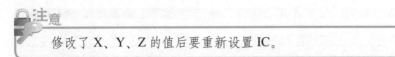

　　注意

　　修改了 X、Y、Z 的值后要重新设置 IC。

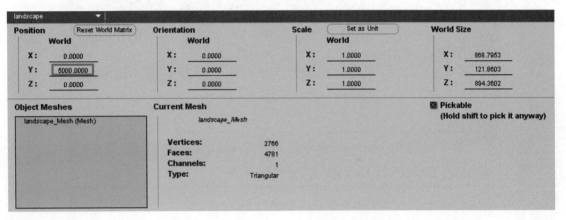

图3-55

　　说明

　　如果有很多赛道同时要跑，就类似载入模型的功能，开始的时候不会把所有的赛道都放到同一个档案里。因为每个人的系统资源有限，所以会用最省方式处理，节省资源。先确定玩家跑哪个赛道，再载入相关的档案。这些赛道的储存方式通常都是以 .nmo 的方式处理。

　　⑥　加 Set Position 行为模块，把地面的位置进行定位，设定其参数如图3-56所示。

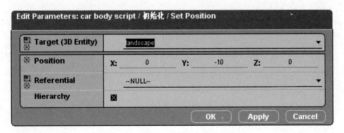

图3-56

　　说明

　　如果不用行为模块来定位地面的话，也可以用 Setup 中的 X、Y、Z 来定位地面，然后设定 IC。但是，如果是赛车游戏的话，通常情况下，需要玩家设定自己的赛道，也就是一个载入的过程以 Animo 的方式来处理。在这里，利用 SetPosition 更能够实现选择赛道的功能。当有很多个赛道时，利用这个方法就可以载入赛道。

7 要将汽车保持到地面上，这里要告诉 Virtools 两件事情，第一，谁是地面；第二，谁要保持在地面上。第一是由属性来完成，第二是由行为模块来完成。先选择 landscape 的 Attribute 添加地面属性，设 IC，如图 3-57 所示。

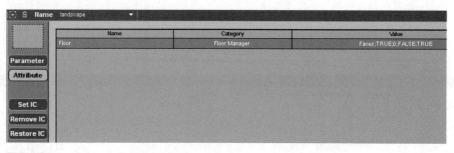

图 3-57

说明

这里表示设定 landscape 为地面，这样 Virtools 就知道这个模型是地面，任何执行 Object Keep On Floor 的都会贴在地面上，类似重力的效果。

8 加 Keep On Floor V2 行为模块，如图 3-58 所示。

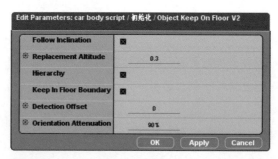

图 3-58

● Keep On Floor V2 对话框中参数说明

Follow Inclination：物体是不是要跟随地面的起伏而起伏。如果是人的话，在走动的时候，始终垂直地面的，就可以不用勾选此项。通常用在交通工具上，人物很少使用此功能，意思是说当地形是倾斜时候，上面的物体要不要跟着倾斜，所以不适合用于人身上，如果是车子后面打勾，这样才能看出地形起伏变化。

Replacement Altitude: 物体距地面的高度。（在这里，不往上调的话，车子会沉在地面里。）

Hierarchy：车和车轮有父子关系。

Keep In Floor Boundary：要不要受地形的范围限制。

Detection Offset：这个一般使用在楼梯的设定。一般情况下，在制作时，地板和楼梯是分开制作的，地板就是地板，楼梯就是楼梯，这样比较好处理。这里设置的是楼梯一节的高度。如果设置该值为 1.3，表示当它碰到高度差为 1.3 的时候就会被挡住，但如果高度差为 1.1，高度差小于 1.3，物件就会往上爬。所以设定越高，只要小于设定的数值就可以往上爬。

Orientation Attenuation：当旋转的时候，倾斜的幅度是不是会很灵敏地显示出来。通常很少调整，当坡度因为旋转而改变的时候，可以设定要改变的意向有多大，是慢慢改变还是马上改变，数值越大，改变越快。

⑨ 下面切换摄像机。选择 Camera/Montage/Set As Active Camera 拖放到初始值行为图中，并设置摄像机为 Inside Camera，如图 3-59 所示。

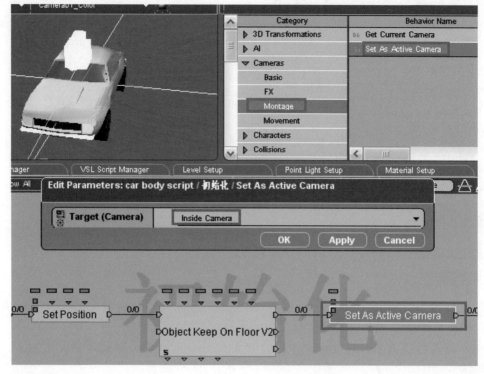

图 3-59

⑩ 播放测试，查看车子和地面位置关系和视角是否有改变。下面修改一些细节的地方。在 Object Keep On Floor V2 单击右键，选择 Edit Settings，如图 3-60 所示。

⑪ 在对话框中，参数设定主要是侦测物体和地面碰撞的因素，是以一个点，还是立方体，用四个点接触。选择 BoundingBox，就是用四个点来计算，如图 3-61 所示。再测试结果看看，是不是更好些。

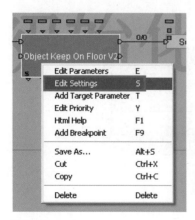

图 3-60

图 3-61

12 最后，第三个大模块，倒数 3 秒启动汽车脚本流程如图 3-62 所示进行连接。

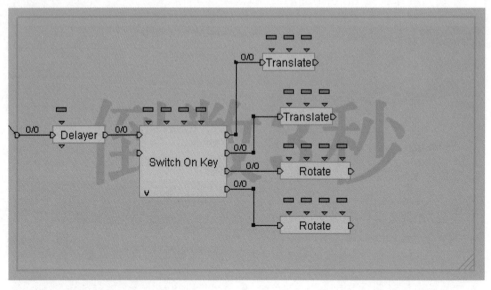

图 3-62

13 在这个行为模组中，Delayer 行为模块的时间是 3 秒。其他的模块在前面的例子中，都是用过的，这里就不再赘述了。

14 如果想在汽车行进过程中中断，设定按 Esc 键后重新回到开始时的场景。可以再加 Keywaiter 行为模块，设置按键 ESC，如图 3-63 所示。

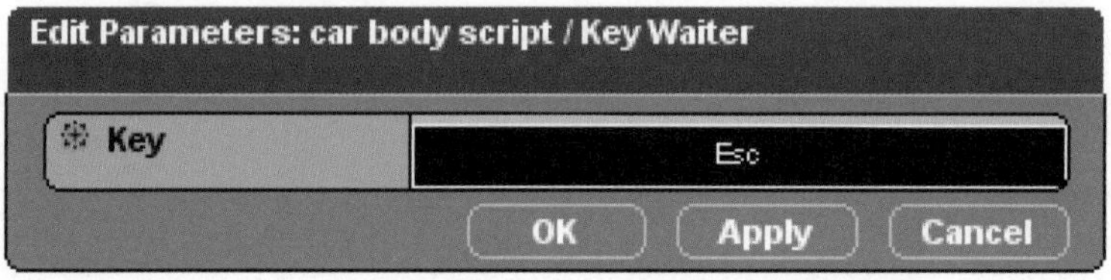

图 3-63

15 后面再加重新开始场景的行为模块 Launch Scene，设置如图 3-64 所示。

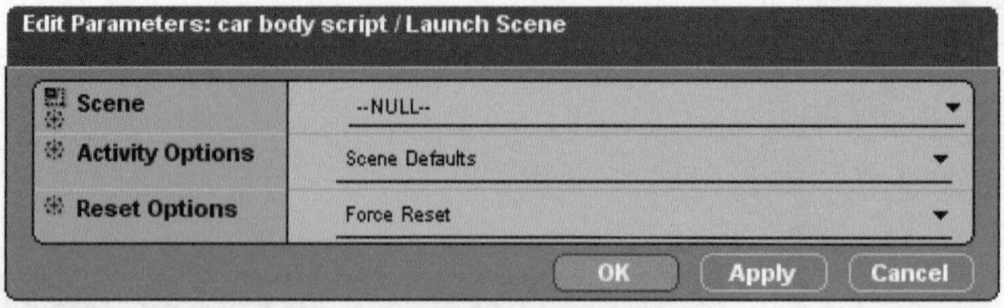

图 3-64

16 最后整合后的流程如图 3-65 所示。

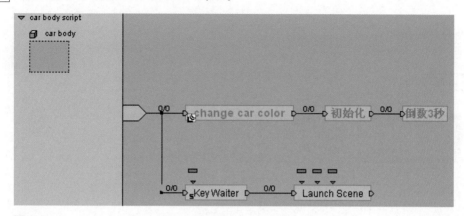

图 3-65

17 保存文件为 Car_Change_Color_Colligation_end.cmo。

说明

Keyboard Controller 是用键盘模仿操作杆，它默认数字小键盘的 8 为 Joy-Up，2 为 Joy-Down，4 为 Joy-Left，6 为 Joy-Right。

课后练习

将实例3-1中的 Keyboard Mapper 更换成 Keyboard Controller 来控制角色人物的运动。

第四章

角色控制与碰撞设计

　　本章用多种实现手段来对游戏中虚拟角色的控制方法进行了详细的讲解，进而对虚拟角色人物的更多细节的动作，即二级动作的控制也进行了讲解；本章中还对虚拟角色人物在虚拟场景中运动时对于场景中物体及墙壁碰撞的侦测方法也进行了归纳，分析总结了三种方法，这对于实际解决游戏中的物理碰撞问题起到了很好的作用。

● 角色动作控制

● 碰撞侦测

第一节　角色动作控制

（1）基本角色动作控制

制作步骤如下：

①加入角色模型。

②加入角色动作，包括 Wait、Walk、WalkBackward。

③建立角色动作控制器。使用的行为模块（Building Blocks）Character/Movement：Character Controller；Character/Constraint：Enhance Character Keep On Floor；Controller/Keyboard：Keyboard Controller 来实现。

（2）拥有多种动作数据（Animation）的角色动作控制

可做更细节的人物动作控制。

制作步骤如下：

①加入角色模型。

②加入角色动作，包括 Wait、Walk、WalkBackward、Turn Left 与 Turn Right。

③建立角色动作控制器。可使用 Unlimited Controller 和使用 Keyboard Mapper。

（3）加入 Secondary Animation

制作步骤如下：

①加入 WalkArmHalfUp 动作数据。

②调整行为模块 Unlimited Controller 参数。

（4）角色动作控制进阶练习

场景中有两种不同的地板，名称分别为"地板"与"木地板"。人物角色走在不同的地板上，以不同的走路方式表现。

看到题目要分析以下几点。

①功能、参与者和数据。

②题目中两种不同的地板，在 Virtools 中如何辨识？ Get Floor Type。

③人物角色走在不同的地板上，即人物必须 Keep On Floor。

④以不同的走路方式表现，依不同的地板形式即（Floor Type），给予不同的数据，亦即在这部分，角色的动作会改变，是个变量。

实例 4-1

　1　从 Lesson 资源库中的 3D Entities 中把 Room_lightmap.nmo 拖放到场景中，如图 4-1 所示。

　2　在场景中看到，房间的部分墙面是黑的，因为在 Virtools 中是真实的环境，所以要解决这个问题。可以有两个办法，其一，可以在场景中新增加一个灯，给房间一个光源；其二，调整物体的自发光参数，就是选择墙面，单击右键选择 Material Setup 选项，在打开的视窗中调整 Emissive 从黑到白如图 4-2 所示。

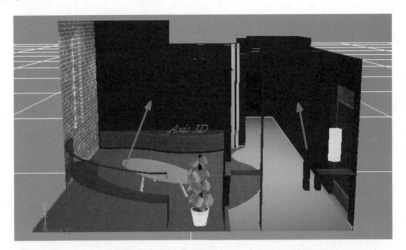

图 4-1

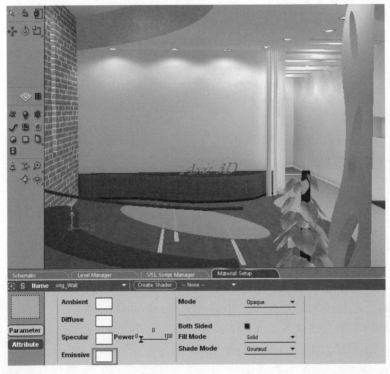

图 4-2

3 从 Lesson 资源库中的 Characters 中把 Pierre.nmo 拖放到场景中如图 4-3 所示。

4 在 Character Setup 窗口，查看到 Pierre 的 Scale 值不是 1，这样可能造成角色与其他物件发生碰撞时出现错误，所以应将 Scale 值变为 1，点击 Set as Unit 按钮。

5 从 Lesson 资源库中的 Characters/Animations 中把 Wait.nmo、Walk.nmo、WalkBckwd.nmo 拖放到场景中角色 Pierre 身上。

图 4-3

6　在 Level Manager 中，选择 Pierre，设置角色的 IC。

7　选择 Character/Movement 下的 Character Controller 行为模块，并将其拖放到 Pierre 身上，并在打开的对话框中设置他的几种状态动作，如图 4-4 所示。

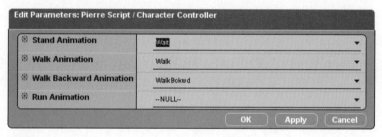

图 4-4

8　选择 Building Blocks 中 Controller /Keyboard 下的 Keyboard Controller 行为模块，并将其拖放到 Pierre Script 中（Keyboard Controller 默认的控制键是 2、4、6、8），并与开始端连接，如图 4-5 所示。

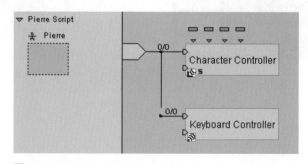

图 4-5

9　播放测试后，保存文件为 Pierre_Ani_Ctrl001.cmo。

1　打开 Pierre_Ani_Ctrl001.cmo 文件（本书配套光盘 chap 4 提供）。

2　在 Pierre Script 中，将 Keyboard Controller 行为模块断开或删除掉。

3　选择 Building Blocks 下的 Logic/Message/Send Message 行为模块，并将其拖放到 Pierre Script 中。

4　并在对话框中设置默认的运动方向，如图 4-6 所示。

5　连接流程如图 4-7 所示。

图 4-6

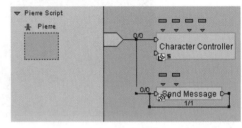

图 4-7

6　播放测试后，保存文件为 Pierre_Ani_Ctrl002.cmo。

1　打开 Pierre_Ani_Ctrl001.cmo 文件（本书配套光盘 chap 4 提供）。

2　在 Pierre Script 中，将 Keyboard Controller 行为模块断开或删除掉。

3　选择 Building Blocks 下的 Controller/Keyboard/Keyboard Mapper 行为模块，并将其拖放到 Pierre Script 中。在参数编辑窗口中，制定角色的运动和键控制，设置参数如图 4-8 所示。

4　连接脚本流程如图 4-9 所示。

图 4-8

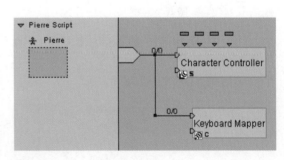

图 4-9

5　播放测试后，保存文件为 Pierre_Ani_Ctrl003.cmo。

1　打开 Pierre_Ani_Ctrl002.cmo 文件（本书配套光盘 chap 4 提供）。在这个基础上，给角色加上保持在地板上的行为模块，使角色行走时是站在地板上走动的。

2　首先要给地板物体设置地板属性。选择木地板，选择菜单 Editors/Attributes Manager 命令，在 Attributes Manager/Floor Manager 下把 Floor 拖放到场景中的木地板上，随后到木地板的 Object Setup 视窗中的 Attributes 视窗中，看到木地板已经具有地板属性了（这种方法是为物体增加属性的另一种方法），如图 4-10 所示。

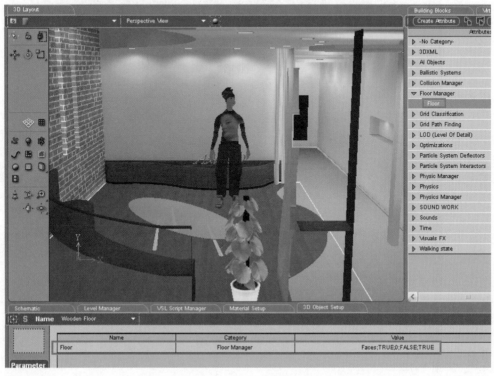

图 4-10

3　打开木地板的 Object Setup 视窗中的 Attributes 视窗，选择 Floor 属性，单击右键选择 Copy Attribute Parameter Value 命令，如图 4-11 所示。

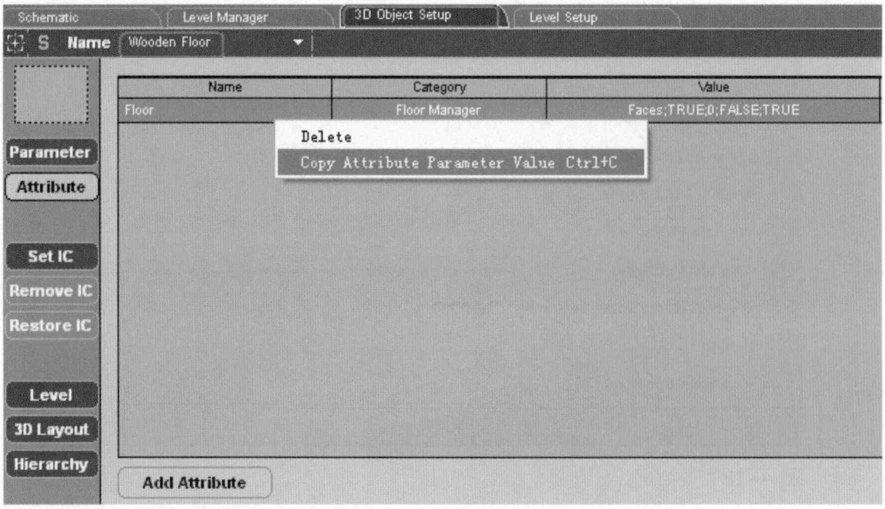

图 4-11

4 在 Object Setup 视窗中的 Attributes 下选择灰白地板 Floor，然后单击右键，选择 Paste Attributes 命令，如图 4-12 所示。

图 4-12

5 使灰白色地板也具有地板属性了，两个地板都设置了地板属性后，设定初始状态值 IC。

6 在 Pierre Script 中，把 Character/Constrains/Enhanced Character Keep On Floor 行为模块拖放进来，设置参数如图 4-13 所示。

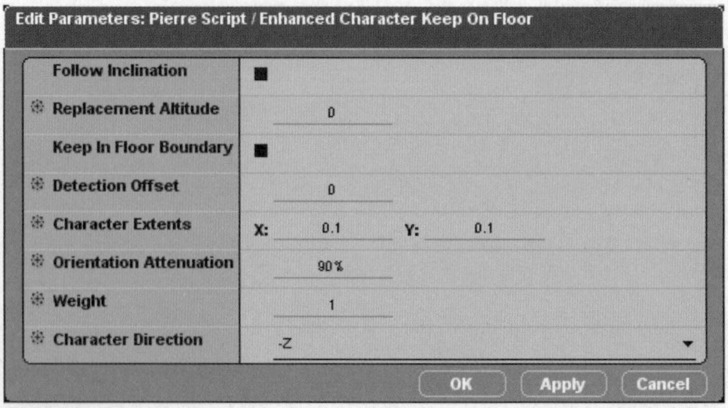

图 4-13

7 播放测试后，保存文件为 Pierre_Ani_Ctrl004.cmo。

第二节　碰撞侦测

　　碰撞侦测功能是为了避免人物直接穿越墙壁、桌子、椅子等物体。使用时，要先定义哪些物体是障碍物，再设定人物与场景中障碍物之间的碰撞侦测的功能。

　　碰撞的侦测有 3 种方法：

　　（1）防止碰撞，可使用 Prevent Collision 行为模块。

　　（2）涉及群组（Group）的应用，可使用 Collisions/3D Entity/Object Slider 行为模块。

　　（3）使用 Grid 网格来定义碰撞区域，即 Grid 的应用，可使用 Grid/Basic/Layer Slider 行为模块。

 实例4-5

　　编写角色人物在一个房间场景中运动，赋给角色 Pierre 更多的动作，加上身体部分细节动作。

　　在这个例子中，利用 Characters/Movement/Unlimited Controller 行为模块设定角色身体的部分细节动作。

　　① 打开 Pierre_05_00.cmo 文件（本书配套光盘 chap 4 提供）。

　　② 把 Character Controller 行为模块删除。

　　③ 给人物角色 Pierre 加上动作控制模块 Characters/Movement/Unlimited Controller，如图 4-14 所示。

图 4-14

　　○ Unlimited Controller 行为模块

　　Unlimited Controller 行为模块只能用在角色上。使用这个模块能够定义完整的角色动作，或者是角色身体某个部分的细节动作，如图 4-15 所示。通过信息或动作的参数设置，能够定义出要让角色表现的动作，如：角色移动间的过渡动画、安排动画播放的次序、以时间为基础的动作、判断信息的顺序。

　　图 4-15 所示对话框中的上半部分是主要动作（Primary Animation），下半部分是次要动作 (Secondary Animation)。

　　主要动作参数设定

　　Order（顺序）：数值越大优先级越高，应该让重要且常用的动作，如站立，有较高的优先次序。

　　Message（信息）：等待的信息，当接收到相关的信息时，才可以开始执行有关的动作。

　　Animation（动作）：角色接收到相关的信息就能执行的动作。

　　Warp(None/Start/Best) 目前播放动作与另一个动作的衔接方式。选择 None 感觉就像影片的跳接一样，直接跳到下一个动作播放；选择 Start 则表示目前播放的动作（假设为 A 动作）与下一个播放动作（假设为 B 动作）的衔接，依照 Warp Length 的设定，从 B 动作的起点产生动作融合的计算，衔接的感觉较为平顺；选择 Best 则会与选择 Start 的方式一样，不同的是 Virtools 会自动选择最适合的动作融合起点位置。

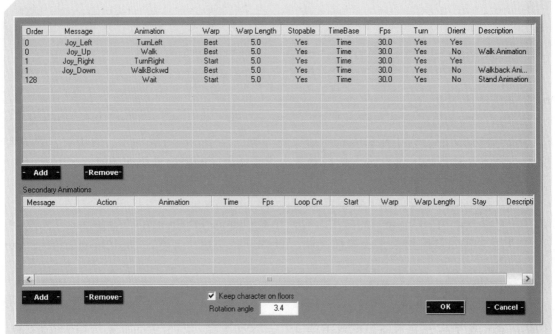

图 4-15

Warp Length：衔接动作的持续时间长度。以 Fps 为时间基础单位。如：Warp Length=5 和 Fps = 30.0 的差别，如果以 Frame 为时间基础单位的话，则衔接动作会需要 5 个 Frame 的时间，并且在 Fps 输入的数值不会对动作造成任何影响。如果以 Time 为时间基础单位的话，则衔接动作会需要 5/30 秒的时间。

Stopable（Yes/No）：收到信息后，动作是否要一次播放到结束，才恢复原本的位置。如希望动作可以完整地播放，则可以设定为 No。例如游戏中角色发的招数，如果设置为 No 的话，玩家按一下相应的键就可以了，角色会一直把招数的动画播完才停止。

TimeBase（Time/Frame）：决定时间基础单位是否为 Frame，如果不是则为 Time。

Fps：每秒播放动画的画格数。

Turn（Yes/No）：当角色接收到 Joy_Left 或 Joy_Right 的时候，角色本身是否要作旋转。

注意

像 Jump 跳跃的动作并不能与旋转动作同时发生。

Orient（Yes/No）：当角色的动作有可能影响角色本身的正面方向时，可将此设定为 Yes，避免不正常的现象发生。

Description（描述）：可以对动作加一些文字描述。

次要动作参数设定

Message：同主要动作中的 Message。

Action（Play/Stop）：接收到不同的信息可以开始角色的动作或停止角色的动作。

Animation：同主要动作中的 Animation。

Time（Time/Frame）：同主要动作中的 TimeBase。

Fps：同主要动作中的 Fps。

　　LoopCnt（Yes/No）：动作是否会一直重复执行。如果要停止一个重复的动作，需要再传送一个停止动作的信息。

　　Start：开始动作的画格。

　　Description：同主要动作中的 Description。

　　Rotation Angle：当角色接收到 Joy _Left 或 Joy _Right 的时候，给于适当的值去决定角色旋转的速度。

　　Detection Offset（侦测位移）：当侦测到地板的存在时，做位移的动作，让角色虽然侦测到其下方有一个地板时，仍然能够走在上面。

　　4　在 Virtools Resource 数据资源库中，把 Pierre 的 Walk 、Turn Left、Turn Right、WalkBckwd、Wait、WalkArmHalfUp 动作都选中，拖放到场景中的 Pierre 身上。并切换到 Level Manager 视窗中，查看 Pierre 下面是否有这些动作，如图 4-16 所示。

　　5　在 Pierre Script 中，双击打开 Unlimited Controller 行为模块，设置动作的控制，如图 4-17 所示。

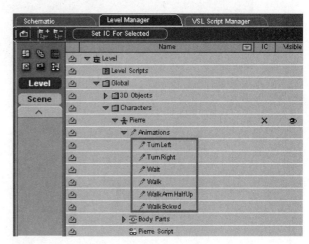

图 4-16

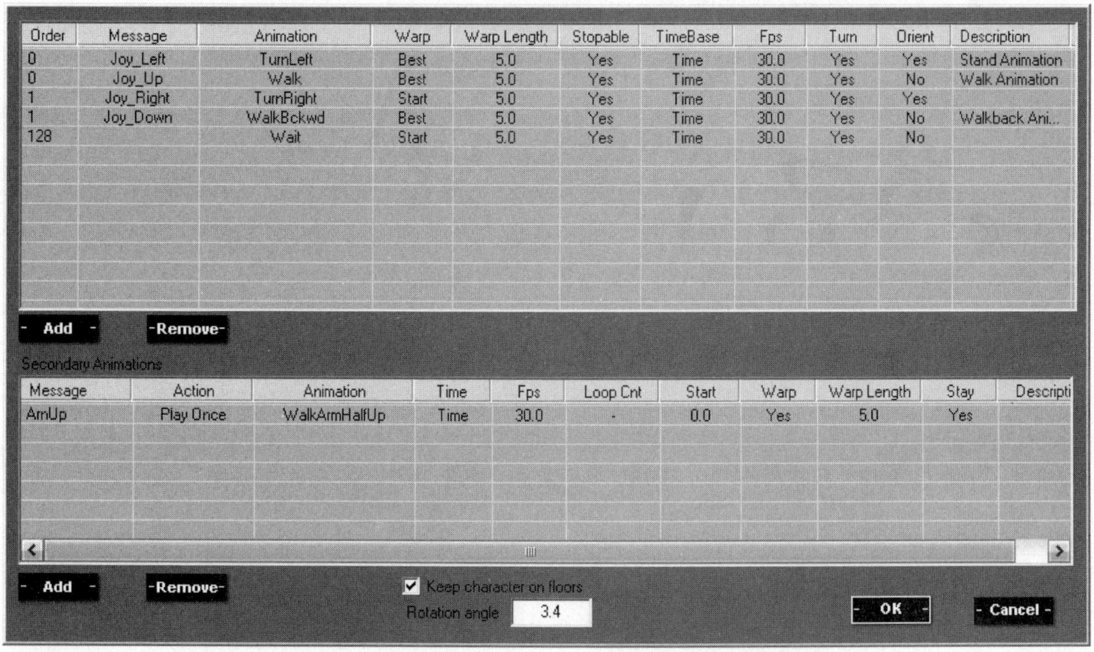

Order	Message	Animation	Warp	Warp Length	Stopable	TimeBase	Fps	Turn	Orient	Description
0	Joy_Left	TurnLeft	Best	5.0	Yes	Time	30.0	Yes	Yes	Stand Animation
0	Joy_Up	Walk	Best	5.0	Yes	Time	30.0	Yes	No	Walk Animation
1	Joy_Right	TurnRight	Start	5.0	Yes	Time	30.0	Yes	Yes	
1	Joy_Down	WalkBckwd	Best	5.0	Yes	Time	30.0	Yes	No	Walkback Ani...
128		Wait	Start	5.0	Yes	Time	30.0	Yes	No	

- Add -　　-Remove-

Secondary Animations

Message	Action	Animation	Time	Fps	Loop Cnt	Start	Warp	Warp Length	Stay	Descripti
ArmUp	Play Once	WalkArmHalfUp	Time	30.0	-	0.0	Yes	5.0	Yes	

- Add -　　-Remove-　　☑ Keep character on floors　　Rotation angle　6.4　　- OK -　　- Cancel -

图 4-17

6　下面给地板设置属性，使用选择工具，在场景中选择木地板，单击右键，选择 3D Object Setup 命令，打开 3D Object Setup（Wooden Floor）的参数窗口，点击 Attribute 按钮，切换 Attribute 视窗，给木地板和白色的地板分别设置它们的地板属性，更改 Value 值的方法可以双击属性上对应在 Value 栏下的值就可以修改，如图 4-18 所示。

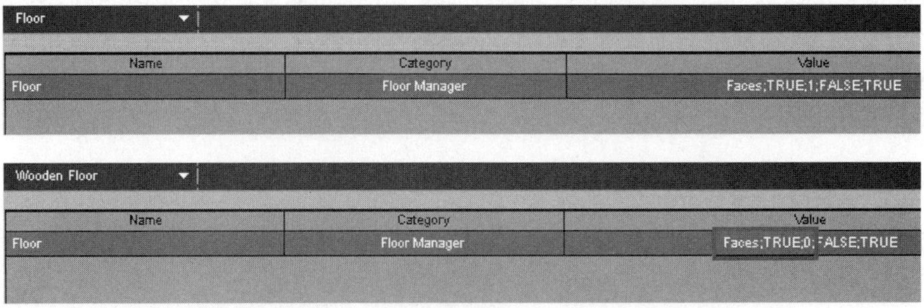

Floor ▼		
Name	Category	Value
Floor	Floor Manager	Faces;TRUE;1;FALSE;TRUE

Wooden Floor ▼		
Name	Category	Value
Floor	Floor Manager	Faces;TRUE;0;FALSE;TRUE

图 4-18

7　加入使角色保持在地板上的 BB，并设定角色的正面方向，如图 4-19 所示。

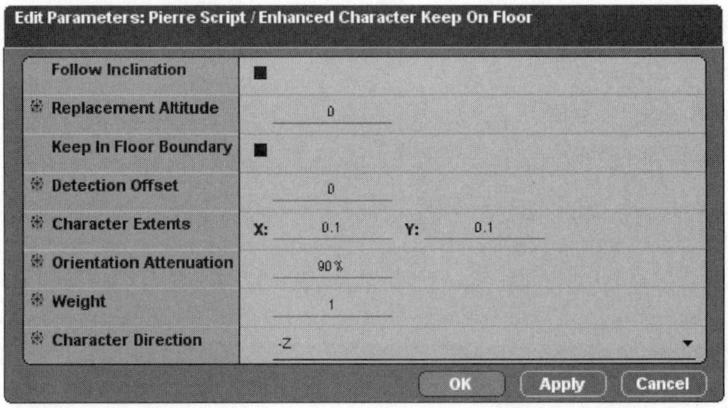

Edit Parameters: Pierre Script / Enhanced Character Keep On Floor

Follow Inclination	■	
Replacement Altitude	0	
Keep In Floor Boundary	■	
Detection Offset	0	
Character Extents	X: 0.1	Y: 0.1
Orientation Attenuation	90%	
Weight	1	
Character Direction	-Z	

OK　Apply　Cancel

图 4-19

8　下面让角色 Pierre 走在不同的地板上，做出不同的动作，比如当走在白色地板上，Pierre 会做伸展胳膊的动作。这样就需要一个判断的行为模块。这里使用 Test 行为模块。前面已经给木地板 Wooden Floor 地板属性为 0 和白色的地板 Floor 的地板属性为 1，所以判断 Test 模块 A、B 是否相等，B 设置为 1，这里把 A 设为变数，所以设置 Test 行为模块 A 参数由 Enhanced Character Keep On Floor 的输出参数 Floor Type 来决定 A 参数是 0 还是 1。B 设置为 1，用 Equal 来判断。利用一个判断的行为模块 Test 来判断 Pierre 是走在什么位置了。当 A 也等于 1 时，则为 True；流程图和 Test 参数设置，如图 4-20 和 4-21 所示。

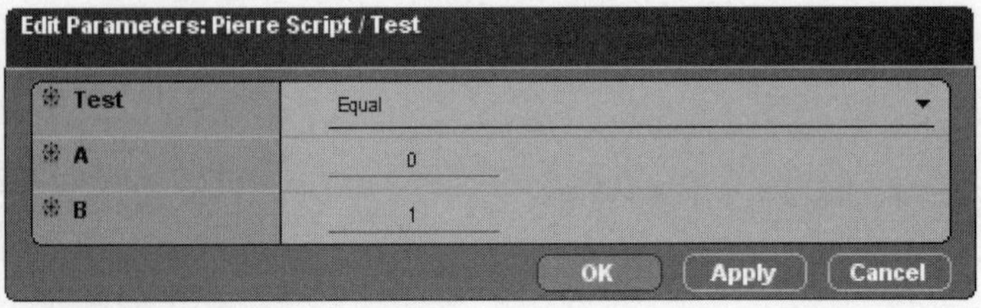

Edit Parameters: Pierre Script / Test

Test	Equal
A	0
B	1

OK　Apply　Cancel

图 4-20

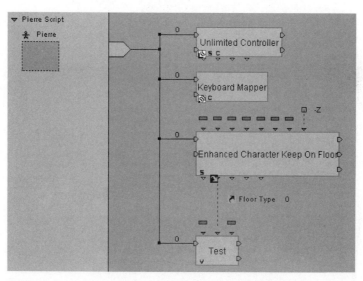

图 4-21

9 通过判断后，当判断为 True 时，发出信息，让 Pierre 变换动作，下面应该接一个发出信息的行为模块 Send Message，让 Send Message 发出让 Pierre 伸胳膊的动作，如图 4-22 所示。

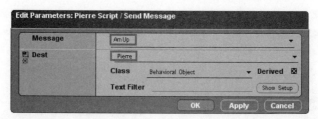

图 4-22

10 把流程连接好，并作回圈连接，如图 4-23 所示。

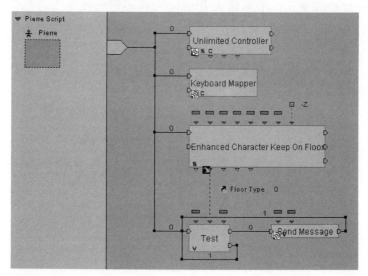

图 4-23

11 播放测试结果，可能会发现此时 Pierre 从木地板走到白色地板后伸胳膊的动作了，但当 Pierre 回到木地板的时候还伸着胳膊，如图 4-24 所示。

图 4-24

这是哪里出了问题呢？回到 Schematic 的 Pierre Script 中，双击打开 Unlimited Controller 行为模块，将 Secondary Animation 的 Stay 项设置为 No，表示动作做完后不继续保持，如图 4-25 所示。

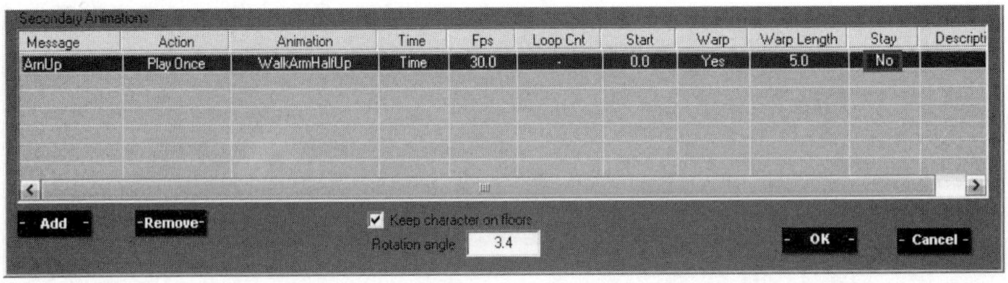

Secondary Animations										
Message	Action	Animation	Time	Fps	Loop Cnt	Start	Warp	Warp Length	Stay	Descripti
ArmUp	Play Once	WalkArmHalfUp	Time	30.0	-	0.0	Yes	5.0	No	

☑ Keep character on floors
Rotation angle 3.4

Add   Remove   OK   Cancel

图 4-25

12 再次进行播放测试，看到这次 Pierre 走在不同的地板上，就做不同的动作了，如图 4-26 所示。

图 4-26

13 保存文件为 Pierre_05_01.cmo。

实例 4-6

编写角色人物在一个房间场景中运动，侦测角色与场景中的物体以及墙壁的碰撞的脚本。碰撞的侦测及障碍物的设定。

1 打开 Pierre_05_01.cmo 文件（本书配套光盘 chap 4 提供）。

2 选定人物角色 Pierre，单击右键打开 Character Setup 视窗，因为后面要设定人物角色 Pierre 与场景中的物体发生碰撞，所以要察看一下角色的 Scale 值是不是 1∶1∶1，如果不是的话，设置碰撞会发生错误。下面在 Character Setup 视窗中，点击 `Reset World Matrix` 按钮，将角色的 Scale 值重设为 1∶1∶1，如图 4-27 所示。

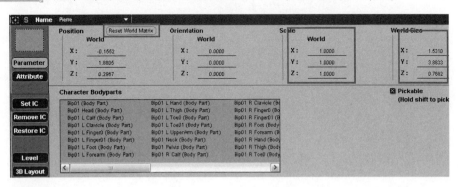

图 4-27

3 用 Keyboard Mapper 设置上、下、左、右方向键控制向前、向后、左转、右转。

4 因为场景中有很多障碍物，如墙、桌子、沙发等，要把这些物件归到一个群组中，设定障碍物群组。在 Level Manager 中，单击 图标，建立一个 New Group，并命名为 Obstacle，然后找到碰撞隐藏物体 Wall Collision 障碍物体（或者把砖墙、沙发、桌子等都选定为障碍物），单击右键从弹出的菜单命令中选择 Send to Group/Obstacle 命令，如图 4-28 所示。

5 把这些物体都放在群组中，并设定它们的 IC，如图 4-29 所示。

图 4-28

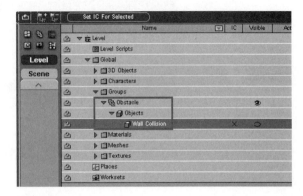

图 4-29

6 下面设定碰撞侦测的功能。给 Pierre Script 添加 Collision/3D Entity/Object Slider 行为模块，并将开始端连接到该模块的流程输入，如图 4-30 所示。

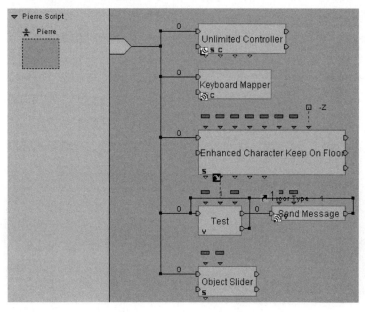

图 4-30

7 双击 Object Slider 行为模块，设置参数如图 4-31 所示。

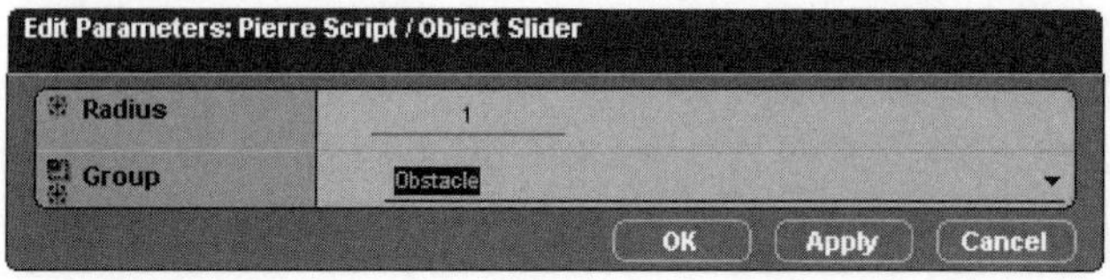

图 4-31

8 播放测试，如果发生问题，可以对 Enhanced Character Keep On Floor 模块中的 Character Extents 值进行设置，如图 4-32 所示。（这个值的大小，要根据角色的 World Size 来决定。）

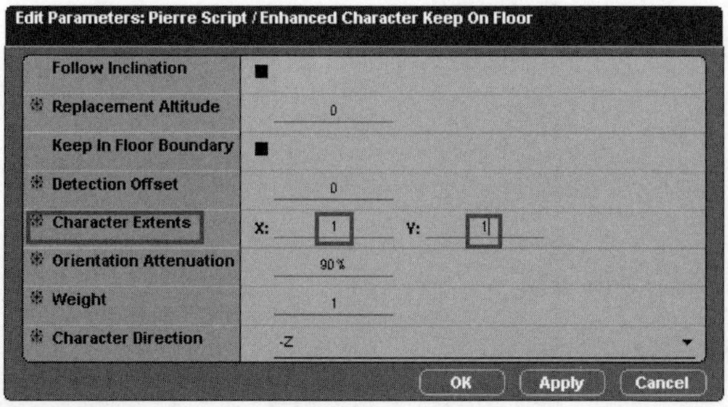

图 4-32

9 保存文件为 Pierre_05_ 侦测碰撞 01.cmo。

● **Object Slider 行为模块**

作用：防止三维物体穿透指定的群组中的物体。

参数设置

Radius：防止物体穿透的半径（以世界坐标为准），也就是说是以角色中心开始计算到障碍物之间的距离。

Group：指定的群组（同一群组里的物体就如同一个球体，不会穿透其他物体）。

Reaction Vector：输出参数，传回一组三维矢量（3D Vector）。

编辑设置

Accuracy：侦测物体碰撞的准确度。

Touched Objects Group：当发生碰撞时，碰撞的物件会放入此群组里。

Place Optimization：如果设为 Ture，模块将进行区域 Place 最佳化，也就是说不针对群组里面每个物件进行碰撞侦测，取而代之以区域为单位进行层级物件碰撞侦测，测试区域和区域之间是否有碰撞产生，如果有碰撞产生，在以巡回方式进行层级物件碰撞侦测。如果 Level 分割为很多区域并且各区域平均包含超过一个以上的碰撞物件，此法非常有效率。

 实例 4-7

编写角色人物在一个房间场景中运动，侦测角色与场景中的物体以及墙壁的碰撞的脚本。碰撞的侦测及障碍物的设定，另一种侦测碰撞的做法。

1　打开 Pierre_05_ 侦测碰撞 01.cmo 文件（本书配套光盘 chap 4 提供）。

2　首先要为所有碰撞物体的物体属性设为 Obstacle（Fixed Obstacle），方法是选择场景中的要成为碰撞物体，单击右键打开 Object Setup 窗口，单击 Attribute 按钮，打开属性窗口，如图 4-33 所示。单击 Add Attribute 按钮，打开属性管理对话框，选择 Collision Manager 下的 Fixed Obstacle 属性，如图 4-34 所示。

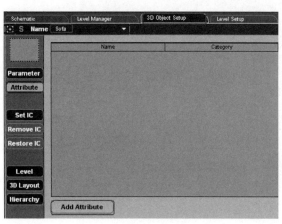

图 4-33

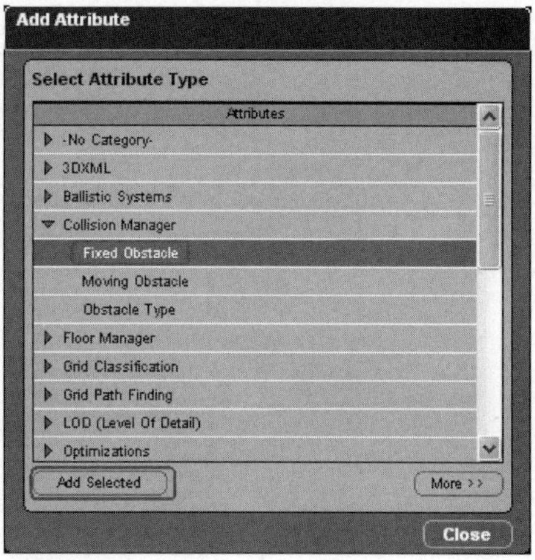

图 4-34

3　在属性窗口，选择 Fixed Obstacle 属性单击左侧的 Set IC 按钮设定 IC，如图 4-35 所示。

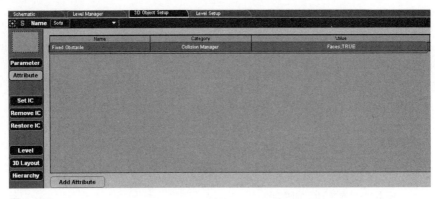

图 4-35

4 切换到 Schematic 窗口中，把 Object Slider 行为模块删掉。

5 最后加上防止碰撞的行为模块 Collisions/3D Entity Prevent Collision。双击 Prevent Collision 行为模块，打开参数编辑窗口，如图 4-36 所示。

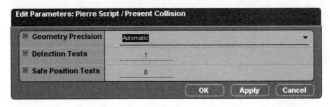

图 4-36

6 最终流程如图 4-37 所示。

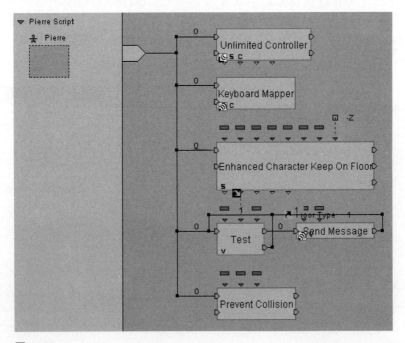

图 4-37

7 保存文件为 pierre_05_ 碰撞控制 _PreventCollision.cmo。

● Prevent Collision 行为模块

Prevent Collision 防止碰撞行为模块，是防止三维实体与障碍物的碰撞。

参数设置

Geometry Precision（几何精确度）：对所有的障碍物设定几何精确度，或者设定为 Automatic 使用由碰撞属性制定的几何精确度。

Detection Tests（侦测测试）：测试次数的最大值（不包括第一次），用来侦测是否发生碰撞。此行为模块在侦测到第一次碰撞之后会停止测试，并且会开始测试离碰撞点最近的安全位置。

Safe Position Tests（安全位置测试）：测试次数的最大值（不包括第一次），用来决定离碰撞点最近的安全位置。

注意

使用此行为模块的物体将会被赋予（Obstacle）的属性，每个你希望防止碰撞的物体必须拥有 Fixed Obstacle 或 Moving Obstacle 属性。

实例 4-8

编写角色人物在一个房间场景中运动，侦测角色与场景中的物体以及墙壁的碰撞的脚本。碰撞的侦测及障碍物的设定，侦测碰撞的做法方法 3，利用网格物件的碰撞，使用行为模块 Layer Slider 来实现。

在场景中，通过设置网格物件来确定角色或 3D Entity 在场景中碰撞作用区域。

1 打开 Pierre_05_01.cmo 文件。

2 新建立一个网格 Grid。单击 3D Layout 视窗左侧的■图标，新建立一个 Grid。

3 在 Level Manager 的 Grid Setup 视窗中，通过■图标中的三角箭头增加网格的数量，设置 Width 为 22，Length 为 28，如图 4-38 所示。

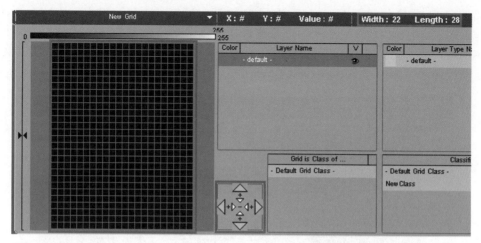

图 4-38

4 切换视角为 Top View，利用移动工具＋和缩放工具■，将 Grid 缩放并移动到能够包围住角色移动的范围，如图 4-39 所示。

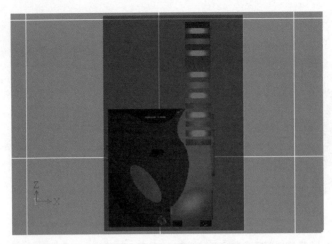

图 4-39

5 切换到 Front View，使用移动工具🔀和缩放工具⬚，将 Grid 缩放并移动到能够包围住角色移动的范围，如图 4-40 所示。

图 4-40

6 设定碰撞作用区域。为了绘制网格区域更方便，切换到 Top View，Level Manager 的 Grid Setup 视窗左边区域是作用区，右边区域是准备区，可以在网格视窗中定义不同的网格颜色，用来区分不同颜色代表的不同属性的网格。将鼠标在右边准备区单击右键，弹出菜单命令，选择 New Layer Type，新建立一个 Layer，如图 4-41 所示。

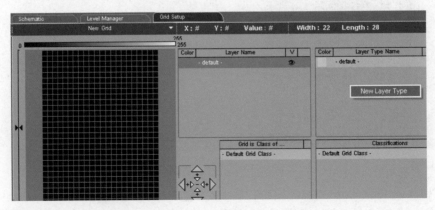

图 4-41

7 在新建立的 Layer 名称上单击右键，重命名为 Collision Layer，如图 4-42 所示。

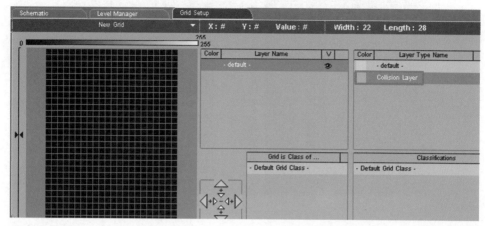

图 4-42

8 在图层 Collision Layer 名称左边的色块上单击右键，打开颜色盒定义网格的颜色，如图 4-43 所示。

9 设定好颜色后，从右边的准备区中选择 Collision Layer 拖放到左边的作用区中，如图 4-44 所示。

10 下面就可以绘制碰撞作用的网格区域了。选择左侧作用区中的 Collision Layer。对照着 Top View 视窗中角色不能穿透的地方，在 Grid Setup 视窗中左侧的网格中标记出来，如图 4-45 所示。

图 4-43

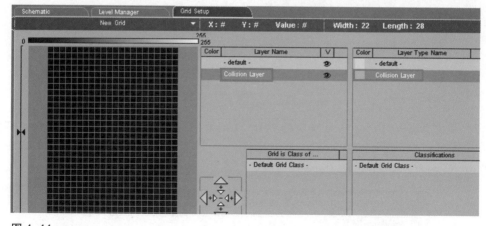

图 4-44

11 网格区域绘制出来后，要给 Pierre Script 中加入碰撞的行为模块。从 Building Blocks 中找到 Grid/Basic/Layer Slider 行为模块，拖放到 Pierre Script 中，并将流程输入与 Start 连接，如图 4-46 所示。

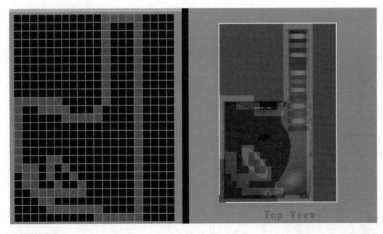

图 4-45

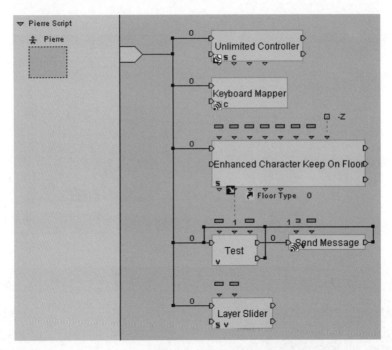

图 4-46

12 设定 Layer Slider 行为模块的参数，Influence Radius 碰撞距离是 20%（指的是角色绑定球 Bounding Sphere 的半径大小），Layer To Slide On 要将物体滑开的图层设置为 Collision Layer，如图 4-47 所示。

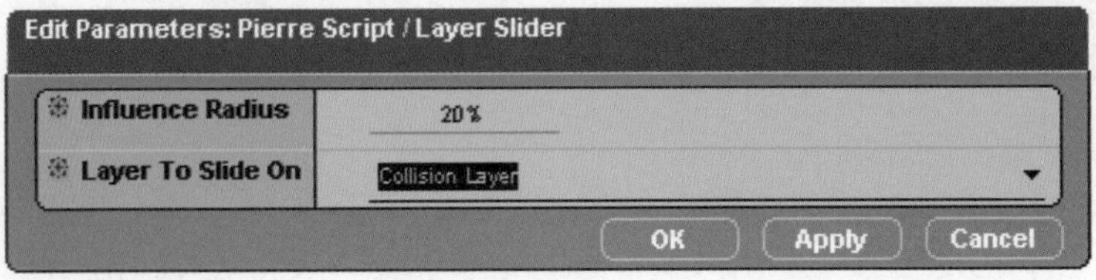

图 4-47

13　播放测试，用控制键移动角色，观察角色和碰撞物体的碰撞情况，如图4-48所示。

图4-48

14　保存文件为 Pierre_05_Grid.cmo。

● **Layer Slider 行为模块**

Grid/Basic/Layer Slider 结合网格指定碰撞作用区域，避免 3D 实体进入指定的网格图层中。

参数设置

Influence Radius（影响半径）：设定物体球型碰撞边界值（半径值），即为放置障碍物进入设定的范围。对于 Character 在大多数情况下设定值为 30% 或 40%。

Layer To Slide On（滑动图层）：设定要将物体滑开的图层。

编辑设置

Reaction Vector: 反应向量，当需要反应向量作为 Output Parameter 输出参数时，选择 Boolean Value。

Output Contact Count：输出关联计算，定义一些可以增加的 Output Parameter 输出参数，使物体之间得到更多的接触点和不规则的图层。

Accuracy：精确度，物体碰撞最大的精确度。

注意

（1）Layer Slider 将所有的 Grid 的 Layer 都考虑在内，并没有优先顺序的差别。

（2）Layer Slider 需要准确的环境，具体环境如下。

①物体的放大比例必须低于 Grid Square 的宽度和长度。

②物体不能移动太快。

③如果帧速率太低导致物体无法顺利穿墙时，需要将 Accurate（精确度）设定值调高。

对于摄像机来说，如果提高影响半径就会出现以下结果：因为摄像机视角近距离截面很小，相对来说摄像机影响半径值太大，速度会很高。

课后练习

利用所给场景文件 Lab.nmo（如图 4-49 所示）和角色文件 Eva.nmo（如图 4-50 所示）编写脚本设计角色在场景的运动和分别用三种碰撞侦测方法设计碰撞效果，并比较三种碰撞的效果。

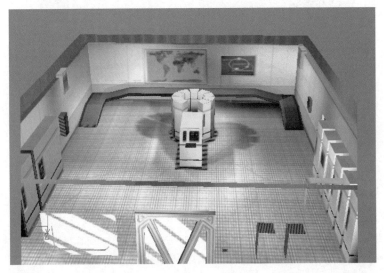

图 4-49

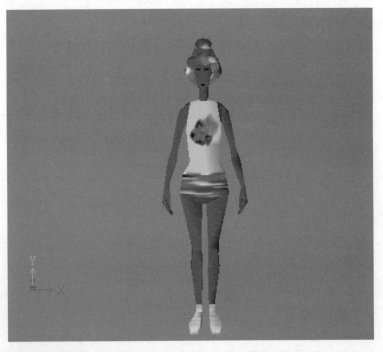

图 4-50

第五章

虚拟摄像机的控制

　　在玩家玩游戏时，常常根据需要不断切换摄像机的视角来完成任务，对于游戏设计者来说，我们就要在设计上完成不同视角摄像机的切换功能，来满足游戏玩家的需要，本章中从虚拟摄像机的设定、摄像机视角的切换及控制摄像机的方法都进行了翔实的讲解，通过本章的学习，读者完全可以掌握摄像机的控制和切换等的设计方法。

- 摄像机的设定与切换方式
- 第一人称摄像机
- 第三人称摄像机
- 摄像机视角的切换

第一节　摄像机的设定与切换方式

在这一节中简单介绍有关第一人称摄像机、第三人称摄像机的概念和不同摄像机的切换方式。

第一人称摄像机，就是将摄像机架在人物的眼睛的位置，并跟随人物移动，来达到第一人称摄像机的效果。

要实现这样的效果，首先要建立一个摄像机，并对摄像机参数进行设置，然后给摄像机编写 Script 脚本流程。

第三人称摄像机，就是将摄像机架在人物角色后上方，并且一直看着人物头部的目标地方，达到看着人物背影的效果，接着设定碰撞侦测，避免摄像机穿透物体。

不同摄像机的切换方式，第一人称摄像机与第三人称摄像机视角切换；第一人称摄像机与第三人称摄像机视角切换和多个摄像机的浏览视窗切换。

第二节　第一人称摄像机

 实例 5-1

在场景中创建摄像机，并以角色人物的视角设置第一人称摄像机的效果。

1　打开 Pierre_ 侦测碰撞 02.cmo 文件（本书配套光盘 chap 5 提供）。

2　新建一个摄像机，在 Target Camera Setup 中，左上角选择摄像机名称，按 F2 更改摄像机名称为 1st Camera。设置调整 FOV 值，Field of View 为 60，调整设置切割范围，Near Clip 为 0.3，Far Clip 为 250，如图 5-1 所示。

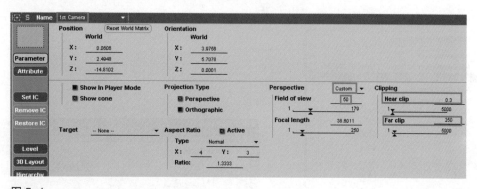

图 5-1

3　设定摄像机的 IC，然后在场景中的空白处单击右键，从弹出的菜单中选择 Create Script on/1st Camera 命令，如图 5-2 所示。

4　在 Schematic 中出现 1st Camera Script。

5　设定摄像机位置。设定摄像机一直保持在角色的 X、Z 的坐标上。添加 BB/Logic/Calculator/Set Component 行为模块到 1st Camera Script 中并连接流程，如图 5-3 所示。

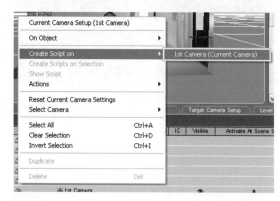

图 5-2

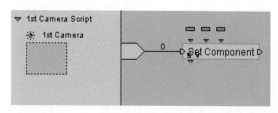

图 5-3

○ Set Component 行为模块

主要应用：设定颜色、矢量或是二维图像的构成要素。

参数设置

Component 1：第 1 个构成要素，浮点数。

Component 2：第 2 个构成要素，浮点数。

Component 3：第 3 个构成要素，浮点数。

输出参数 Variable（变量）：输出的变量可以是颜色、矢量、二维坐标（2D Vector）、Euler、长方形（Bounding Box）或边界框（Sturcture）。

如果我们改变输出参数变量的类型，那么相对应的输入参数会自动变更。

6 在 1st Camera Script 的空白处单击右键，从弹出的菜单中选择 Add Local Parameter 命令，如图 5-4 所示。

7 设置区域参数如图 5-5 所示，然后单击 OK 按钮。

8 在区域参数上，单击右键，选择 Change Parameter Display：Name and Value，显示区域参数的名称和值，如图 5-6 所示。

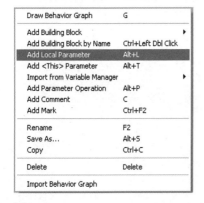

图 5-4

图 5-5

9 将 Set Component 模块的第 1 个输入参数 Component 1 连接到区域参数上，打开设定窗口进行设置，如图 5-7 所示。

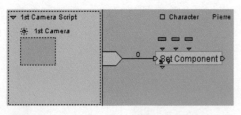

图 5-6

图 5-7

10 将 Set Component 模块的第 3 个输入参数 Component 3 连接到区域参数上，打开设定窗口进行设置，如图 5-8 所示。

11 此时的流程如图 5-9 所示。

12 双击打开 Set Component 模块，设定 Component 2 的值为 1.5。这样就让摄像机一直保持在角色的 X、Z 坐标的 1.5 个单位的位置上，如图 5-10 所示。

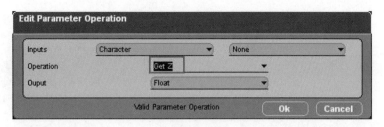

图 5-8

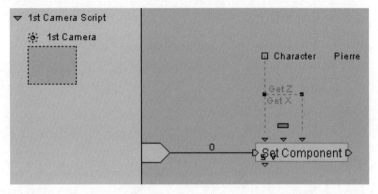

图 5-9

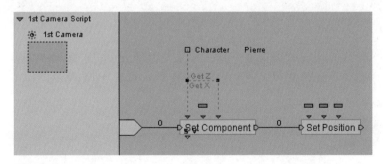

图 5-10

13　将 BB/Set Position 模块拖放到 1st Camera Script 中，并与 Set Component 的流程输出相连，如图 5-11 所示。

图 5-11

14　将 Set Position 模块的第 1 个输入参数连接到 Set Component 的输出参数上，如图 5-12 所示。

15　下面设定摄像机以角色的轴向作旋转。添加 BB/3D Transform /Basic /Set Orientation 行为模块，并与 Set Position 的输出流程相连，如图 5-13 所示。

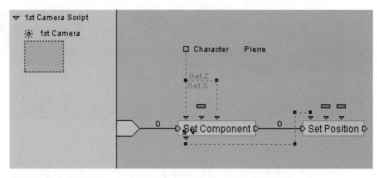

图 5-12

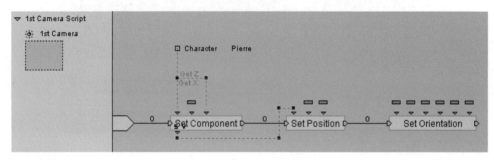

图 5-13

16　选择区域参数，单击右键，从弹出菜单中选择 Copy，再在 Set Orientation 上方的空白处单击右键，从弹出菜单中选择 Paste，如图 5-14 所示。

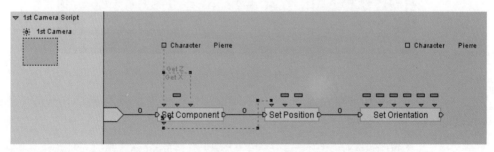

图 5-14

17　将 Set Orientation 的第 4 个输入参数（Referential）连接到刚刚粘贴过来的区域参数上，这样就使得摄像机以角色的轴向旋转了，如图 5-15 所示。

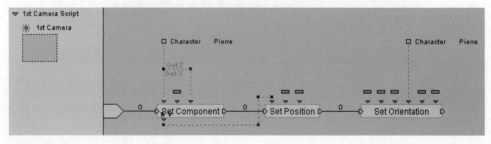

图 5-15

18　双击打开 Set Orientation 行为模块，设置参数，如图 5-16 所示。

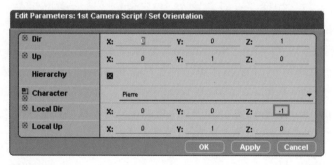

图 5-16

19　最后将 Set Orientation 的流程输出与 Set Component 的流程输入做一个回圈，这样摄像机不但固定在角色的上方位置，还能够同时跟随角色移动而移动，并会随角色的轴向作旋转，如图 5-17 所示。

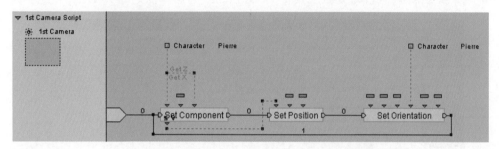

图 5-17

20　播放测试，观看效果，如图 5-18 所示。

图 5-18

21　保存文件为 Pierre_1st Camera01.cmo。

 实例 5-2

在场景中创建摄像机，并以角色人物的视角设置第一人称摄像机的效果，即第一人称摄像机的第二种方法。

本例中将利用 3D Frame 设定一个高度与角色眼睛高度差不多的位置，让摄像机设在该 3D Frame 的后方，并且一直看着这个 3D Frame，然后通过另一个 3D Frame 设置移动旋转并带动摄像机和前一个 3D Frame 的移动，达到第一人称效果。

1　打开 Pierre_05_Object Slider2.cmo 文件（本书配套光盘 chap 5 提供）。

2　设定摄像机跟随的目标物体是 Head Frame(3D Frame)。点击新建 3D Frame 按钮图标，新建一个 3D Frame，命名为 Head Frame，作为摄像机跟随的目标。

3　设定 Head Frame 的位置。打开 3D Frame Setup 视窗，根据角色人物的身体高度，设置 Head Frame 的位置大约在角色眼睛的位置，所以在 Position 项设定（0，2.5，0）。

> **注意**
>
> 　　为了方便设置 Frame 的位置，可以先将它的 Position 值设为 (0,0,0)，然后根据角色的身高设定它的高度位置。

4　点击左侧的 Set IC 按钮，设定 Head Frame 的初始状态值，如图 5-19 所示。

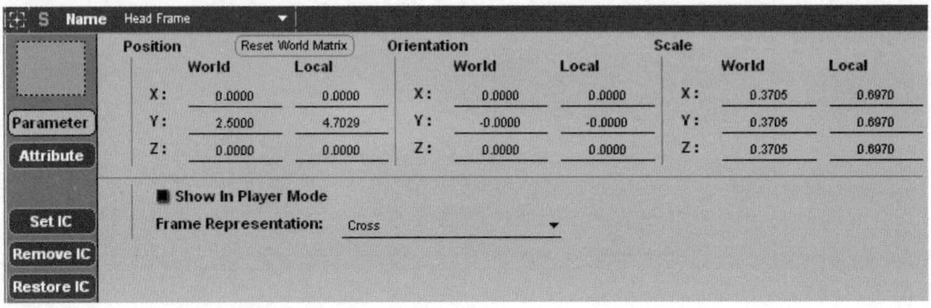

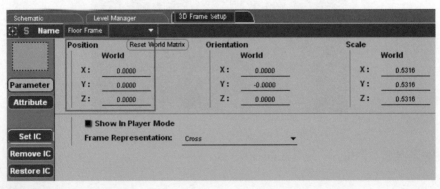

图 5-19

5　设定 Head Frame 跟随的目标物 Floor Frame（3D Frame），即另一个 3D Frame。点击新建 3D Frame 按钮图标，新建一个 3D Frame，命名为 Floor Frame，作为 Head Frame 的跟随目标。

6　设置 Floor Frame 的位置。打开 3D Frame Setup 视窗，设定 Position 项设定（0，0，0），在 Head Frame 的正下方，如图 5-20 所示。

图 5-20

7　点击左侧的 Set IC 按钮，设定 Floor Frame 的初始状态。

8　在场景中可以看到两个 3D frame 的位置，如图 5-21 所示。

图 5-21

9　设定 Floor Frame 的移动控制。将 Controllers/Keyboard/Switch on Key 拖放到 Floor Frame 上，在 Schematic 视窗中，出现了 Floor Frame Script。在 Floor Frame Script 中的 Switch on Key 行为模块上单击右键，从弹出的菜单中选择 Construct>Add Behavior Output 命令，增加流程输出点，再次利用上面的方法再增加一个流程输出点。

10　在 Switch on Key 行为模块上双击，打开参数设置窗口，设置上、下、左、右键控制 Floor Frame 的前进、后退、左转、右转，如图 5-22 所示。

图 5-22

11　设定 Floor Frame 的移动量。从 3D Transformations/Basic/Translate 和 Rotate 行为模块拖放到 Floor Frame Script 中，并同 Switch on Key 行为模块的四个输出点连接，如图 5-23 所示。

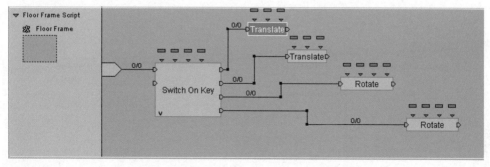

图 5-23

12 设定 Translate 行为模块的参数。双击 Translate 行为模块，设置每 Frame 前进的值（0，0,-0.05），Referential 为 Floor Frame。

13 设置第二个 Translate 行为模块的参数。设置每 Frame 后退的值（0，0,0.03），Referential 为 Floor Frame。（后退的数值小一点，避免 Floor Frame 移动的速度比摄像机移动的速度还快，导致摄像机瞬间移动到 Floor Frame 的后面，产生奇怪现象。）如图 5-24 所示。

图 5-24

14 设定 Floor Frame 的转动量。双击 Rotate 行为模块，设置 Axis of Rotation：（0，1，0）；Angle of Rotation：0.5；Referential：Floor Frame。

15 设定第二个 Rotate 行为模块，设置 Axis of Rotation：（0，1，0）；Angle of Rotation：-0.5；Referential：Floor Frame，如图 5-25 所示。

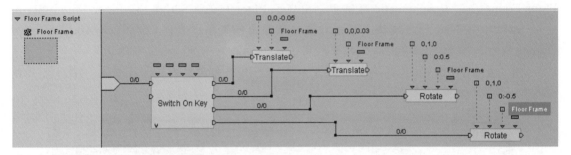

图 5-25

16 设定跟随摄像机的行为模块流程控制。首先新建一个摄像机。命名为 Camera01。

17 在 Target Camera Setup 视窗中，选择 Projection Type(投影方式) 为 Perspective 透视。FOV 可视角为 60 度。设定 Near clip 近切面为 1；远切面 Far clip 为 50；在 Target 项选择 Head Frame；（Far clip 太大的话，有时会使画面显示出现问题。也就是说，Near clip 和 Far clip 的值设置的适中就可以了，要不然会对另一个资料 Z Buffer 的精确度有影响，画面的显示会有矛盾发生）如图 5-26 所示。

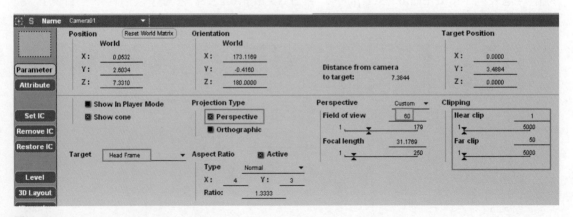

图 5-26

[18] 摄像机的参数摄制完成后，在 Level Manager 中选择 Camera01，点击 ，建立 Camera01 Script。给 Camera01 增加行为模块，将 3D Transformations /Constraint /Look At 和 Keep at Constant Distance 行为模块拖放到 Camera01 Script 中。

● Look At（注视）行为模块

适用对象：3D Entity

主要应用：是一个三维实体的 Z 坐标点面对一个指定的位置。

参数设置：

Position：注视的坐标位置。

Referential：设定参数物体。（被注视物体）

Following Speed：跟随速度的百分比，较高的百分比会快速地让三维实体转向。

Hierarchy：如果为 Ture，此行为模块也应用三维实体的子物体。

编辑设置：

Time Based：如果选取，这种行为是以时间 Time 为主，而并非是依照播放速率，使用这个行为模块将有利于需要同步执行的物件在不同性能的电脑上有相同播放速度的执行结果。

Direction：指定注视向量坐标轴。

Roll：当行为模块执行时，为三维实体指定旋转的圈数与执行角度。

注意

这个行为如果要和三维实体一直保持一定的距离，就必须使用设定回圈。

● Keep at Constant Distance（保持不变的距离）行为模块

适用对象：3D Entity。

主要应用：使一个物件跟着另一个物件移动，两个物件之间保持着相同的距离。

参数设置：

Position：以参照坐标为准，来表示向量。

Referential：设定参考的三维物件。

Distance：两个物体之间的距离。

Attenuation（衰减）：两个物件之间的延迟时间，如果设置为 0，表示立即反应，没有延迟的时间。

Hierarchy：如果为 Ture，此行为模块也应用三维实体的子物体。

编辑设置：

Time Based：如果选取，这种行为是以时间 Time 为主，而并非是依照播放速率，使用这个行为模块将有利于需要同步执行的物件在不同性能的电脑上有相同播放速度的执行结果。

[19] 设定 Look At 参数。双击 Look At 行为模块，设置 Referential：Head Frame；Following Speed：80%（80% 的效果比 100% 的效果更自然），如图 5-27 所示。

[20] 设定 Keep at Constant Distance 行为模块参数。双击 Keep at Constant Distance 行为模块，设置 Position（0，0，-2）使 Camera01 一直保持在 Head Frame 的后方 2 个单位的距离。Referential 为 Head Frame，设置 Attenuation 缓冲值为 50（让 Head Frame 走了一段时间再让摄像机慢慢跟上，数值越小跟得越紧。）如图 5-28 所示。

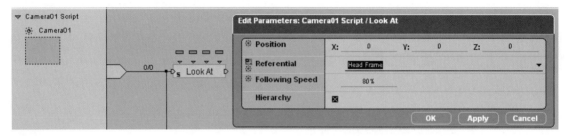

图 5-27

21　设定 Head Frame 和 Floor Frame 的层级关系。执行菜单 Editors>Hierarchy Manager 命令，打开 Hierarchy Manager 视窗。展开 3D Root 选项，拖动 Head Frame 到 Floor Frame 下方，使 Head Frame 成为 Floor Frame 的子级，如图 5-29 所示。

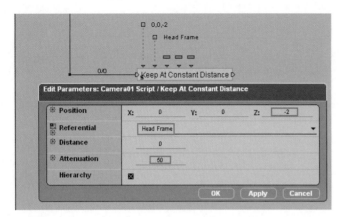

图 5-28

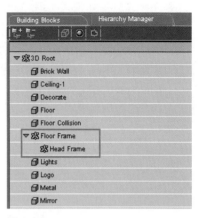

图 5-29

22　然后选择 Floor Frame，单击右键，从弹出菜单中选择 Set Initial Conditions on Hierarchy，设定两者目前的状态为初始值。

23　切换到 Camera01 视角，在播放前在 Level Manager 中将 Pierre 隐藏，然后播放测试，按方向键观察结果，如图 5-30 所示。

图 5-30

24　保存文件为 Pierre_05_3Dframe.cmo。

第三节　第三人称摄像机

 实例 5-3

在场景中创建摄像机，并以他人视角看到角色人物在场景中活动的情况，即设置第三人称摄像机的效果。

　1　打开 Pierre_1st Camera01.cmo 文件。

　2　新增摄像机，并且让摄像机一直看着目标物体。先在 3D Layout 的左侧单击■按钮，建立一个 3D Frame，在 3D Frame Setup 中左上角的名称栏中，按 F2 更改名字为 3rd CameraTarget，如图 5-31 所示。

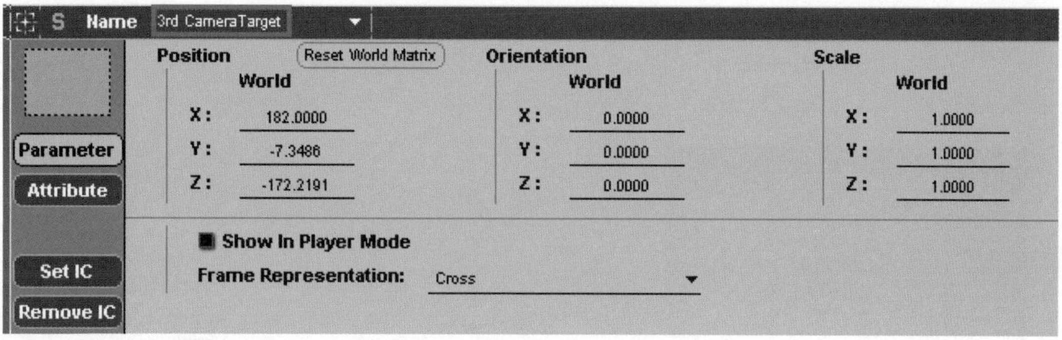

图 5-31

　3　在新增摄像机之前，在 Perspective 浏览视窗中，调整角色在场景中的透视视角，让角色正好背对视窗，这样新增的摄像机就正对角色后背了，而且这样设定的摄像机调整起来也方便。在 3D Layout 中的左侧单击■按钮，建立一个 Camera，在 Camera Target Setup 中左上角的名称栏中，按 F2 更改名字为 3rdCamera，并设置为 Target 为 3rdCameraTarget，如图 5-32 所示。

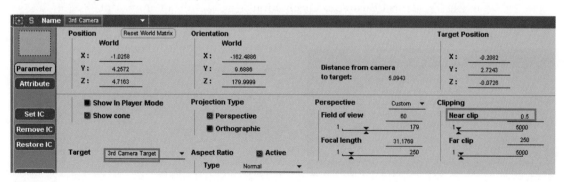

图 5-32

4 切换到右视图视窗，使用移动工具 调整摄像机的位置大约在角色身体的后上方，然后设置 IC，如图 5-33 所示。

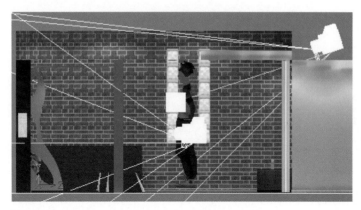

图 5-33

5 下面设置摄像机一直保持在人物角色的后上方，并且以人物的轴向旋转。在 Level Manager 中，选择 3rdCamera，单击 按钮增加 Script，如图 5-34 所示。

6 双击 3rdCamera Script，到 Schematic 中，打开 3rdCamera Script 流程编辑窗口。

7 在 Building Blocks 中，将 3D Transform/Constraint/Keep At Constant Distance 行为模块拖放到 3rdCamera Script 中，并与开始端连接，如图 5-35 所示。

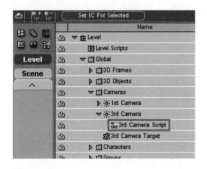

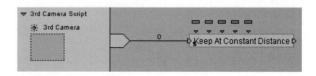

图 5-34

图 5-35

8 双击 Keep At Constant Distance 行为模块，打开 Keep At Constant Distance 参数设置窗口，进行设置，让摄像机一直保持在角色后上方的 (0, 1.5, 2)，如图 5-36 所示。

9 再把 3D Transform/Basic/Set Orientation 拖放到 3rdCamera Script 中，并将它的流程输入连接到 Keep At Constant Distance 的流程输出，并做一个回圈，如图 5-37 所示。

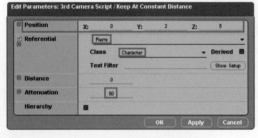

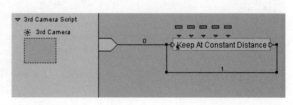

图 5-36

图 5-37

10　播放测试，在 Perspective View 视窗可以看到 3rdCamera 的变化。

11　接下来设定摄像机以角色的轴向旋转。连接流程后，双击 Set Orientation 行为模块，打开参数设置窗口，如图 5-38 和图 5-39 所示。

图 5-38

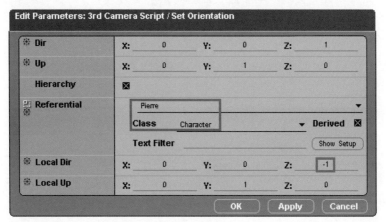

图 5-39

12　下面设定摄像机的目标物一直保持在角色头部的位置。将 Logic/Calculator/Set Component 拖放到 3rdCamera Script 中，连接流程，如图 5-40 所示。

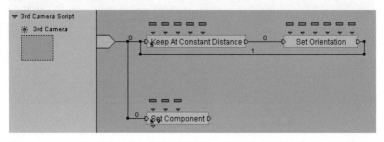

图 5-40

13　新增一个区域参数，在 3rdCamera Script 中的空白处，单击右键，从弹出菜单中，选择 Add Local Parameter 命令，并在区域参数窗口设置参数，如图 5-41 所示。

图 5-41

14 将区域参数的名称和值显示出来，如图 5-42 所示。

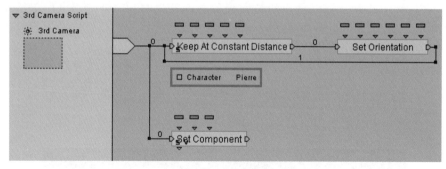

图 5-42

15 将行为模块 Set Component 的第 1 个参数 Component1 连接到区域参数上，参数运算如图 5-43 所示。

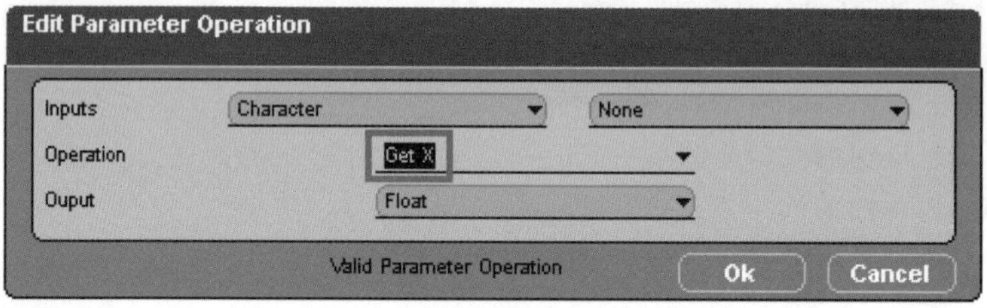

图 5-43

16 第 3 个参数 Component3 连接到区域参数上，参数运算如图 5-44 所示。

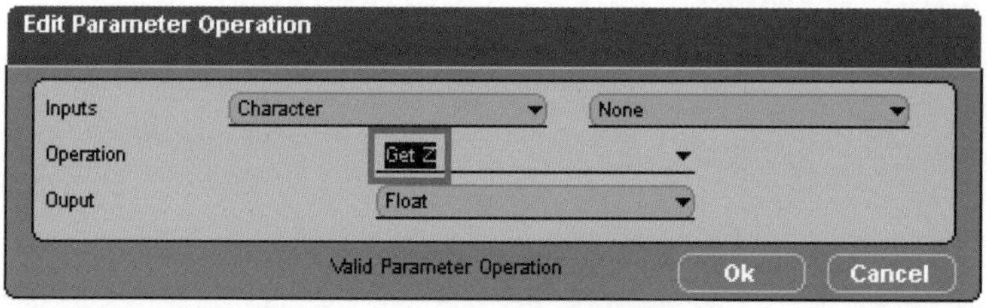

图 5-44

17 双击打开 Set Component 行为模块，设置 Component2 的参数值，如图 5-45 所示。

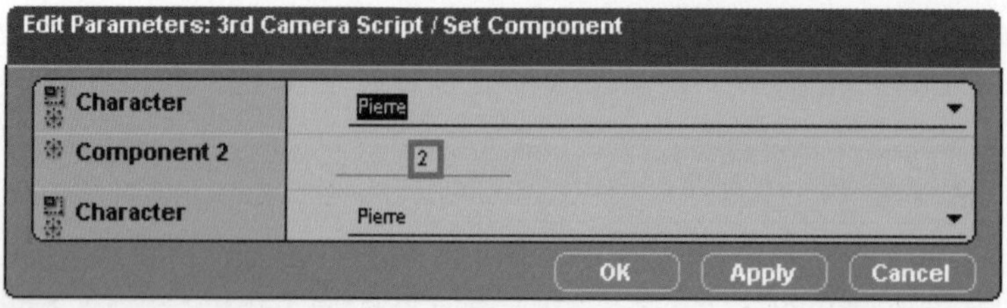

图 5-45

18 设定摄像机的目标物一直保持在角色的 X 和 Z 坐标上方的 1.5 各单位位置。将 3D Transform/Basic/Set Position 行为模块拖放到 3rdCamera Script 中，右键单击 Set Position 行为模块，在弹出菜单中选择 Add Target Parameter 命令，如图 5-46 所示。

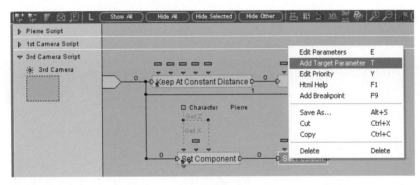

图 5-46

19　创建一个虚拟物体 3D Frame，在 LevelManager 窗口左侧单击❄图标，创建一个虚拟物体作为一个目标，并将它放在角色人物的胸前位置，如图 5-47 和图 5-48 所示。

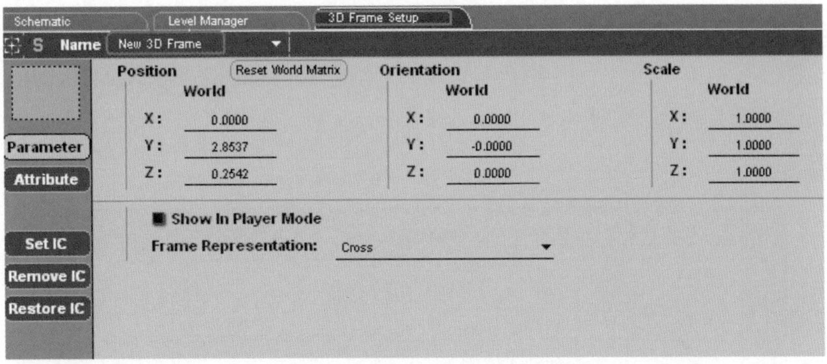

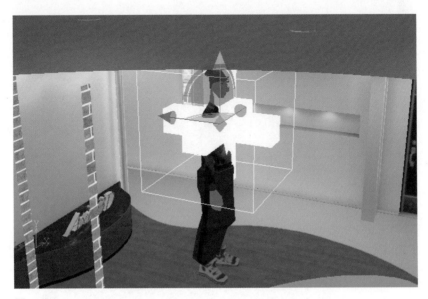

图 5-47

图 5-48

20　右键单击 Set Position 行为模块，在弹出菜单中选择 Edit Parameter 命令，打开参数设置窗口，设定目标为 3rd Camera Target。

21 将 Set Component 模块的参数输出 Variable 连接到 Set Position 的 Position 上，再做一个回圈，如图 5-49 所示。

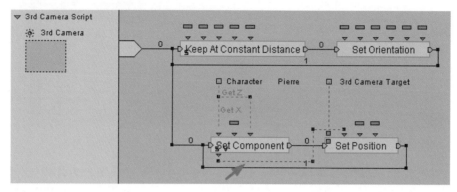

图 5-49

22 下面设定摄像机碰撞侦测，避免摄像机穿透碰撞物体。先将所有要设为障碍物的物体放到一个群组中，并给这个群组命名为 Obstacle。将 Collisions/3D Entity/Object Slider 行为模块加入到 3rd Camera Script 中，并对 Object Slider 进行设置，如图 5-50 所示。

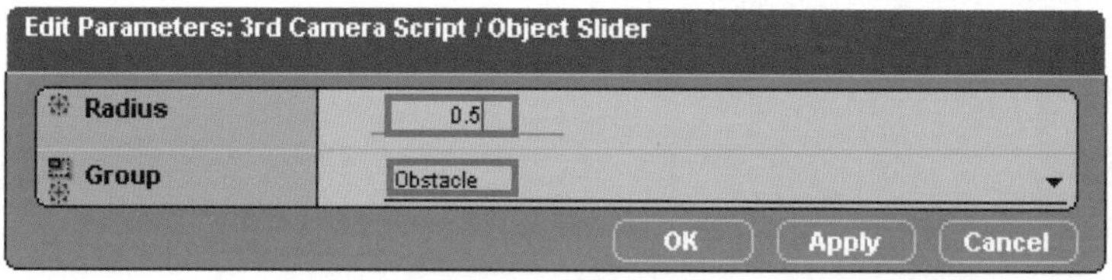

图 5-50

23 播放测试结果，如图 5-51 和图 5-52 所示。

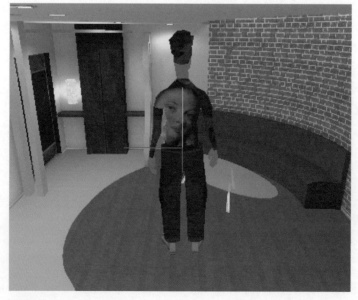

图 5-51

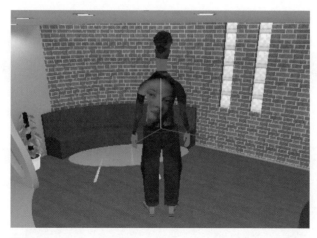

图 5-52

24　保存文件为 Pierre_3rd Camera01.cmo。

实例 5-4

在场景中创建摄像机，并以他人视角看到角色人物在场景中活动的情况，制作具有监视效果的摄像机。

这个例子是制作摄像机围绕三维实体运转的效果。

1　打开 Pierre_05_Object Slider2.cmo 文件（本书配套光盘 chap 5 提供）。

2　新增摄像机。单击❀图标新增一个摄像机 New Camera。

3　在 Target Camera Setup 视窗中，设定摄像机的参数，或者切换到 New Camera 浏览视窗，利用摄像机推移工具❖和摄像机移动工具❖调整新建摄像机的位置。调整好后，设定 IC，并在摄像机设置中设定 Target 为 3rd CameraTarget，如图 5-53 所示。

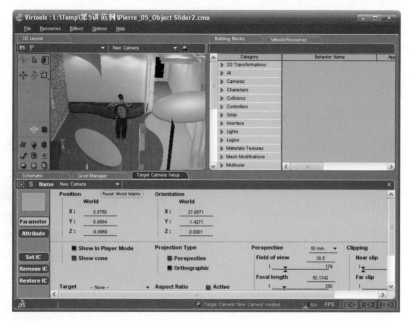

图 5-53

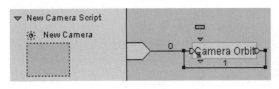

图 5-54

图 5-55

7　播放测试结果，如图 5-56 所示。

图 5-56

8　保存文件为 Pierre_05_Object Slider2_Camera Orbit.cmo。

● Camera Orbit 行为模块

Camera/Movement/Camera Orbit 让摄像机围绕三维实体运转。

参数设置

Target（目标）：设定摄像机围绕的目标。

Distance（距离）：输出摄像机和目标之间的
距离。

编辑设置

Key Speed x2（2 倍速度键）：设定使运动速
度加快的功能键，如图 5-57 所示。

行为模块默认设置控制摄像机的键如下。

PageUp：放大。

PageDown：缩小。

Up、Down：沿着 X 轴方向旋转。

Left、Right：沿着 Y 轴方向旋转。

Right Shift：2 倍速度运行。

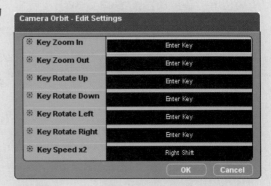

图 5-57

实例 5-5

在场景中创建摄像机，并以他人视角看到角色人物在场景中活动的情况，利用群组改变场景中的物件的颜色（群组的另一个应用）

使用行为模块 Logic/Group/Group Iterator，Material-Textures/Basic/Set Emissive 来实现。

想改变场景物件的颜色，当然可以一个一个指定它的颜色，但是这样很费力，可以用 Group 群组来实现将群组中的颜色一下子改变。

1　打开 Pierre_1st Camera01_Change Color00.cmo 文件（本书配套光盘 chap 5 提供）。

2　单击创建群组按钮，创建一个新的群组，并命名为 New Group。

3　把要改变物件材质颜色的物件放到群组中。在 Level Manager 下的 Material 中选择 orig_Floor，单击右键从弹出菜单中选择 Send To Group/New Group 命令，把 orig_Floor 放到新建群组中，如图 5-58 所示。

4　同样的方法把其他要改变材质颜色的物件都放到群组中，如图 5-59 所示。

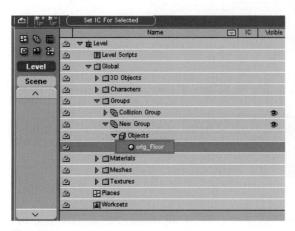

图 5-58　　　　　　　　　　　　　图 5-59

5　在 Level Manager 中选中 Level Script，单击新建脚本流程按钮，新建 Level Script。

6　在 Level Script 中，增加一个有关群组的行为模块 Logic/Group/Group Iterator。

● Group Iterator 行为模块

Grorp Iterator 行为模块使用的对象是 Behavioral Object，其作用是从一个群组（Group）中，顺序取出一个元素（Element）。

参数设置

Group：选取的群组。

Element：目前群组中选取的元素。

Index：目前元素的索引值。

行为模块第 1 个输出参数就是从群组中取出的元素，第 2 个输出参数就是相应的索引值。

这个行为模块应用频率很高。例如，假如想要改变多个材质（Material）的漫反射颜色（Diffuse Color），可以配合设定漫反射颜色（Set Diffuse）行为模块的功能，将需要改变颜色的所有材质放到一个群组中，为了能够读到所有群组中的元素（Material），用关系连线 Loop Out 事件输出项给 Set Diffuse 行为模块的事件输入项。再将群组中读到输出的材质（Material）参数连接到 Set Diffuse 行为模块的 Target 的参数输入端，这样就是说，改变原色的元素不是固定的，是一个变数，这个变数是由前面取出元素决定的。

注意

如果流程回圈的 Link Delay 的延时是 1 的话，颜色改变是依次的。如果 Link Delay 的延时是 0 的话，颜色改变是一下子改变的，看不出来每个元素是次序取出的。取出元素后，要干什么就取决于后面的行为模块。

7 将流程输入连线与开始端连接，如图 5-60 所示。

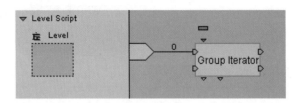

图 5-60

8 双击 Group Iterator 行为模块，打开参数设置视窗，进行参数设定如图 5-61 所示。

图 5-61

9 下面增加颜色控制行为模块，在这个例子中，使用 Material-Textures/Basic/Set Emissive 行为模块。

● Set Emissive 行为模块

适用对象：材质（Material）。

作用：应用于设定材质的放射颜色。

参数设置

Emissive Color：材质自身发光的颜色。

10 流程连接，并作回圈连接。因为是将群组中的元素依次取出，改变颜色，所以要将 Group Iterator 第 1 个输出参数与 Set Emissive 行为模块的目标输入参数相连，如图 5-62 所示。

11 双击 Set Emissive 行为模块，设置自发光颜色为白色，如图 5-63 所示。

12 播放测试，看到场景中的材质颜色没有什么变化，如图 5-64 所示。

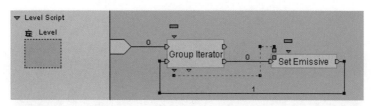

图 5-62

图 5-63

图 5-64

13　下面改变 Set Emissive 行为模块，设置自发光颜色为红色，如图 5-65 所示。

图 5-65

14　播放测试，看到场景中的材质颜色依次变化为红色。

注意

　　此时的流程回圈的 Link Delay 的延时是 1，颜色改变是依次的。如果 Link Delay 的延时是 0 的话，颜色改变是一下子改变的，同学们可以试一下。如图 5-66 所示。

图 5-66

15 保存文件为 Pierre_1st Camera01_Change Color_end。

在场景中创建摄像机，并以第三人称视角观看角色人物在场景中运动的效果，即第三人称摄像机的第 2 种方法。

本例利用 Head Frame 放在角色的脖子处，将摄像机放置在角色的后上方，而且一直看着 Head Frame，利用层级关系，由键盘控制角色移动，来带动 Head Frame 和摄像机移动，达到第三人称效果。

1 打开 Pierre_05_Object Slider2.cmo 文件（本书配套光盘 chap 5 提供）。

2 设定参考物的位置。摄像机的移动需要参考目标物，因此需要设置一个参考目标物在角色脖子的位置。

如果设置在角色的眼睛的位置的话会太高。

3 新增一个 3D Frame，作为摄像机跟随的目标，命名为 Head Frame，在 3D Frame Setup 中调整 Head Frame 的位置，并设置初始值 IC，如图 5-67 所示。

4 将设置位置的行为模块 3D Transformation/Basic/Set Position 加在 Head Frame 上，并连接流程，如图 5-68 所示。

5 设置 Set Position 行为模块的参数。双击打开 Set Position 行为模块，设置参考轴，让 Head Frame 一直保持在角色 Pierre 的 Y 轴上方的 1.3 个单位的位置上，这个值是根据角色的身高得出的，如图 5-69 所示。

6 此时看到 Head Frame 基本在角色的脖子的位置，如图 5-70 所示。

7 下面设置跟随摄像机。在 3D Layout 视窗中，选择 Head Frame，可以看到 Head Frame 坐标的方向，下面把摄像机放置在 Head Frame 后面 5 个单位的地方，并且一直看着 Head Frame 的"+Z"方向。新增一个摄像机，并命名为 Camera 03。新增摄像机时，最好在 Perspective 浏览视窗中，调整到正对角色的后背的位置，使增加的摄像机是正对着视窗的，如图 5-71 所示。

图 5-67

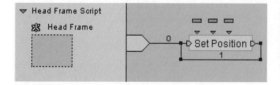

图 5-68

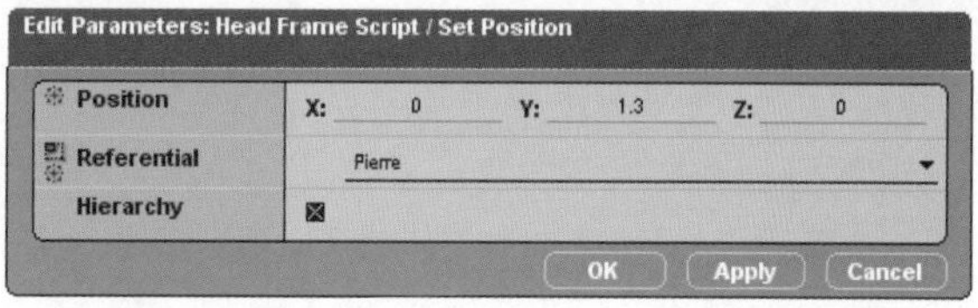

图 5-70

图 5-69

图 5-71

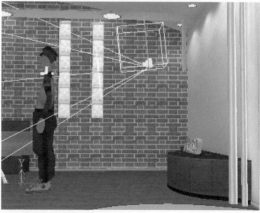

⑧ 在 Target Camera Setup 视窗，选取 Projection Type 为 Perspective。FOV 为 60 度，Near clip 为 1；Far clip 为 50。设置完成后，设定初始值 IC，如图 5-72 所示。

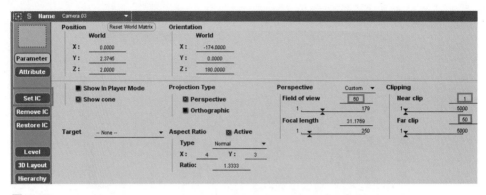

图 5-72

⑨ 在 Level Manager 窗口中，选择 Camera 03 单击右键，在弹出菜单中选择 Create Script 命令，给 Camera 03 建立 Camera 03 Script，如图 5-73 所示。

⑩ 加行为模块 Look At 并设置其参数，如图 5-74 所示。

⑪ 再加 Keep at Constant Distance 行为模块，并将流程连接，如图 5-75 所示。

图 5-73

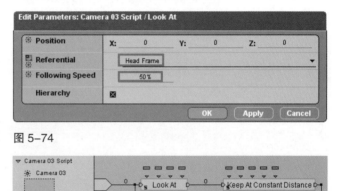

图 5-74

图 5-75

⑫ 双击 Keep at Constant Distance 行为模块，设置其参数 Position 为 (0,0,3)（因为 Head Frame 的 Z 轴的正方向是指向 Pierre 的背后的），Referential 为 Head Frame，Attenuation 为 50，如图 5-76 所示。

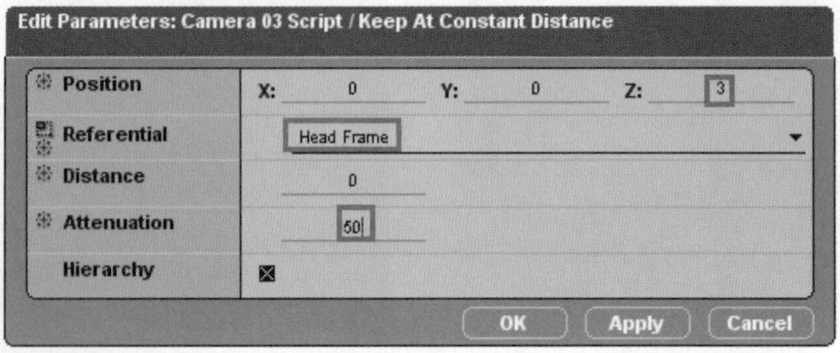

图 5-76

13 此时在 Camera 03 和 Perspective 浏览视窗中的画面如图 5-77 和图 5-78 所示。

图 5-77

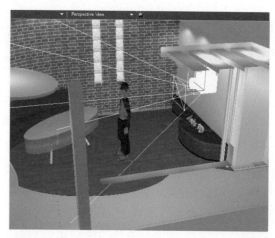

图 5-78

14 接下来设置层级关系。因为角色是在场景中有运动，所以要使 Head Frame 与 Pierre 建立父子关系，让 Head Frame 跟着 Pierre 角色移动而移动，Camera 03 便会达到第三人称的效果。

15 执行菜单 Editors/Hierarchy Manager 命令，打开 Hierarchy Manager 视窗。展开 3D Root 选项，拖动 Head Frame 到 Pierre 下方，使成为 Pierre 的子级，它会继承 Pierre 的位移量、旋转量，如图 5-79 所示。

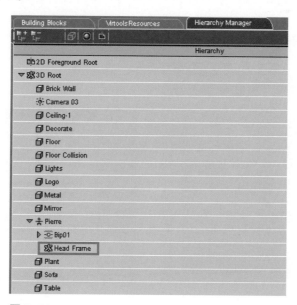

图 5-79

16 重新设置 Head Frame 层级的 IC 状态，然后选择 Pierre，单击右键，从弹出菜单中选择 Set Initial Conditions on Hierarchy，设定两者目前的状态为初始值。

17 播放测试，按 W、S、A、D 键，测试结果。

18 保存文件为 Pierre_05_Object Slider2_3rd Camera_2.cmo。

第四节　摄像机视角的切换

在场景中创建 2 个摄像机，控制角色人物在场景中运动，并完成第一人称和第三人称摄像机的切换（方法 1）。

在实例 5-4 的基础上，设定按 X 键时，画面切换到角色前方的摄像机，即第一人称摄像机；按 C 键时，画面切换到角色后方的摄像机，即第三人称摄像机。

1　打开 Pierre_05_Object Slider2_3rd Camera_2.cmo 文件（本书配套光盘 chap 5 提供）。

2　增设第一人称摄像机。在 Level Manager 视窗中，选择 Camera 03，单击右键选择 Copy，再单击右键选择 Paste，在弹出视窗中，选择 Full Dependencies（完全复制）。这样可以把 Camera 03 及 Camera 03 Script 都复制过来。

3　把新复制的摄像机在 Camera Setup 窗口重命名为 Camera 01，将 Camera 03 Script 重命名为 Camera 01 Script，作为第一人称摄像机的脚本流程，后面只需稍加修改即可。

4　利用移动工具调整 Camera 01 的位置，把它放置在角色眼睛的高度，稍微偏后一点，如图 5-80 所示。然后设定 IC，如图 5-81 所示。

图 5-80

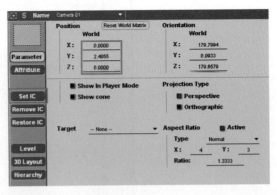

图 5-81

5　切换到 Camera01 Script 视窗中，双击 Keep at Constant Distance 行为模块，打开参数设置窗口，设定 Camera01 一直保持在参考物的（0，0，0.1）这个位置，如图 5-82 所示。

6　播放测试结果，如图 5-83 所示。

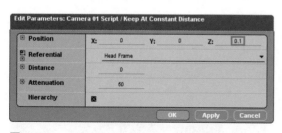

图 5-82

图 5-83

[7]　到现在为止，已经设定好了第一人称、第三人称摄像机。下面要设定切换控制摄像机的控制键。将这部分的 Script 脚本写在 Level Script 里。

[8]　在 Level Manager 窗口中，选择 Level Script，单击█按钮，新增一个 Level Script 脚本编辑窗口，如图 5-84 所示。

[9]　将 Controllers/Keyboard/Switch On Key 行为模块和 Cameras/Montage/Set As Active Camera 行为模块拖放到 Level Script 中，并连接流程，如图 5-85 所示。

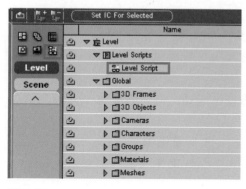

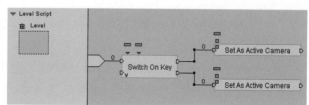

图 5-84

图 5-85

[10]　设置键盘控制按键。双击 Switch On Key 行为模块，打开参数设置窗口，设置 Key0 为 X、Key1 为 C，如图 5-86 所示。

[11]　设置第 1 个 Set As Active Camera 行为模块的参数，如图 5-87 所示。

图 5-86

图 5-87

[12]　设置第 2 个 Set As Active Camera 行为模块的参数，如图 5-88 所示。

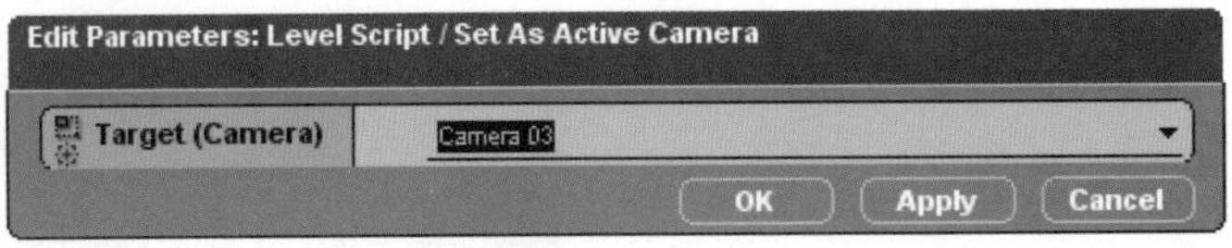

Edit Parameters: Level Script / Set As Active Camera

Target (Camera)　　Camera 03

OK　Apply　Cancel

图 5-88

13　播放测试结果，按 X、C 键切换摄像机。按 W、A、S、D 键控制角色移动和旋转，如图 5-89 和图 5-90 所示。

图 5-89

图 5-90

14　保存文件为 Pierre_05_Object Slider2_3rd 1st Camera_change1.cmo。

实例 5-8

在场景中创建 1 个摄像机，控制角色人物在场景中运动，但要完成第一人称和第三人称摄像机的切换效果（方法 2）。

这个例子中只需 1 个摄像机，通过按数字键 1 和 3 来调整摄像机位置。

1　打开 Pierre_05_Object Slider2_3rd Camera_2.cmo 文件（本书配套光盘 chap 5 提供）。

2　这个文件已经设置好了第三人称摄像机。设定控制键。在 Camera 03 Script 视窗中，将 Controllers/Keyboard/Switch On Key 行为模块拖放进来。双击 Switch On Key 行为模块，打开参数控制窗口，在 Key 0 对应的键设定处单击，按下键盘上的数字键 1、在 Key 1 对应的键设定处单击，按下键盘上的数字键 3，如图 5-91 所示。

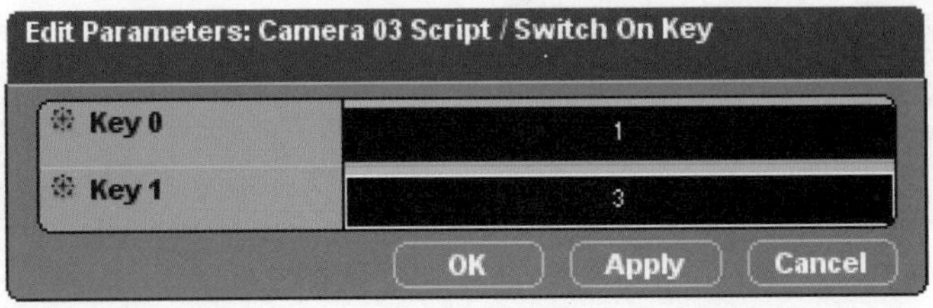

Edit Parameters: Camera 03 Script / Switch On Key

Key 0　　　　　1

Key 1　　　　　3

OK　Apply　Cancel

图 5-91

3　下面进行判断。把 Logics/Calculator/Identity 行为模块拖放到 Camera 03 Script 视窗中 2 次，并与 Switch On Key 行为模块的 2 个流程输出连接，如图 5-92 所示。

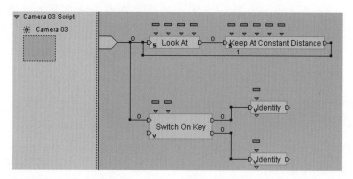

图 5-92

4　下面通过 Identity 行为模块把坐标位置传递给 Keep At Constant Distance 行为模块。首先要把 Identity 行为模块的参数属性改为坐标。选择 Identity 行为模块上方的倒三角形图标，单击右键，在弹出的菜单中选择 Edit Parameter 命令，打开 Parameter Type 窗口，将 Parameter Type 改为 Vector，如图 5-93 所示。

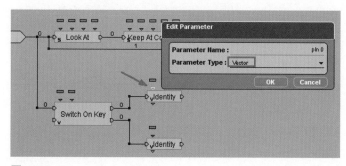

图 5-93

5　双击第 1 个 Identity 行为模块，打开参数编辑窗口，设置参数值为 (0, 0, 0.1)，大约在角色人物的眼睛的位置，如图 5-94 所示。

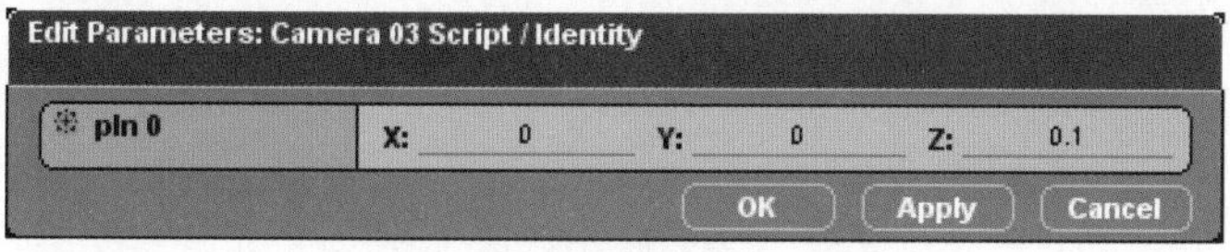

图 5-94

6　双击第 2 个 Identity 行为模块，打开参数编辑窗口，设置参数值为 (0, 0, 5) 大约在角色人物的后面 5 个单位的位置，如图 5-95 所示。

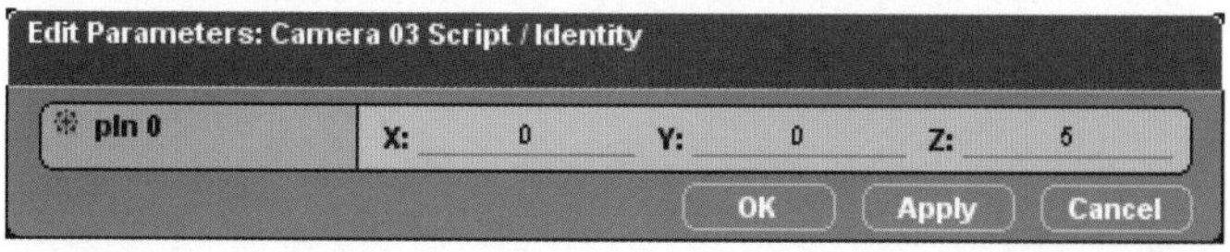

图 5-95

7 设置好 2 个 Identity 行为模块的参数后，要将坐标传递给 Keep At Constant Distance 行为模块的位置参数，这里比较方便的方法就是利用 Shortcut。先选择 Keep At Constant Distance 行为模块上方第一个输入的位置参数长方形图标，单击右键，在弹出菜单中选择 Copy。

8 在两个 Identity 行为模块下方的空白处，单击右键，从弹出菜单中选择 Paste as Shortcut，如图 5-96 所示。

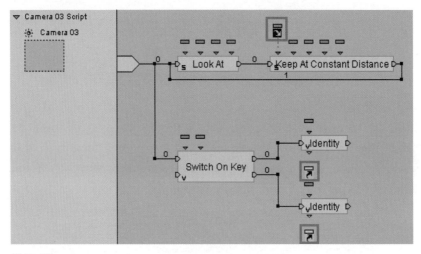

图 5-96

9 选择粘贴过来的快捷方式单击右键，从弹出菜单中选择 Change Parameter Display/Name 命令，显示参数的名称。并与 Identity 行为模块下方的输出参数点连接，如图 5-97 所示。

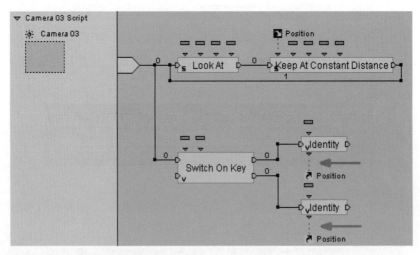

图 5-97

10 播放测试，按 1 键，看到第一人称摄像机效果；按 3 键，看到第三人称摄像机效果，如图 5-98 至图 5-101 所示。

11 保存文件为 Pierre_05_Object Slider2_3rd 1st Camera_change2.cmo。

图 5-98

图 5-99

图 5-100

图 5-101

 实例 5-9

在场景中创建 1 个摄像机，编写脚本控制角色人物在场景中运动和第一人称和第三人称摄像机的切换效果（方法 3）。

1 打开 Pierre_05_Object Slider2_3rd 1st Camera_change2.cmo 文件（本书配套光盘 chap 5 提供）。

2 在 3rd Camera Script 脚本编辑视窗中，将 2 个 Identity 行为模块删除，换为 Logic/Calculator/Set Component 行为模块，如图 5-102 所示。

3 还是通过 Set Component 行为模块把坐标位置传递给 Keep At Constant Distance 行为模块，而 Set Component 行为模块就能够输出一个向量参数。双击第 1 个 Set Component 行为模块，打开参数编辑窗口，设置参数 Component 1 为 0，Component 2 为 0，Component 3 为 0.1，即，大约在角色人物的眼睛的位置。

4 双击第 2 个 Set Component 行为模块，打开参数编辑窗口，设置参数 Component 1 为 0，Component 2 为 0，Component 3 为 5，即，大约在角色人物的背后 5 个单位的位置，如图 5-104 所示。

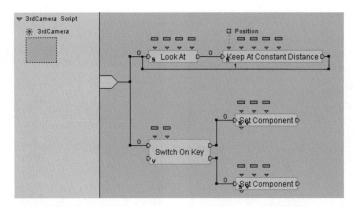

图 5-102

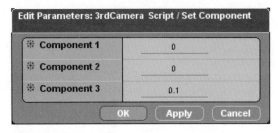

图 5-103   图 5-104

    5　跟上面例子一样，要把 Set Component 行为模块的数据传递给 Keep At Constant Distance 行为模块的位置输入参数，可以利用参数复制快捷方式 Shortcut。先选择 Keep At Constant Distance 行为模块上方第一个输入的位置参数长方形图标单击右键，在弹出菜单中选择 Copy 命令。

    6　在两个 Set Component 行为模块下方的空白处，单击右键，从弹出菜单中选择 Paste as Shortcut 命令。

    7　选择粘贴过来的快捷方式单击右键，从弹出菜单中选择 Change Parameter Display/Name 命令，显示参数的名称。并与 Set Component 行为模块下方的输出参数连接，如图 5-105 所示。

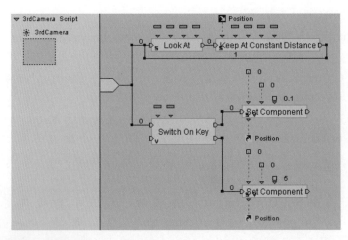

图 5-105

⑧　播放测试，按 1 键，看到第一人称摄像机效果；按 3 键，看到第三人称摄像机效果。

⑨　保存文件为 Pierre_05_Object Slider2_3rd 1st Camera_change3.cmo。

实例 5-10

在场景中创建 1 个摄像机，编写脚本控制角色人物在场景中运动和第一人称、第三人称摄像机的切换效果（方法 4）。

①　打开 Pierre_05_Object Slider2_3rd 1st Camera_change2.cmo 文件（本书配套光盘 chap 5 提供）。

②　在 3rd Camera Script 视窗中，将 2 个 Identity 行为模块删除，换为 Logic/Calculator/Op 行为模块，如图 5-106 所示。

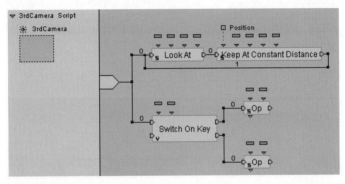

图 5-106

● **Op（参数运算）行为模块**

适用对象：Behavioral Object(行为物体)。

主要应用：处理任何一个有效的参数运算。类似于前面使用的参数运算命令，只不过以前使用的参数运算是没有流程输入输出点的，而使用这个行为模块就有了流程输入输出，这样就更方便。

参数设置

P1 参数输入 1：运算的第一个参数。

P2 参数输入 2：运算的第二个参数。

Res 结果：运算结果。

Setting 设置：设置要执行的参数运算。

③　通过 Op 行为模块把坐标位置传递给 Keep At Constant Distance 行为模块，要让 Op 行为模块通过运算得到 Vector。在 Op 行为模块上单击右键，在弹出菜单中选择 Edit Setting 命令，打开设置窗口，进行参数运算，如图 5-107 所示。

说明

通过 1 个 Vector 和 1 个 Float 要得到 1 个 Vector 的结果，这里的运算方式是 Set Z，就是说把浮点数设定给向量的 Z 值（在本例中是设定 Z）。

图 5-107

4 双击第1个Op行为模块，打开参数编辑窗口，设置参数P2值为0.1，即，大约在角色人物的眼睛的位置如图5-108所示。

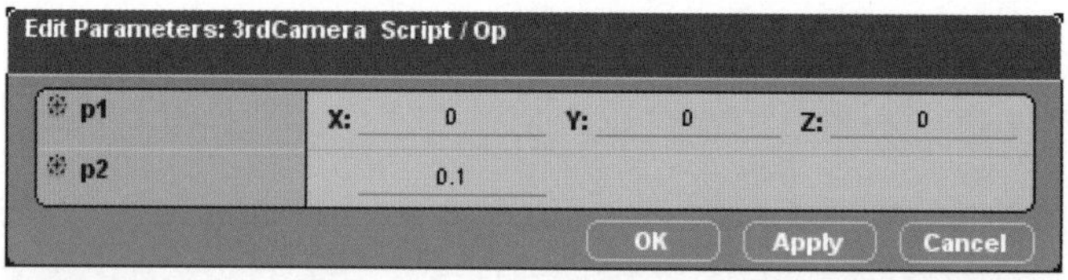

图 5-108

5 同样方法对第2个Op行为模块进行设置，如图5-109所示。

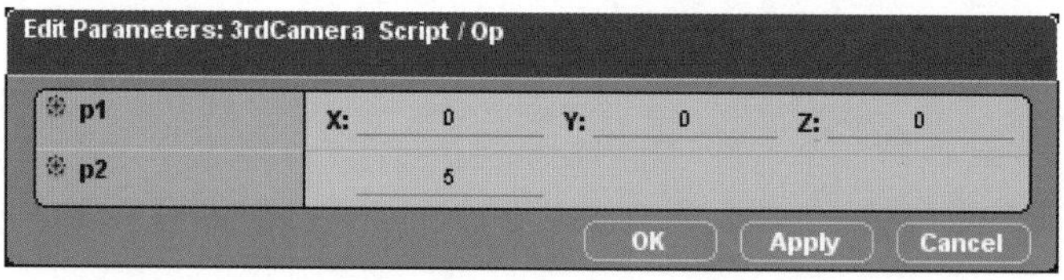

图 5-109

6 跟前面例子一样，要把Op行为模块的数据传递给Keep At Constant Distance行为模块的位置输入参数，也要用到参数复制然后粘贴快捷方式。先选择Keep At Constant Distance行为模块上方第一个输入的位置参数长方形图标单击右键，在弹出菜单中选择Copy命令。

7 在2个Op行为模块下方的空白处，单击右键，从弹出菜单中选择Paste as Shortcut命令。

8 选择粘贴过来的快捷方式单击右键，从弹出菜单中选择Change Parameter Display/Name命令，显示参数的名称。并与Op行为模块下方的输出参数点连接，如图5-110所示。

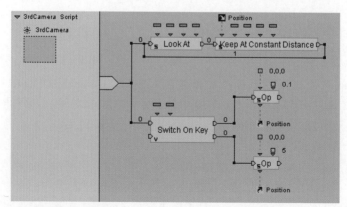

图 5-110

9　播放测试，按 1 键，看到第一人称摄像机效果；按 3 键，看到第三人称摄像机效果。

10　保存文件为 Pierre_05_Object Slider2_3rd 1st Camera_change4.cmo。

 实例 5-11

第一人称摄像机与第三人称摄像机的切换。在实例 5-4 的基础上，在镜头切换时添加淡入淡出的转场效果，使镜头的切换看起来更加舒服顺畅。

1　打开 Pierre_05_Object Slider2_3rd 1st Camera_change2.cmo 文件（本书配套光盘 chap 5 提供）。

2　下面把流程整理一下。在 3rd Camera Script 窗口空白处单击右键，从弹出菜单中选择 Draw Behavior Graph 命令，把 2 个 Identity 行为模块框选，组成行为图组，如图 5-111 所示。

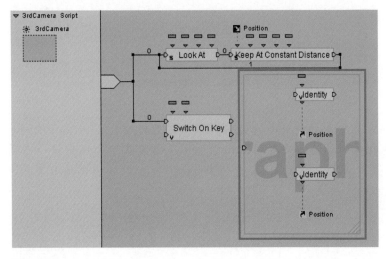

图 5-111

3　双击 Behavior Graph，按 F2，重新命名为 Method 2。然后在 Method2 行为图组上单击右键，从弹出菜单中选择 Construct/Add Behavior Input 命令，增加一个输入点，如图 5-112 所示。

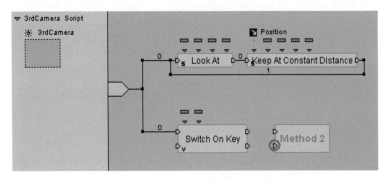

图 5-112

4 接下来，将Method2行为图组的流程输入点与Switch On Key行为模块相连，并且别忘了把Method2行为图组中的行为模块与流程输入点连接起来，如图5-113所示。

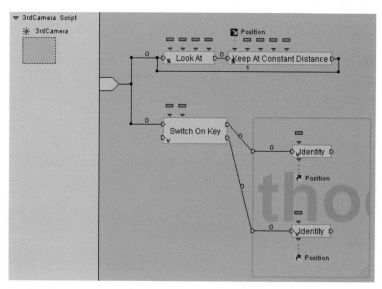

图 5-113

5 下面制作镜头切换的过渡效果。添加行为模块Logic/Loop/Bezier Progression，这个行为模块的作用是在给定的时间内，利用二维贝塞尔曲线安排（内插）产生在最大数与最小数之间的数值（浮点数）。并将 Bezier Progression 的流程输入点与 Switch On Key 的 Out1 、Out2 连接，如图 5-114 所示。

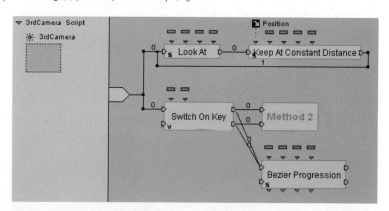

图 5-114

6 双击 Bezier Progression 行为模块，设置时间为500MS，并且在 Progression Curve 上增加一个点，调整点的位置，让二维曲线变化不是线性变化，如图5-115所示。

7 再增加切换镜头时摄像机颜色滤镜模块，以此来达到镜头切换时颜色的变化。将 Camera/FX/Camera Color Filter 行为模块拖放到 3rd Camera Script 中，连接流程控制线，如图5-116所示。

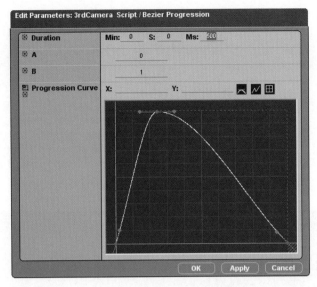

图 5-115

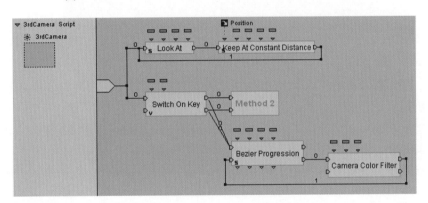

图 5-116

● Camera Color Filter（摄像机颜色滤镜）行为模块
应用对象：摄像机 Camera。
主要应用：在摄像机上增加一个颜色滤镜。

参数设置
Filter Color（滤镜颜色）：以 RGB 参数设置滤镜颜色。
Density（密度）：设定百分比以表示过滤器的密度。
Hard Light（硬体灯光）：当预设状态为 False，滤镜的颜色会增加到场景的颜色上；如果设置为 True，滤镜的颜色将与场景的颜色结合，导致不透明显示。

8 再进行数据传递连线。将 Bezier Progression 行为模块数据输出的浮点数来控制 Camera Color Filter 的第 2 个输入参数 Density，如图 5-117 所示。

9 双击 Camera Color Filter 行为模块，设置颜色为红色，如图 5-118 所示。

10 播放测试结果，先按 ⑤ ，再按 ▶ 按钮，然后按 1 和 3 数字键切换镜头观看效果。

11 保存文件为 Pierre_05_Object Slider2_3rd 1st Camera_change5.CMO。

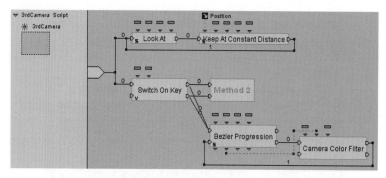

图 5-117

图 5-118

 实例 5-12

第一人称摄像机与第三人称摄像机及多个摄像机的切换，实现按不同的键控制多个摄像机的切换。

1　打开 Pierre_05_Object Slider2_3rd 1st Camera_change5.CMO 文件（本书配套光盘 chap 5 提供）。

2　新增加 1 个摄像机并命名为 Camera 02。调整 Camera 02 的位置和视角时，可以切换到 Camera 02 浏览视窗，利用摄像机调整工具 Camera Dolly 及 Camera Pan 及 Camera Orbit 设置 Camera 02 的位置，设置好后，别忘了设置 IC，如图 5-119 所示。

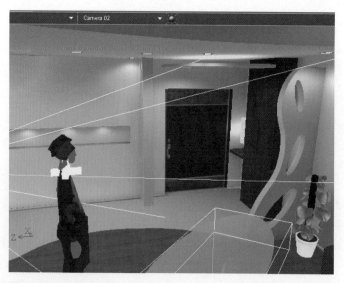

图 5-119

③　在 Level Manager 视窗中，把先前设置的 2 个摄像机的名称重新命名一下，依次为 Camera 01 和 Camera 03。然后 Level Script 新增 1 个脚本流程编辑窗口，并命名为 Set Camera Script，如图 5-120 所示。

④　用不同的键来控制多个摄像机的切换。在 Set Camera Script 视窗中，将 Controller / Keyboard /Switch On Key 行为模块拖放进来。右键单击 Switch On Key 行为模块，从弹出菜单中选择 Construct/Add Behavior Output 命令，增加一个流程输出点。双击 Switch On Key 行为模块，设定参数，如图 5-121 所示。

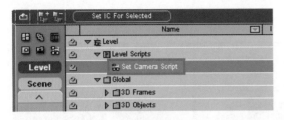

图 5-120

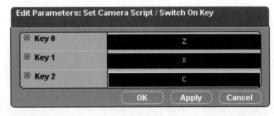

图 5-121

⑤　下面在 Switch On Key 行为模块的右边连接 3 个 Cameras/Montage/Set As Active Camera 行为模块，连接流程，并分别对 3 个 Set As Active Camera 行为模块参数进行设定，如图 5-122 所示。

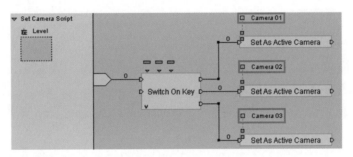

图 5-122

⑥　流程整理，把 Switch On Key 行为模块和 Set As Active Camera 行为模块流程组成一个行为图组。在 Set Camera Script 视窗的空白处，单击右键，从弹出菜单中选择 Draw Behavior Graph 命令，框选 Switch On Key 行为模块和 3 个 Set As Active Camera 行为模块组成一个行为图组。然后将连接流程，如图 5-123 所示。

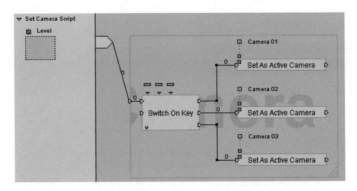

图 5-123

7 命名行为图为 Switch Camera Method1，如图 5-124 所示。

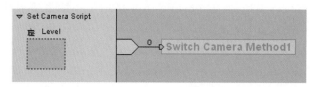

图 5-124

8 播放测试结果如图 5-125 所示。

9 保存文件为 Pierre_05_Object Slider2_3rd 1st Camera_change6.cmo。

图 5-125

实例 5-13

第一人称摄像机与第三人称摄像机及多个摄像机的切换。实现多次按 1 个键控制多个摄像机的切换的方法。

1 打开 Pierre_05_Object Slider2_3rd 1st Camera_change6.cmo 文件（本书配套光盘 chap 5 提供）。

2 把原文件中的 Switch Camera Method1 行为图组的流程输入连线删掉，或者直接删掉 Switch Camera Method1 行为图组。

3 重新添加 Switch On Key 行为模块，并设定参数为 C，如图 5-126 所示。

4 将 Logic / Streaming / Sequencer 行为模块拖放到 Set Camera Script 视窗中，选中 Sequencer 行为模块，按快捷键 O 2 次添加 2 个流程输出点。然后连接流程，如图 5-127 所示。

图 5-126

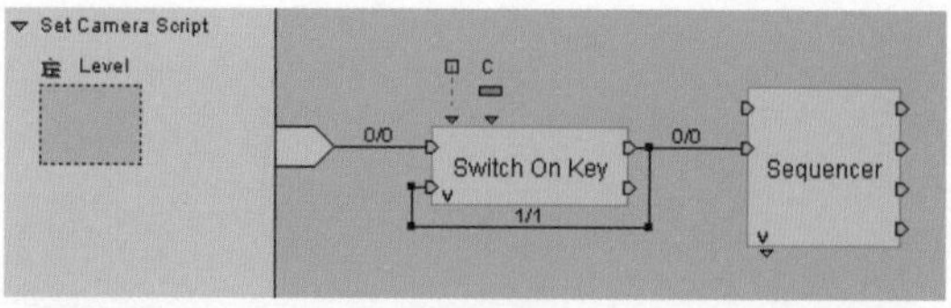

图 5-127

○ Sequencer（顺序器）行为模块

适用对象：行为物件（Behavioral Object）。

主要应用：当 In 在第 n 次被触发后，就从第 n 个 Out 输出。

注意

  Sequencer（顺序器）行为模块的参数输出 Current（当前的），当 Exit Reset 启动时，Current 等于 −1；当 Out 1 启动时，Current 等于 0；当 Out n 被启动时，Current 等于 n-1。

  ⑤　在 Sequencer 行为模块后面连接 3 个 Set As Active Camera 行为模块，并设定它们分别为 Camera01、Camera02、Camera03，如图 5-128 所示。

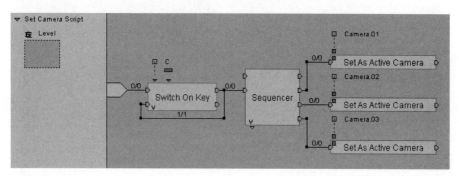

图 5-128

  ⑥　因为要通过多次按 C 键切换摄像机，所以还要在流程连接上要做一个回圈。要解决这个问题，添加 1 个 Logic/Streaming/Nop 行为模块，并选中 Nop 行为模块，按快捷键 I 2 次，添加 2 个流程输入点。

  ⑦　连接流程，并将 Nop 行为模块的流程输出点与 Switch On Key 行为模块的流程输入点连接，做一个回圈，如图 5-129 所示。

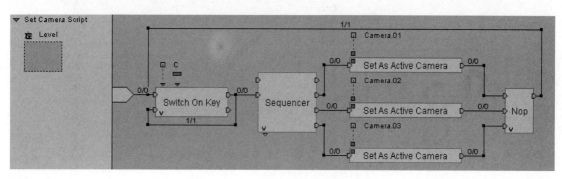

图 5-129

  ⑧　流程整理，把 Switch On Key 行为模块、Sequencer、Set As Active Camera 行为模块、Nop 行为模块流程组成一个行为图组。在 Set Camera Script 视窗的空白处，单击右键，从弹出菜单中选择 Draw Behavior Graph 命令，框选 Switch On Key 行为模块、Sequencer 行为模块、和 3 个 Set As Active Camera 行为模块及 Nop 行为模块组成一个行为图组命名行为图组为 Switch Camera Method2。然后将连接流程，如图 5-130 所示。

  ⑨　播放测试结果。保存文件为 Pierre_05_Object Slider2_3rd 1st Camera_change7.cmo。

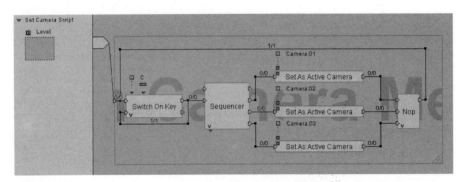

图 5-130

实例 5-14

第一人称摄像机与第三人称摄像机及多个摄像机的切换，实现多次按 1 个键控制多个摄像机的切换的方法（方法 2）。

1 打开 Pierre_05_Object Slider2_3rd 1st Camera_change7.cmo 文件（本书配套光盘 chap 5 提供）。

2 将行为图组 Switch Camera Method2 双击打开，删除 Nop 行为模块，用 Controller/Keyboard/Key Event 替换 Switch On Key 行为模块。

3 将流程连线连接好，如图 5-131 所示。

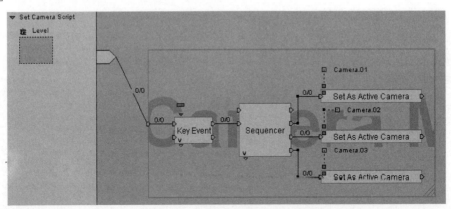

图 5-131

4 播放测试结果。保存文件为 Pierre_05_Object Slider2_3rd 1st Camera_change8. cmo。

实例 5-15

第一人称摄像机与第三人称摄像机及多个摄像机的切换实现多次按一个键控制多个摄像机的切换的方法（方法 3）。

在这个例子中，简化行为模块的流程编写。

1 打开 Pierre_05_Object Slider2_3rd 1st Camera_change7.cmo 文件（本书配套光盘 chap 5 提供）。

2 在实例 5-9 流程的基础上，加入 1 个 Logic/Streaming/Parameter Selector 行为模块，与 1 个 Set As Active Camera 行为模块连接就能够实现通过按 C 键切换不同的摄像机，如图 5-132 所示。

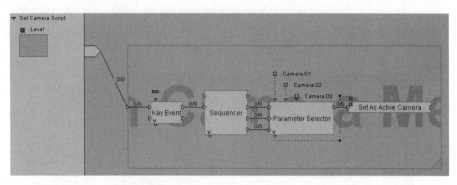

图 5-132

3 播放测试结果。保存文件为 Pierre_05_Object Slider2_3rd 1st Camera_change9.cmo。

● **Parameter Selector（参数选择器）行为模块**

适用对象：Behavioral Object。

主要应用：根据触发的流程输入 Input 来产生相对应的流程输出 Output。

一般来说，如果 Parameter Selector（参数选择器）行为模块的 In 0 启动，Selected 输出参数将是 Pin 0；如果 Parameter Selector（参数选择器）行为模块的 In 1 启动，Selected 输出参数将是 Pin 1；依此类推，如果 Parameter Selector（参数选择器）行为模块的 In N 启动，Selected 输出参数将是 Pin N。

注意

> 如果改变了 Selected 的类型，输入参数的类型也会自动转换为 Selected 的参数类型。

● **Key Event（键盘事件）行为模块**

适用对象：Behavioral Object。

主要应用：当按下指定的按键时，启动输出端；当放开时，启动零一个输出端。

Switch On Key（切换按键）：是当接收到键盘事件时启动相应的程序输出端。

实例 5-16

编写脚本完成用鼠标和键盘来对第一人称摄像机进行控制的功能。

知道 Quake 游戏吗？它是一款类似于 CS 这样的一个第一人称射击游戏。在这个例子中，要做第一人称摄像机的控制类似这款第一人称游戏的摄像机控制。在第一人称射击游戏中摄像机的控制不常使用前面实例中 Keep At Constant Distance 和 Look At 这样的动作，因为利用这样的行为模块控制的话，放开按键后，眼前的画面还在晃动，这对于第一人称射击瞄准有影响。并且在我们实际玩的游戏更多的是用左手控制摄像机移动，右手控制摄像机转动，通常第一人称射击游戏都是左右手配合去控制的。

这个例子中，需要 2 个 3D Frame 和 1 个 Camera。

⒈ 执行 File / New Composition 命令，新建一个文件。

⒉ 从数据资源库 Lesson 中的 3D Entity 下把 room_lightmap.nmo 文件拖放到场景视窗中，如图 5-133 所示。

图 5-133

⒊ 建立一个 3D Frame。通常情况下，新建立的 3D Frame 不在想要让它出现的地方，可以打开 3D Frame Setup 视窗，把 Position 项下的 WorldX、Y、Z 坐标值设置为 (0, 0, 0)，然后再根据需要使用移动工具 移动 3D Frame 到适当的位置；或在 3D Frame Setup 视窗中，直接输入 Position 项下 World 的 X、Y、Z 坐标值来定位 3D Frame 到适当的位置。在本例中直接设定 Position 项下 World 的 X、Y、Z 坐标值为 (0, 0, 0)。并将 3D Frame 命名为 Floor Frame_Q，如图 5-134 所示。

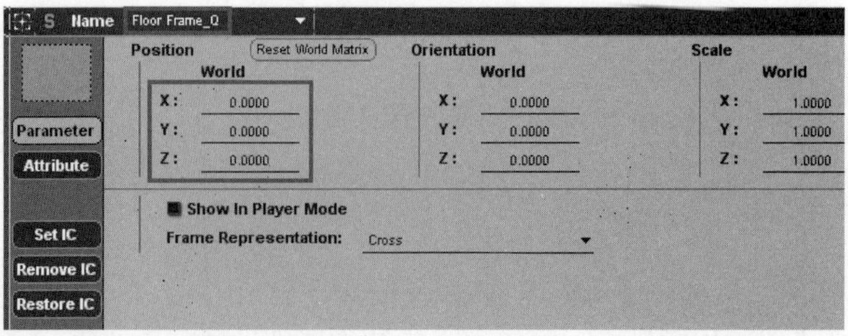

图 5-134

⒋ 下面用复制的办法来实现第二个 3D Frame 的建立。在 Level Manager 中选择 Floor Frame_Q，单击右键从弹出菜单中选择 Copy 命令，再在 Floor Frame_Q 上单击右键，从弹出菜单中选择 Paste 命令，复制出另一个 3D Frame，重新命名为 Head Frame_Q，并

设置 Position 项下 World 的 X、Y、Z 坐标值为 (0, 2.5, 0)，如图 5-135 所示。

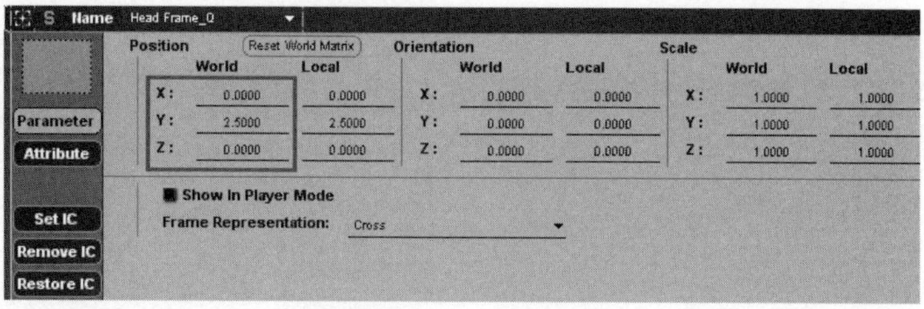

图 5-135

⑤　此时在场景视窗中看到 2 个 3D Frame 的位置，如图 5-136 所示。

图 5-136

⑥　摄像机建立的时候，是正对浏览视窗画面的，所以在正对 3D Frame 的 -Z 方向，单击▓按钮建立一个摄像机。在 Target Camera Setup 视窗中，重命名摄像机为 CameraQ，把摄像机放置在大约 Head Frame 位置，设置 Position 的 X，Y，Z 值为 (0, 2.5, 0)，如图 5-137 所示。

⑦　下面设置 Floor Frame_Q、Head Frame_Q、CameraQ 它们之间的层级关系。在 Hierarchy Manager 视窗，展开 3D Root 将 Head Frame_Q 拖放到 Floor Frame_Q 下，把 CameraQ 拖放到 Head Frame_Q，并选择父级 Floor Frame_Q，单击右键，选择菜单 Set Initial Conditions on Hierarchy 命令，设置它们初始状态值，如图 5-138 所示。

⑧　接下来设定 Floor Frame_Q 移动的功能。选择 Floor Frame_Q 单击▣按钮，给 Floor Frame_Q 建立一个 Script 流程便携视窗。使用行为模块 Switch On Key（键盘控制），再加上 4 个 Translate 行为模块来控制 Floor Frame_Q 的前进、后退、向左平移、向右平移，如图 5-139 所示。（这里 Floor Frame_Q 不作旋转，把旋转设定在摄像机和 Head Frame_Q 上。）

⑨　双击 Switch On Key 行为模块设置按键，如图 5-140 所示。

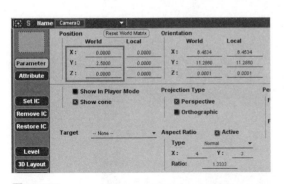

图 5-137

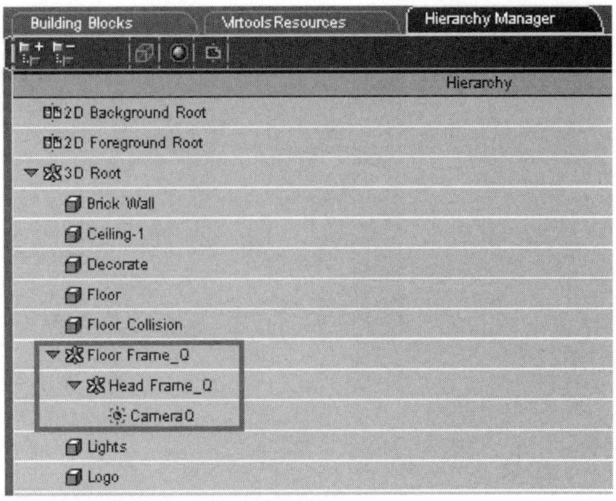

图 5-138

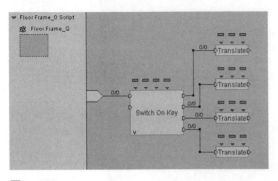

图 5-139

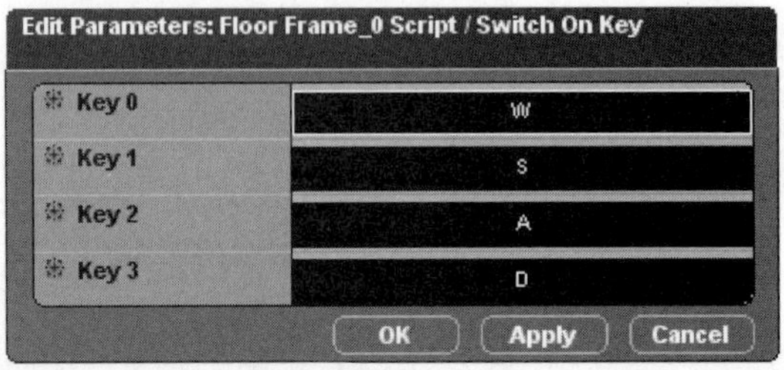

图 5-140

10　双击第 1 个 Translate 行为模块，设置参数，如图 5-141 所示。

11　双击第 2 个 Translate 行为模块，设置参数，如图 5-142 所示

图 5-141 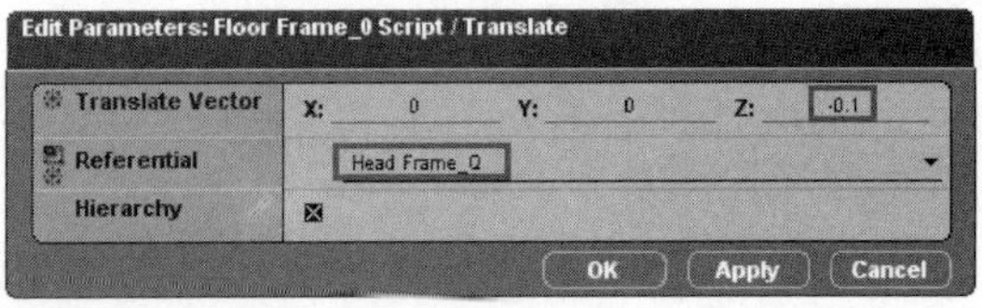　　　　　　　　　　　　　　　　　图 5-142

12　双击第 3 个 Translate 行为模块，设置参数，如图 5-143 所示。

13　双击第 4 个 Translate 行为模块，设置参数，如图 5-144 所示。

图 5-143　　　　　　　　　　　　　　　　　图 5-144

14　把后面 3 个 Translate 行为模块的 Referential 的输入参数对应的倒三角小图标连接到第 1 个 Referential 的输入参数上，如图 5-145 所示。

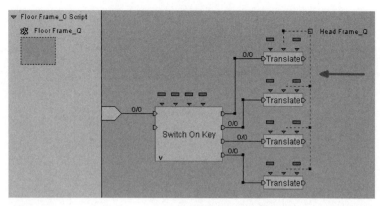

图 5-145

15　下面设置摄像机和 Head Frame_Q 的转动。仍然可以把流程写到 Floor Frame_Q Script 中。加入 Controller/Mouse/Get Mouse Displacement 行为模块。

● Get Mouse Displacement（获取鼠标位移资料）行为模块

路径：Controller/Mouse。

适用对象：Behavioral Object。

主要应用：获得鼠标相对位置的移动量。

参数设置

输出参数 X：当鼠标沿着屏幕的 X 轴移动时经过的像素值。

输出参数 Y：当鼠标沿着屏幕的 Y 轴移动时经过的像素值。

Displacement Vector（移动矢量）：当鼠标沿着屏幕移动的 2D 矢量值。

回传的数值是由鼠标开始移动的位移矢量来计算的。X 轴由左到右的移动为正数。Y 轴由上到下的移动为正数。

利用 Get Mouse Displacement 行为模块来获得鼠标位置上一帧和下一帧的差，动得快的话，得到的数值就要比较大；动得慢的话，得到的数值就比较小。根据它的输出参数决定旋转的量，动得比较快的话，旋转就要快，动得比较慢的话，旋转就要慢。

16　把 Get Mouse Displacement 行为模块的流程输入与开始端连接，再连一个回圈。将 Get Mouse Displacement 行为模块下方的 3 个输出参数按住 Ctrl 键都选中，单击右键选择菜单 Copy 命令，再在 Get Mouse Displacement 行为模块的下方空白处，单击右键选择菜单 Paste as Shortcut 命令。并把它们的值显示出来，如图 5-146 所示。播放测试，鼠标移动时它们数值的变化。

17　下面来制作旋转部分。从上面观察到的情况，会发现鼠标移动越快，它们数值的变化就越大。下面将利用这些数值的变化来决定 Rotation 的量，只要鼠标移动的越快，旋转就越快。将 3D Transformation/Basic/Rotation 行为模块拖放到 Floor Frame_Q Script 中，并与 Get Mouse Displacement 行为模块的流程输出端连接，如图 5-147 所示。

18　设置 Head Frame_Q 的旋转。双击第 1 个 Rotate 行为模块，设置参数，如图 5-148 所示。

19　设置 CameraQ 的旋转。双击第 2 个 Rotate 行为模块，设置参数，如图 5-149 所示。

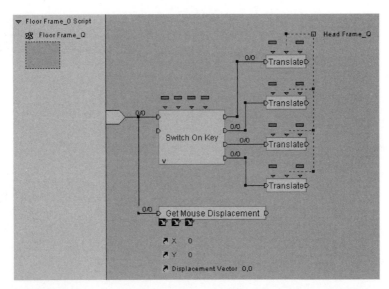

图 5-146

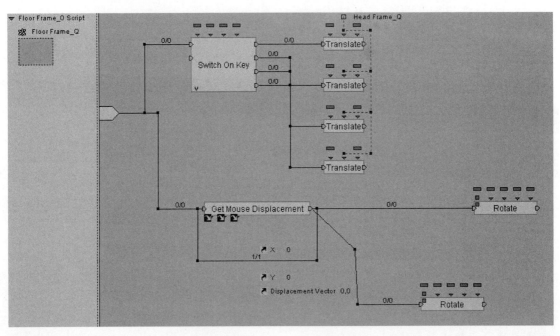

图 5-147

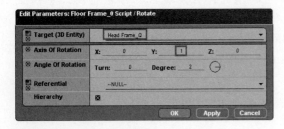

图 5-148

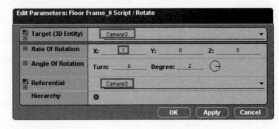

图 5-149

20　因为鼠标移动的量是以 Pixels 来计算的，鼠标只要稍微一移动，它的位移量就很大，这样会使 Rotate 旋转的量也很大，为了让 Rotate 旋转的角度一次小一点，可以用一个乘法运算来使 Rotate 的旋转角度小一些。在 Floor Frame_Q Script 视窗的空白处，单击右键从弹出菜中选择 Add Parameter Operation 命令。在 Edit Parameter Operation 对话框中，设置参数运算，如图 5-150 所示。

21　双击参数运算，设置其中的参数。设置第 2 个参数值为 0.01，这样它和第 1 个参数相乘时，才能得到一个小一点的浮点数，如图 5-151 所示。

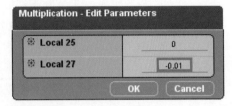

图 5-150　　　　　　　　　　　　　　　　　　　　图 5-151

22　让这个乘法运算得到的值来决定 Rotate 行为模块的角度的输入参数。

23　第 2 个 Rotate 行为模块的上方也加同样的乘法运算。让这个乘法运算得到的结果值来决定 Rotate 行为模块的角度的输入参数，如图 5-152 所示。

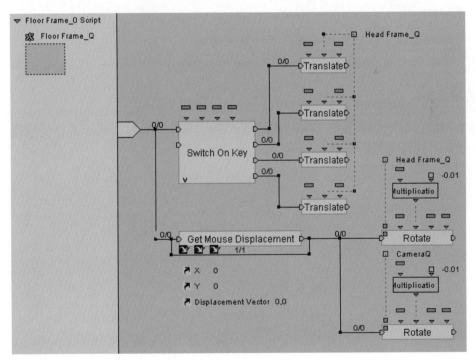

图 5-152

24　下面决定当鼠标左右移动时，要旋转谁，在这里将旋转 Head Frame_Q。把 Get Mouse Displacement 行为模块的第 1 个参数输出 X 给第 1 个 Rotate 上面的乘法运算的第 1 个参数。

25　同样的方法，设置当鼠标上下移动时，旋转 CameraQ，如图 5-153 所示。

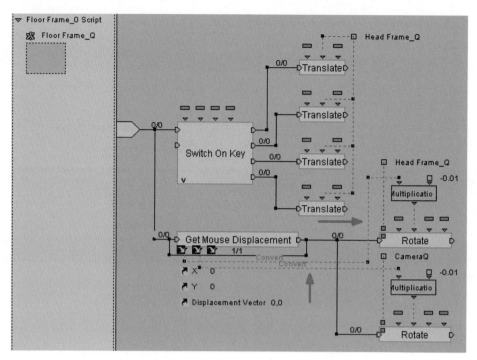

图 5-153

26 播放测试，移动鼠标观看摄像机旋转效果。

27 保存文件为 MOUSE CONTROL Camera_end.cmo。

课后练习

熟悉用键盘控制角色运动和利用按键切换第一人称摄像机与第三人称摄像机不同脚本编写流程，比较效果和功能上的不同。

第六章

智能控制角色复杂运动

对于游戏中虚拟角色的控制，除了利用键盘以外，还可以利用鼠标控制，本章讲解鼠标控制角色运动的方法以及智能控制角色通过路径搜寻、网格判断等多种有效的方法以最短路程到达指定位置。

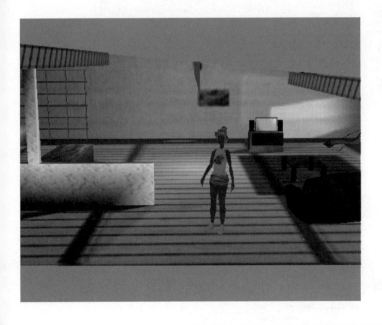

● 鼠标控制角色移动
● 路径搜寻控制角色移动
● 网格路径搜寻

第一节　鼠标控制角色移动

 实例 6-1

单击鼠标控制角色移动到指定位置。

这里要建立一个的对象作为角色移动的目标点；当使用鼠标左键点选地面时，取得该点坐标位置，并将目标点设定到该坐标；角色走向该目标点。

1　新建一个文件。

2　打开 Virtools Resources 数据资源库，将 3D Entity/World 目录下的 Room_lightmap.nmo 拖放到场景中，如图 6-1 所示。

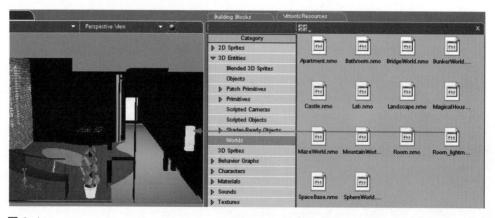

图 6-1

3　房间的一部分墙显示是黑的，选择墙单击右键，选择 Material Setup 命令，打开 Material Setup 视窗，看到 Emissive 项是黑色的，如图 6-2 所示。

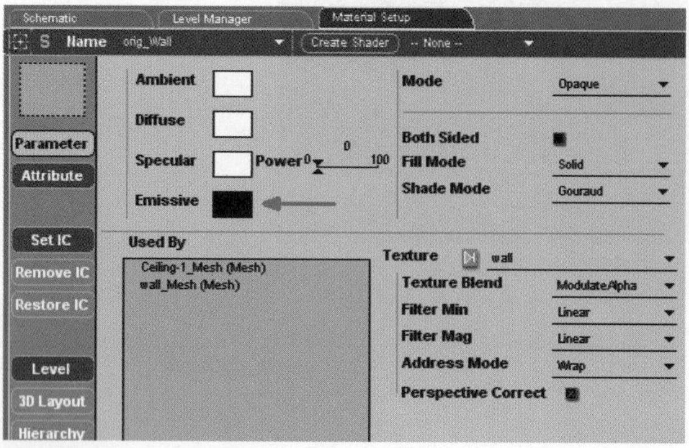

图 6-2

4 在 Material Setup 视窗中，单击 Emissive 右边方框，出现颜色设定窗口，将黑色调整为白色。这时墙壁的显示就是正常的了，其他部分的调整方法相同，如图 6-3 所示。

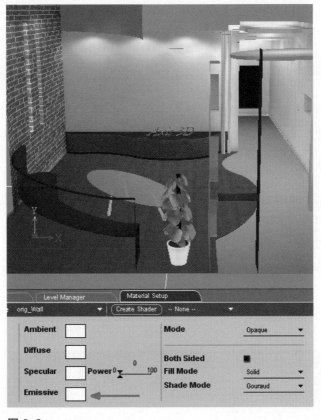

图 6-3

5 从 Virtools Resources/Characters 中，将角色 Pierre.nmo 拖放到场景中，如图 6-4 所示。

图 6-4

6 选择角色 Pierre，单击右键，选择 Character Setup 命令，打开 Character Setup 视窗，单击左边的 Set IC 按钮设定他的初始状态。

[7] 设置角色 Pierre 的动作。在 Building Blocks 视窗，把 Character/Movement / Character Controller 行为模块直接拖放到场景中的 Pierre 身上。这样就建立了 Pierre Script 流程视窗，如图 6-5 所示。

[8] 在 Virtools Resources 数据资源库中，从 Character/Animation/Skin Character Animation/Pierre 目录下把 Wait.nmo、Walk.nmo 拖放到场景中的 Pierre 身上。

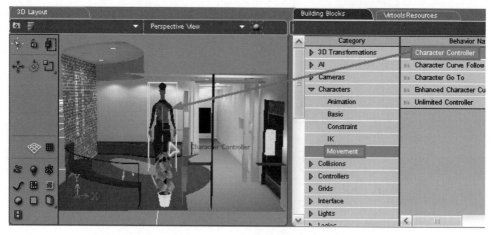

图 6-5

[9] 切换到 Schematic 视窗中，双击 Character Controller 行为模块设置参数，如图 6-6 所示。

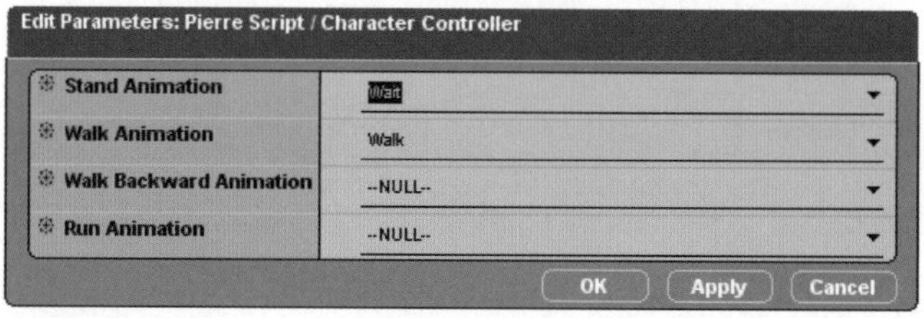

图 6-6

[10] 让 Pierre 运动时保持在地面上。给 Pierre 再加上保持在地面上的行为模块，将 Character Constrain/Enhanced Character Keep On Floor 拖放到 Pierre Script 中，并设置参数，如图 6-7 所示。

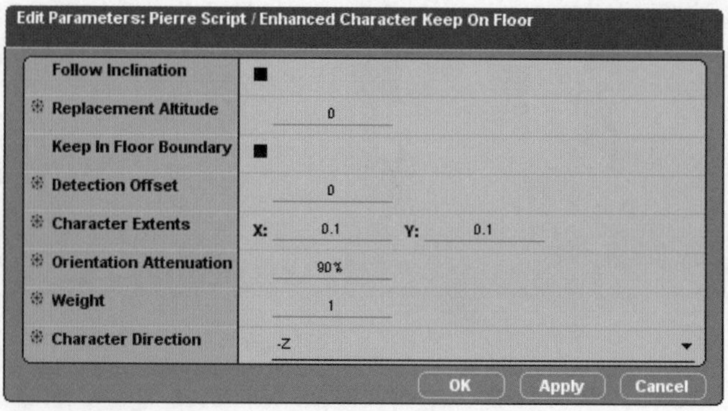

图 6-7

11 选择地板，单击右键选择 3D Object Setup，打开 3D Object Setup 视窗，单击 Attribute 按钮，打开 Attribute 属性视窗，单击 Add Attribute 按钮，打开 Add Attribute 视窗，设置地板属性，设置 IC，如图 6-8 所示。

12 在 Pierre 角色上的流程如图 6-9 所示。

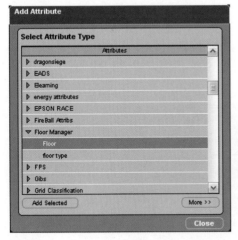

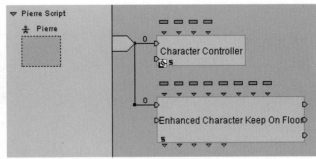

图 6-8   图 6-9

13 下面编写鼠标控制的流程。在这里新建立一个流程编写视窗，在 Level Manager 视窗中，选择 Level Script，单击■按钮，新建立 Level Script。

14 将 Controller/Mouse/Mouse Waiter 行为模块拖放到 Level Script 中。

● Mouse Waiter（等待鼠标事件）行为模块

适用对象：Behavioral Object。

主要应用：根据鼠标的动作来启动不同的流程输出。

流程输入、输出

第 1 个输出点（Move）：当鼠标移动时启动。

第 2 个输出点（Left Button Down）：按下鼠标左键时启动。

第 3 个输出点 (Left Button Up)：放开鼠标左键时启动。

第 4 个输出点（Right Button Down）：按下鼠标右键时启动。

第 5 个输出点 (Right Button Up)：放开鼠标右键时启动。

第 6 个输出点 (Middle Button Down)：按下鼠标中键时启动。

第 7 个输出点（Middle Button Up）：放开鼠标中键时启动。

第 8 个输出点（Roll）：当鼠标滚轮滚动时启动。

参数设置

Mouse Position（鼠标位置）：鼠标光标在屏幕上位置。

Wheel Direction（滚动方向）：鼠标滚轮方向。

Left Button（左键）：若鼠标左键按下则为 True，否则 False。

Middle Button（中键）：若鼠标中键按下则为 True，否则 False。

Right Button（右键）：若鼠标右键按下则为 True，否则 False。

编辑参数

Stay Active（保持启动状态）：如果设定为 False，此行为模块只会执行一次；如果设定为 True，此行为模块会一直保持在启动状态。

Outputs（输出）：只有勾选的选项会有 bOUT。

15　上面的这个行为模块只是能够得到鼠标的二维坐标。那么希望得到鼠标在场景中的三维坐标，要把二维资料转为三维资料，这时使用 2D Picking 行为模块。将 Interface Screen/2D Picking 行为模块拖放到 Level Script 中，并与 Mouse Waiter 行为模块连接，如图 6-10 所示。

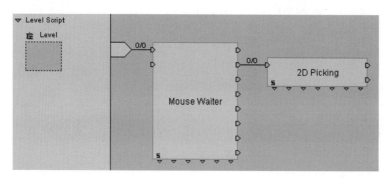

图 6-10

● 2D Picking（鼠标点击）行为模块说明

适用对象：Behavior Object。

主要应用：传回鼠标所点击到的三维实体及点击位置的坐标、法向量等信息。

参数设置

Window Relative（相对于视窗）：勾选时，位置坐标将以视窗的原点为基准；不勾选，则以屏幕的原点为基准。

Object Picked（选取物体）：输出鼠标所点击到物体，以 Z 轴的顺序来判断。

Intersection Point（相交点）：输出鼠标所点击位置的坐标（世界坐标）。

Intersection Normal（相交法线）：输出鼠标所点击位置的法向量。

UV Coordinates UV（坐标）：输出鼠标所点击到物体的材质 UV 坐标（贴图的像素坐标）。

Distance from The Viewpoint（到视点的距离）：输出鼠标所点击位置与视点间的距离。

Face Index（表面索引）：输出物体被鼠标点击到的表面的索引值。

Sprite：如果鼠标点击到 Sprite 图形，输出被点击到的 Sprite 图形。

编辑设置

Local Output（本地输出项）：勾选时，鼠标点击位置的坐标、法向量等，将以区域坐标的方式输出。

16　下面观察一下，当鼠标在场景中点击的时候，看它能不能够显示出点到那个物体，能不能够得到点击的点的三维坐标值。把 2D Picking 行为模块的 Object Picked、Intersection Point 输出参数复制后，在下方建立快捷方式，播放测试，观察数值的变化，如图 6-11 所示。

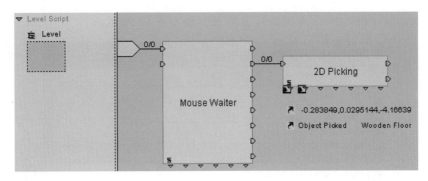

图 6-11

17　下面增加目标点。新增一个 3D Frame，并重命名为 Target 3D Frame，如图 6-12 所示。

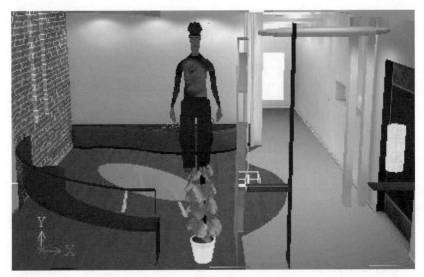

图 6-12

18　让 3D Transform/Basic/Set Position 行为模块来决定 Target 3D Frame 的位置。连接流程，如图 6-13 所示。

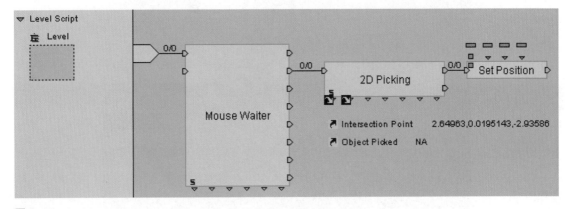

图 6-13

19 双击 Set Position 行为模块设置参数，如图 6-14 所示。

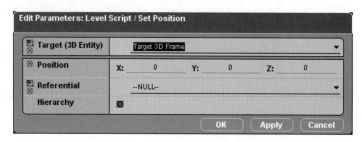

图 6-14

20 这里的 Position 是一个变量，希望让前面一个行为模块的第二个输出参数 Intersection Point 来决定，所以进行参数连接，如图 6-15 所示。

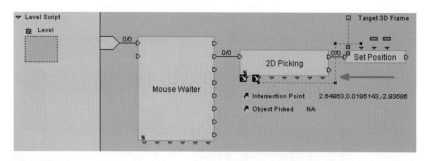

图 6-15

21 播放测试，看看是否鼠标点击什么位置，Target3D Frame 也就定位在什么位置了，如图 6-16 所示。

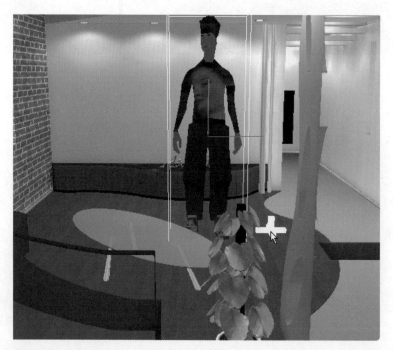

图 6-16

[22]　接下来就是让角色走向鼠标点击的点的位置，也就是 Target 3D Frame 停留的位置。将 Character/Movement/Character Go To 行为模块拖放到 Level Script 中，并连接流程，如图 6-17 所示。

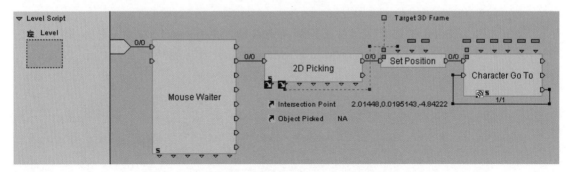

图 6-17

● Character Go To（角色移动）行为模块
适用对象：角色（Character）。
主要应用：使角色朝特定的物体前进。

参数设置
Target Object（目标物体）：设定要到达的终点物体。
Distance（距离）：设定角色运动到物体过程中，应该停止的距离（距目标物体）。
Character Direction（角色朝向）：设定角色面对的方向。
Limit Angle（限制角度）：限制角色面对的方向与终点物体之间的角度。角色开始时先转一个角度，再往目标点前进。通常情况下，这个角度不要太小，否则效果会显得有点怪。
Reverse（反向）：使角色倒着走到指定的物体。

[23]　双击 Character Go To 行为模块，设置参数，如图 6-18 所示。

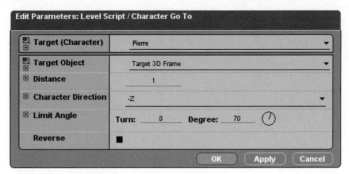

图 6-18

[24]　播放测试结果，观察角色移动的情况。

[25]　保存文件为 Peirre_GoTo_end.cmo。

注意

这个例子中，角色的移动比较简单，基本是以直线行走的。

实例 6-2

鼠标左右移动时决定角色左右转动身体，鼠标点击位置决定角色移动到该位置。

1 打开 Pierre_3rd Camera01.cmo 文件。

2 在 Schematic 视窗中，把键盘控制角色移动的 Keyboard Mapper 行为模块删掉。

3 将鼠标等待事件 Controller/Mouse/Mouse Waiter 行为模块拖放到 Pierre Script 中，并连接流程，如图 6-19 所示。

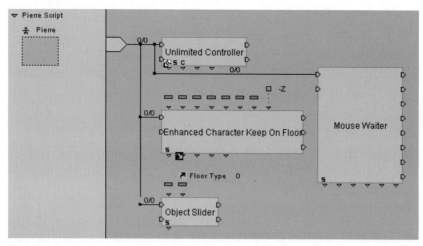

图 6-19

4 再加入取得鼠标位移资料的行为模块 Get Mouse Displacement，将 Controller/Mouse/Get Mouse Displacement 行为模块拖放到 Pierre Script 中，并与 Mouse Waiter 的 Move 流程输出点连接，如图 6-20 所示。

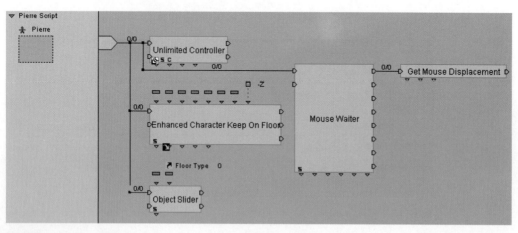

图 6-20

5 下面要实现当鼠标左右移动时，角色身体也跟着左右转动。在 Pierre Script 视窗的空白处，单击右键选择 Draw Behavior Graph 命令，按住鼠标左键拖动鼠标划出一个方框。双击方框后，再按 F2 键给行为图命名为 Turn Left or Right。然后与 Get Mouse Displacement 行为模块输出点连接，如图 6-21 所示。

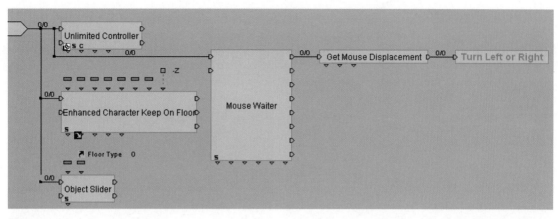

图 6-21

6　在行为图 Turn Left or Right 中加入以下 Logics/Calculator/Set Component、3D Transformation/Basic/Set Euler Orientation、Logics/Interpolator/Interpolator、3D Transformation/Basic/Set Orientation 行为模块。

7　要通过一个参数运算使 Set Comp-onent 的 3 个输入参数的浮点数能够输出 Euler Angle。在 Pierre Script 视窗空白处单击右键，选择 Add Parameter Operation 命令，打开运算编辑视窗设置参数运算，如图 6-22 所示。

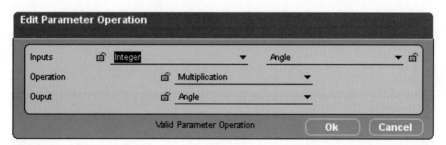

图 6-22

8　把 Multiplication 运算输出的结果与 Set Component 行为模块的第 2 个输入参数连接，如图 6-23 所示。

9　双击 Set Component 行为模块，设置参数，如图 6-24 所示。

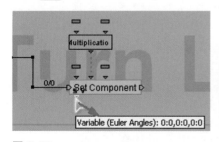

图 6-23

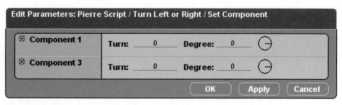

图 6-24

10　将 Multiplication 参数运算的第 1 个参数拖放到行为图之外，与 Get Mouse Displacement 的第 1 个参数输出连接，控制 Multiplication 参数运算的第 1 个参数，如图 6-25 所示。

11 将 3D Transformation/Basic/Set Euler Orientation 行为模块与 Set Component 行为模块流程连接。并将 Set Component 行为模块参数输出的 Euler Angle 与 Set Euler Orientation 行为模块的第 1 个输入参数进行数据传递连接，如图 6-26 所示。

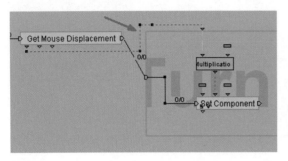
图 6-25

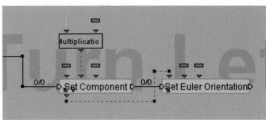
图 6-26

● Set Euler Orientation（设定尤拉角）行为模块

适用对象：3D Entity。

主要应用：使用尤拉角设定物体的方向。

参数设置

Orientation：设定 X、Y 和 Z 3 个轴向的旋转角度。

Hierarchy：如果勾选，这个行为模块将同时应用到这个三维物体的子物体。

Referential：用来参考角度的物体（NULL 为最常用的方式）。

12 双击 Set Euler Orientation 行为模块，设置参数，如图 6-27 所示。

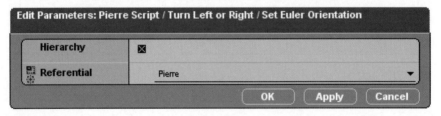
图 6-27

13 前面 2 个行为模块只是把鼠标在屏幕上的移动的位置转换成尤拉角。下面要通过得到的尤拉角度来决定角色的旋转角度。将 Logics/Interpolator/Interpolator、3D Transformation/Basic/Set Orientation 行为模块拖放到 Turn Left or Right 行为图中，并将流程连接，如图 6-28 所示。

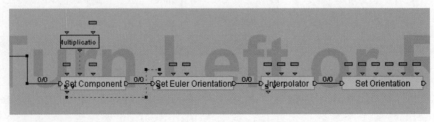
图 6-28

14　右键单击 Interpolator 内插运算行为模块参数输出小三角，选择 Edit Parameter 命令，改变参数类型为 Vector，如图 6-29 所示。

15　Interpolator 内插运算行为模块可以把 2 个数值进行插值得到内插值，要想通过它的内插值矢量来控制 Set Orientation 的输入参数矢量。增加参数运算 Get Up，并将参数运算结果与 Interpolator 行为模块的第 1 个值连接，如图 6-30 和图 6-31 所示。

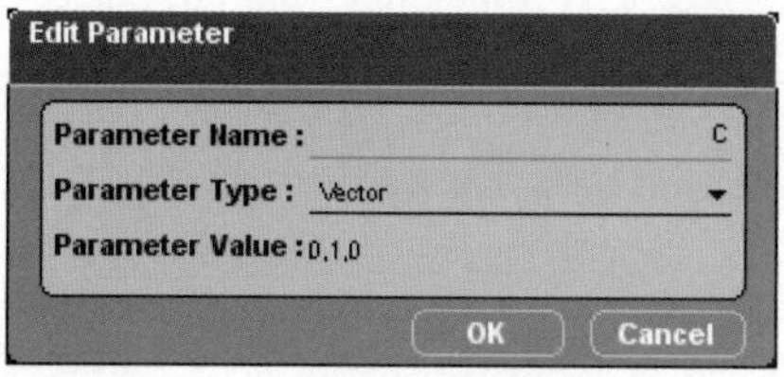

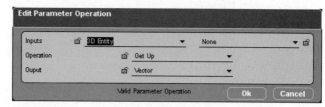

图 6-29　　　　　　　　　　　　　　　图 6-30

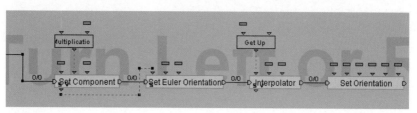

图 6-31

16　双击 Interpolator 行为模块，参数设置，如图 6-32 所示。

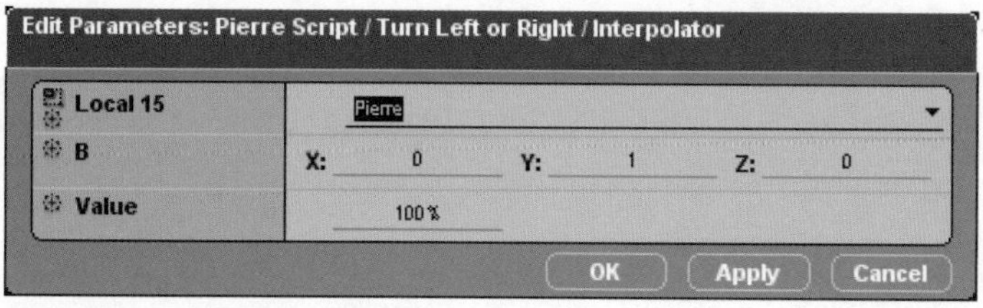

图 6-32

> **说明**
>
> Interpolator 行为模块是以 Pierre 为对象的，返回来看参数运算，那么参数运算 Get Up 的参考物体会自动设置为 Pierre。

17　以上的行为模块连接，设置了角色旋转时是以哪个轴为旋转轴。下面将 Interpolator 行为模块的输出参数连接到 Set Orientation 行为模块的第 2 个输入参数上，如图 6-33 所示。

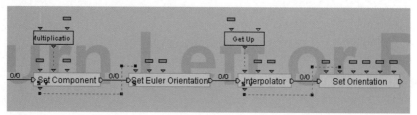

图 6-33

18 同样的方法设置角色旋转时它要保持的正方向。增加参数运算 Get Dir，打开参数运算视窗，进行参数运算设定，如图 6-34 所示。

图 6-34

19 把参数运算 Get Dir 的结果连接到 Set Orientation 行为模块的第 1 个输入参数上，如图 6-35 所示。

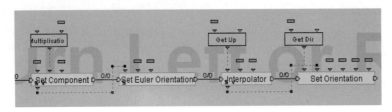

图 6-35

20 双击参数运算 Get Dir，设置参考物体为 Pierre，如图 6-36 所示。

21 双击 Set Orientation 行为模块，查看参数设置，如图 6-37 所示。

图 6-36 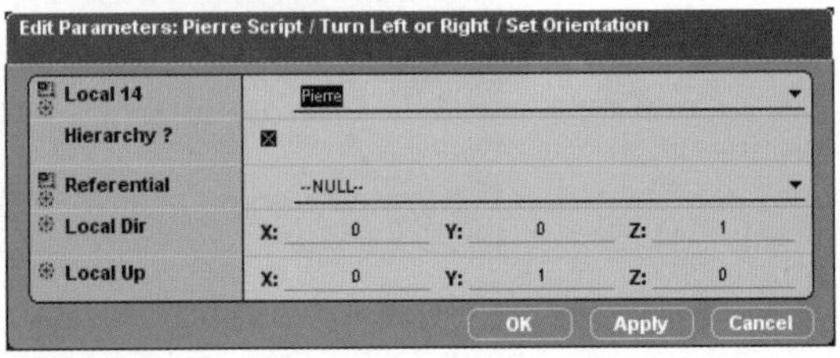   图 6-37

22 双击行为图，将其缩小。此时的流程如图，如图 6-38 所示。

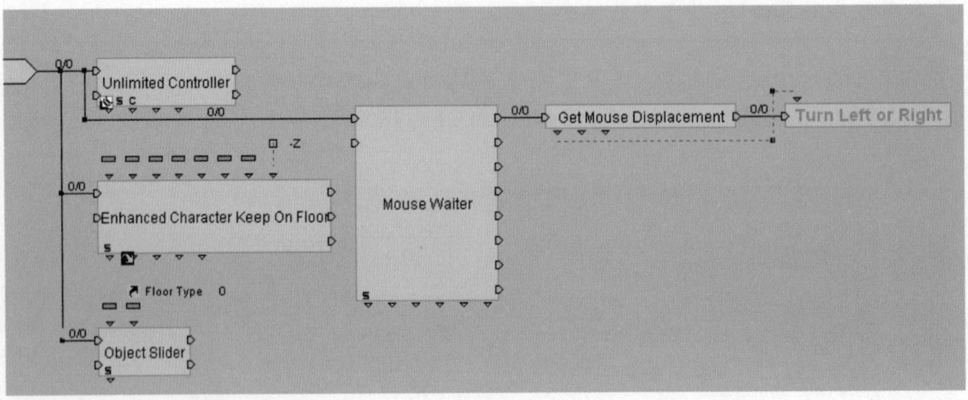

图 6-38

23　播放测试，看看当鼠标在屏幕上左右移动时，角色是不是跟着转动身体，如图 6-39 所示。

图 6-39

24　下面制作当按下鼠标左键时，让角色往前走；当松开鼠标左键时，角色停止向前走。在 Pierre Script 空白处，单击右键选择 Draw Behavior Graph 命令，拖出行为图区域，双击缩小行为图后，按 F2 命名为 Walk。

25　在行为图 Walk 上单击右键，选择菜单命令 Add Behavior Input，增加一个流程输入点，如图 6-40 所示。然后连接流程，如图 6-41 所示。

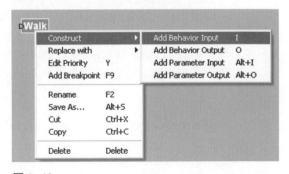

图 6-40

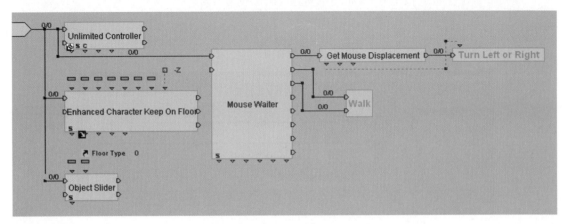

图 6-41

26 双击行为图 Walk 将其展开。加入行为模块 Logics/Streaming/Binary Memory、Logics/Streaming/Binary Switch 和 Logics/Message/Send Message，并连接流程，如图 6-42 所示。

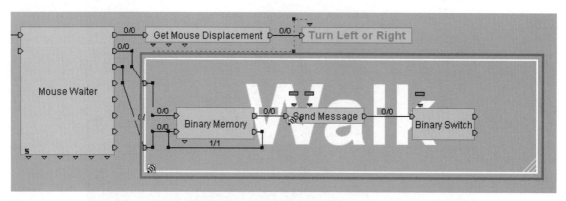

图 6-42

○ Logics/Streaming/Binary Memory 行为模块

适用对象：Behavioral Object。

主要应用：当行为触发时，在 State Memory 中存储对应的信息。

State 状态：只有在流程输出为 0 时输出的 Boolean 值为 True，即选择条件为真，在其他状态下输出的 Boolean 值为 False，即选择条件为假。

当行为触发时，State Memory 中存储对应的信息。

这个行为模块可以作为一个简单的 Parameter Selector 参数选择器使用。

○ Logics/Streaming/Binary Switch 行为模块

适用对象：Behavioral Object。

主要应用：根据 Boolean 值的真假来启动相对应的流程输出。

参数设置

Condition（条件）：设定 Boolean 值的值真或假，勾选为真。

27 双击 Send Message 行为模块，设置参数，如图 6-43 所示。

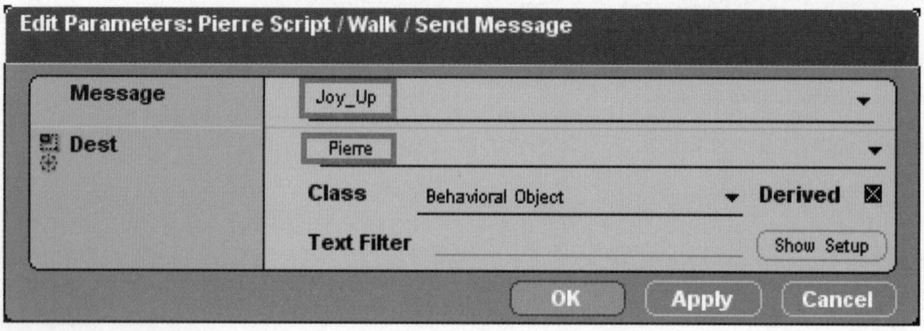

图 6-43

28　把 Binary Memory 的输出状态参数连接到 Binary Switch 输入条件参数上，并将 Binary Switch 的 True 流程输出与 Send Message 行为模块的流程输入做一个回圈，如图 6-44 所示。

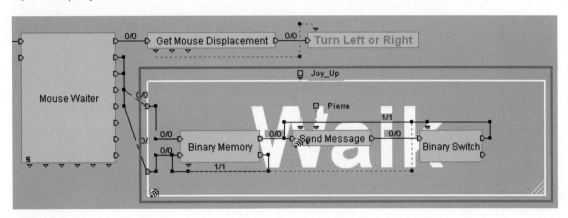

图 6-44

29　播放测试。保存文件为 Peirre_GoTo_Turn_end.cmo。

第二节 路径搜寻控制角色移动

利用 Nodal Path，用鼠标控制角色移动，那么什么是路径搜寻呢？路径搜寻是人工智能的一部分，协助使用者建立具备基本人工智能的角色物体，只要指定目的地，Virtools Dev 就能计算出一条"最短路径"，角色物体就可以经由计算的结果，向目的地移动。

注意

> 这里需要强调的是，"最短路径"可能并不是"最佳路径"。假设场景中有 2 条路可以供角色行走，第 1 条是最短路径，但如果走这条路的话，可能会遇到一些障碍，而如果走第 2 条可能要多花些时间，路要远些，但是这条路比较顺利且不会遇到麻烦。

实例 6-3

建立 Node Path 的方法，控制角色在场景中沿着路径移动到目标位置。

在 Virtools 中大部分的路径搜寻方法是利用"节点路径"或"网格"来作为搜寻的依据。下面介绍利用"节点路径"的方法搜寻角色行走的路。利用这种方法的话，首先要针对障碍物的外形设定节点（Node）及路径（Path），然后角色的移动将以最接近终点处的节点为目的地。利用 Node Path 作为路径搜寻，要告诉哪一个是起点，哪一个是终点，然后把从起点到终点的路径计算出来，这个路径一般是最短路径。但是利用 Node Path 计算会快一些。

1 新建一个文件。

2 从 Virtools Resource 中将 3D Entity/World 下的 Apartment.nmo 拖放到场景中。切换到顶视图观看，如图 6-45 所示。

3 首先要加入建立节点的行为模块。在 Level Manager 视窗中，单击 按钮，建立一个群组，重命名为 Node Group，如图 6-46 所示。然后在 Node Group 上创建 Script 脚本编辑窗口。

图 6-45

4   将 3D Transform/Nodal Path/Create Nodal Path 行为模块拖放到群组 Node Group 上。先关掉 Create Nodal Path 视窗。

> ● **Create Nodal Path 行为模块**
>
> 适用对象：群组（Group）。
>
> 主要应用：由 3D Frame 中创建出节点路径（Nodal Path）的群组。
>
> 此行为模块允许使用创建一个 Nodal Path。
>
> 工具图标功能介绍。
>
> ⊕ 当把鼠标放置在窗口中，按住左键移动鼠标，可以放大、缩小画面。
>
> ⊕ 当把鼠标放置在窗口中，按住左键移动鼠标，可以左右移动画面。
>
> ✥ 移动窗口中已建立的节点。
>
> ⊕ 创建节点工具。
>
> ⊢ 节点与节点建立双向连接。
>
> ⊢ 节点与节点建立单向连接。
>
> ✎ 删除节点。
>
> ⊤ 删除连接线。
>
> ◼ 可以在障碍物周围自动增加 4 个节点。
>
> 左边最上边可以切换浏览视图。
>
> [Find Path] 可以计算 2 个节点的路径。

5   切换到 Schematic 视窗中，在 Nodal Group Script 中，看到 Create Nodal Path 行为模块没有流程输入输出，也没有参数输入输出。通常像这样的行为模块都是对一些相关的资料的设置，如图 6-47 所示。

图 6-46

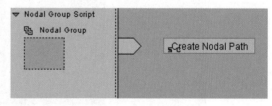

图 6-47

6   双击 Create Nodal Path 行为模块，打开设置视窗，如图 6-48 所示。

7   选择创建节点工具⊕在窗口中建立节点，让这些节点平均分布，注意不要点到障碍物上，然后用⊢和⊢连接节点，如图 6-49 所示。

图 6-48

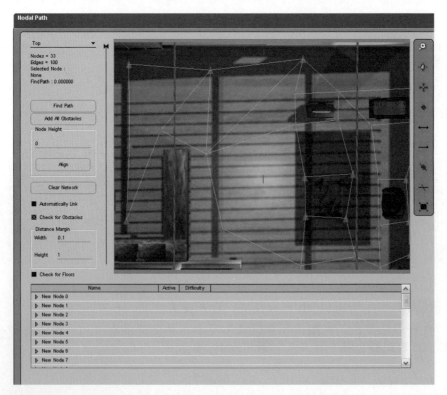

图 6-49

8　单击左边的 Find Path 按钮，在窗口中点选 Nodal01 节点，再单击 Nodal41 节点，可以很快计算出路径来，如图 6-50 所示。

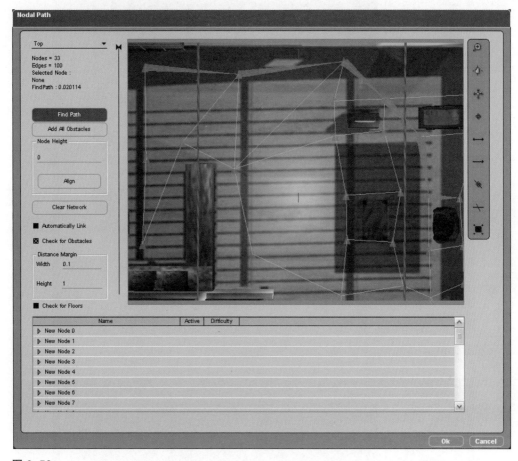

图 6-50

9　展开下面每个节点都可以看到有关与这个节点相连的节点的状态，如果是 A 这种状态，那么这个节点在计算路径时是不被考虑进去的。

10　另外还能从 Difficulty 的数值上看到通过这个节点的困难程度。比如把某个点的 Difficulty 的数值设置的大些，可以看到计算路径后有什么变化，如图 6-51 和图 6-52 所示。

11　如果要清除所有的节点和连接线，可以单击左边的 Clear Network 按钮把所有的网络连接删掉。

12　还有一种方法是可以对场景中的障碍物自动加节点和连线。退出 Create Nodal Path 行为模块的设置视窗。在场景中选择障碍物单击右键，打开 Object Setup 视窗，单击 Attribute 按钮，切换到属性视窗，再单击 Add Attribute 按钮，打开添加属性视窗，将选中的物体设置 Obstacle 属性，如图 6-53 所示。

13　要把场景中所有的障碍物一一设置 Obstacle 属性，如图 6-54 所示。

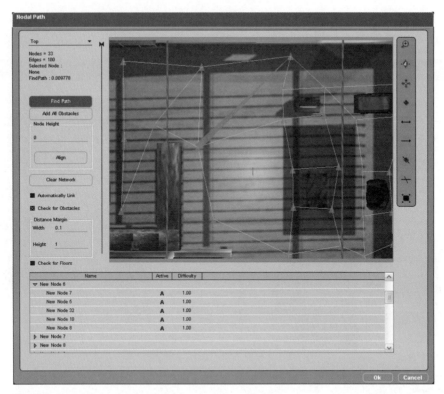

图 6-51

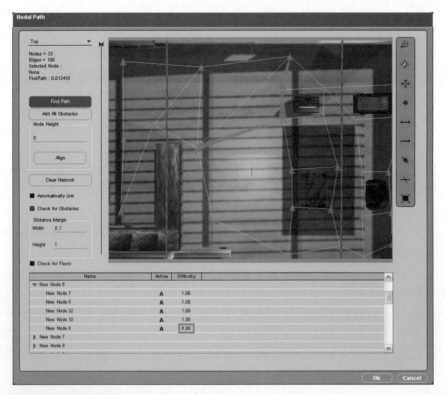

图 6-52

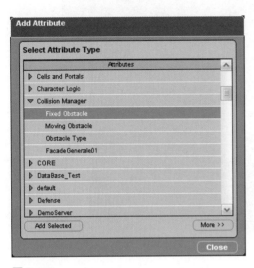

图 6-53

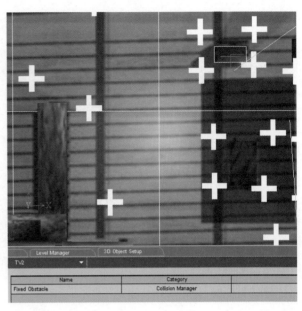

图 6-54

14 障碍物属性都设置完成后，在 Nodal Group Script 中，双击 Create Nodal Path 行为模块，打开 Create Nodal Path 行为模块参数设置窗口，先单击下右边的■按钮，再在左边设置增加节点与障碍物的距离和离地面的高度值，如图 6-55 所示。

图 6-55

15 一般情况下，要设置一个安全的距离，以免角色离障碍物太近造成穿帮现象。在场景中点击障碍物，如沙发、电视等，就会看到这些障碍物周围会自动加上节点，如图 6-56 所示。

图 6-56

16 如果勾选 ，会自动建立节点连接，如图 6-57 所示。

图 6-57

17 清楚所有节点和连接线后，利用对所有障碍物自动增加节点和连线功能。单击左边的 Add All Obstacles 按钮，打开增加节点的设置窗口，在其中可以设置节点距离障碍物的距离。然后点击 Add Nodal and Links 按钮或 Add Only Nodal 按钮增加节点，如图 6-58 所示。

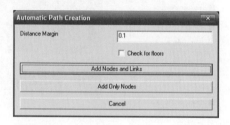

图 6-58

注意

建议尽量自己根据具体情况设置节点和建立连接线。

18 使用自己建立节点和连线的方法把节点和连线建立完毕后，保存文件为 Eve_Nodal Path_00.cmo。

实例 6-4

利用节点路径搜索路径，鼠标在场景中点击时，角色可以选择一个最短的路径，移动到目的地（方法 1）。

这个例子中涉及鼠标左键点选功能、取得最近节点功能、角色移动功能、目标点显示功能。

1 打开 Eve_Nodal Path_00.cmo 文件。

2 从 Virtools Resources 资源库中把角色 Eve 拖放到场景中，并把 Eve 的相关动作 Wait.nmo、Walk.nmo 拖放到场景中的 Eve 身上。在 Character Setup 视窗中，设置 IC，如图 6-59 所示。

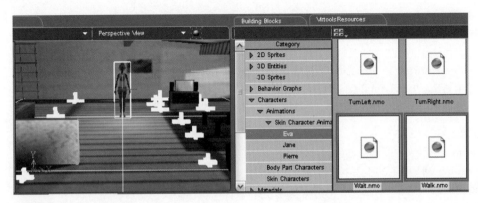

图 6-59

3 在 Level Manager 视窗中，察看一下 Eve 的动作加载情况，如图 6-60 所示。

4 下面给角色加动作控制模块。将 Character/Movement/Character Controller 行为模块拖放到场景中的 Eve 身上。打开 Character Controller 行为模块，设置 Eve 的动作，如图 6-61 所示。

图 6-60

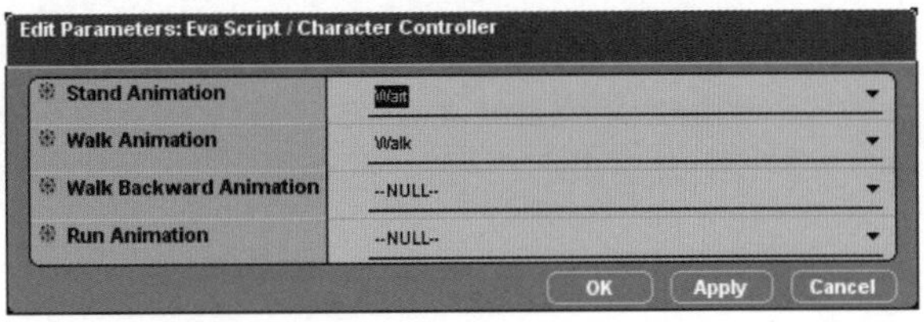

图 6-61

5 切换到 Schematic 视窗，看到 Eve Script 的编写流程，如图 6-62 所示。

6 在 Level Manager 视窗中，新建 Script 的编写流程视窗。在 Level Script 上单击

按钮，建立 Level Script 编写流程视窗。

7　下面制作鼠标点到哪里，角色就沿着一条路径走向哪里，并且不会穿过障碍物。先做鼠标的控制。将 Controllers/Mouse/Mouse Waiter 行为模块拖放到到 Level Script 中，再把 Interface/Screen/2D Picking 行为模块拖放到 Level Script 中，并与 Mouse Waiter 的按下左键流程输出连接，如图 6-63 所示。

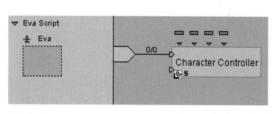

图 6-62

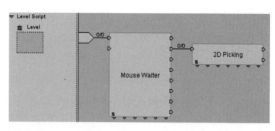

图 6-63

8　接下来把 Logics/Group/Get Nearest In Group 行为模块拖放 Level Script 中，并与 2D Picking 行为模块连接。

● Get Nearest In Group（取得群组中最接近的物体）行为模块

适用对象：Behavioral Object。

主要应用：从选择的群组中，取得最接近指定位置的物体。

参数设置

Group：要搜寻的群组名称。

Position：所指定的坐标位置。

Referential：设定参考哪个物体的坐标系统。

Nearest Object：最接近的物体。（不能与 Referential 的物体相同。）

Distance：与最近物体的距离。

9　数据连接。将 2D Picking 行为模块第 2 个输出参数连接到 Get Nearest In Group 行为模块第 2 个输入参数上，如图 6-64 所示。

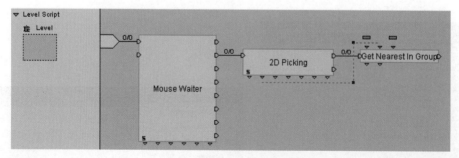

图 6-64

10　双击 Get Nearest In Group 行为模块，设置参数，如图 6-65 所示。

11　加入控制角色走到节点的行为模块 3D Transforms/Nodal Path/Character Go

图 6-65

To Nodal，连接流程和数据连接，如图 6-66 所示。

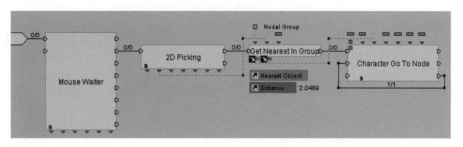

图 6-66

● **Character Go To Nodal 行为模块**

适用对象：Character。

主要应用：使目标角色根据最短的路径走到选择的节点。

参数设置

Nodal Path：指定角色行走的节点路径。

Goal Node：指定角色到达的终点。

Guard Distance：设定终点节点之前角色停止的距离。

Character Direction：定义角色面对的方向。

Limit Angle：限制角色面对方向与终点节点之间的角度，数值不可低于 20 度。

Mark Occupation（占用标记）：勾选时，逻辑条件为 True，目前与角色有关联的节点与连接将会标记为被占用，其他角色将无法使用此节点或路径。

12 双击 Character Go To Nodal 行为模块，进行参数设置，如图 6-67 所示。

13 播放测试，观看结果，如图 6-68 所示。

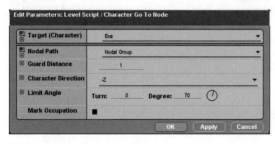

图 6-67

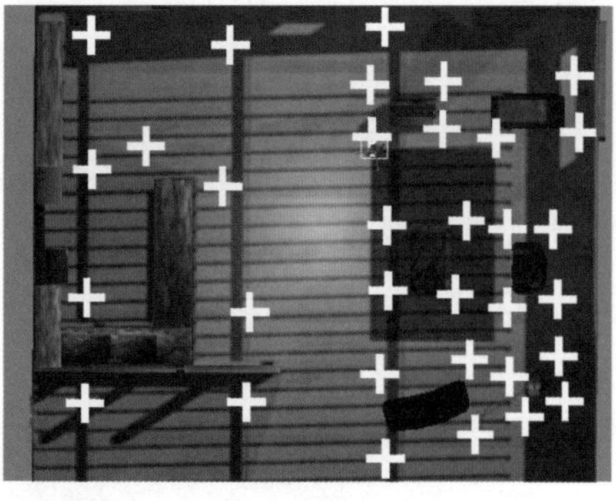

图 6-68

14 保存文件为 Eve_06_Nodal Path_01.cmo。

利用节点路径搜索路径，鼠标在场景中点击时，角色可以选择一个最短的路径，移动到目的地（方法2）。

这个实例在上面实例的基础上，只是修改控制角色选择最短的路径移动到目的地行为流程编写。将使用行为模块 3D Transforms /Nodal Path /Entity Find Nodal Path ，这个行为模块可以用在不是角色的对象上。

○ Entity Find Nodal Path（三维实体寻找节点路径）行为模块

适用对象：三维实体 3D Entity。

主要应用：在一个三维实体与所指定的终点之间找到最短的路径。

参数设置

Group：显示起点到目的地路线过程中的节点列表。当没有找到任何一条路径时，则显示为空。

此行为模块将搜寻起点邻近的节点，以找到一条离目的地最短的路径。

1 打开 Eve_06_Nodal Path_01.cmo 文件。

2 在 Level Script 中，先将 Get Nearest In Group 和 Character Go To Node 的连接线删掉。将 3D Transforms /Nodal Path /Entity Find Nodal Path 拖放到其中，并与 Set Nearest In Group 连接，如图 6-69 所示。

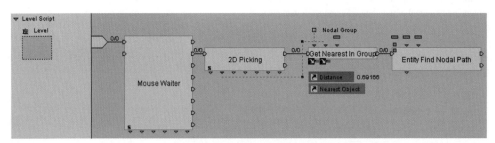

图 6-69

3 双击 Entity Find Nodal Path 行为模块，设置参数。设定行为模块使用在角色 Eva 上，群组设定为刚才建立的群组 Nodal Group，如图 6-70 所示。

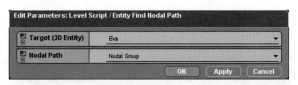

图 6-70

4 将 Get Nearest In Group 输出参数复制后，建立快捷方式，与 Entity Find Nodal Path 行为模块的第3个输入参数相连，如图 6-71 所示。

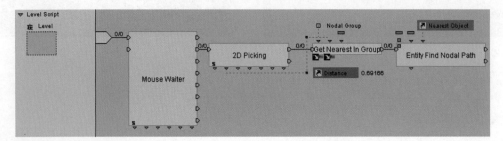

图 6-71

⑤　下面观察 Entity Find Nodal Path 行为模块的输出参数是一个 Group，它是把找到可以行走的节点和路径存在一个另外的 Group 中，它的名称就是 FindPathGroup。要想办法利用它的输出参数 Group 中的每一个节点，把角色一一地送到每一个节点上，一直走到终点。

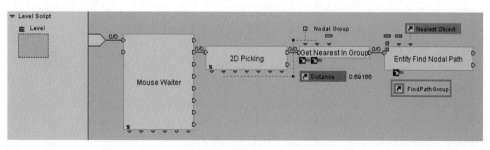

图 6-72

⑥　下面加入 Logics/Group/Group Iterator 和 3D Transformation/Basic/Character Go To 行为模块。并使 Group Iterator 与 Entity Find Nodal Path 行为模块连接，就是说当 Entity Find Nodal Path 行为模块找到一个 Group 后，就要做 Group Iterator 的事了，如图 6-73 所示。

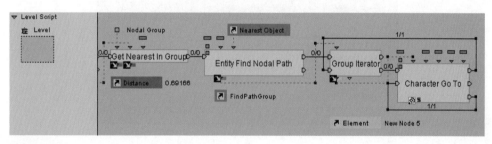

图 6-73

● Group Iterator（群组迭代器）行为模块

适用对象：Behavioral Object。

主要应用：从一个群组中，循序取出每一个元素（Element）。

参数设置

Group：选取的群组。

Element：目前群组中选取的元素。

Index：目前 Element 的索引值。

● Character Go To 行为模块

适用对象：Character。

主要应用：使用角色朝特定的物体前进。

参数设置

Target Object：设定要到达的终点物体。

Distance：设定角色运动到目标物体过程中，应该停止的距离（距离目标物体）。

Character Direction：设定角色面对的方向。

Limit Angle：限制角色面对的方向与终点物体间的角度。

Reverse：使角色倒着走到指定的物体。

> **说明**
>
> 图 6-73 中，用 Entity Find Nodal Path 行为模块找到节点路径并放到一个 Group 中，然后把它传递给 Group Iterator，Group Iterator 再把这些节点一个一个地取出来。

当 Group Iterator 取到第 1 个节点时，角色就朝第 1 个节点走去，角色要一直走，这个就是 Character Go To 自身的一个小回圈起到的作用。当到达第 1 个节点后 Arrived，连线要连回到 Group Iterator 的流程输入端，再让 Group Iterator 取出第 2 个节点，当 Character Go To 发现有第 2 个节点后，角色又朝第 2 个节点走去，又执行 Character Go To 自身的一个小回圈，直到到达第 2 个节点，流程回到 Group Iterator 的流程输入端。

7 双击 Character Go To 行为模块，设置参数，设定角色和角色的正面方向等，如图 6-74 所示。

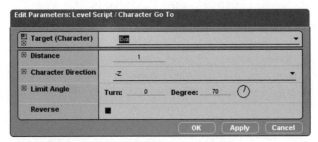

图 6-74

8 整理一下流程，如图 6-75 所示。

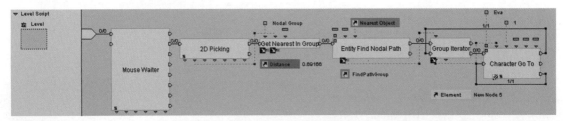

图 6-75

9 播放测试结果。观察当鼠标在场景中点击后，Eva 是如何走到那个点的，如图 6-76 所示。

10 保存文件为 Eve_06_Nodal Path_02.cmo。

> **注意**
>
> 上面的这个例子测试后，你可能会发现角色最终走到的点并不是准确的定位在鼠标点击的位置上，只是会停在离鼠标点击的点距离最近的节点上。这个问题将在后续的实例中解决。

图 6-76

利用节点路径搜索路径，鼠标在场景中点击时，角色可以选择一个最短的路径，移动到目的地（方法 3）。

这个实例在上面实例的基础上，只是修改控制角色选择最短的路径移动到目的地行为流程编写。在这个例子中，将使用另一个搜寻路径的行为模块 Find Path。

$\boxed{1}$　打开 Eve_06_Nodal Path_02.cmo 文件。

$\boxed{2}$　在 Schematic 视窗，展开 Level Script 流程编辑视窗，把 Entity Find Nodal Path 行为模块用 Find Path 行为模块替换，如图 6-77 所示。Find Path 行为模块与 Entity Find Nodal Path 行为模块的功能类似，所不同的是，前面搜寻到路径并不需要知道路径的开始点在哪里，但 Find Path 行为模块是需要告诉它哪里是起点，哪里是终点。

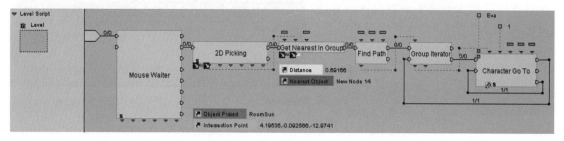

图 6-77

○ Find Path 行为模块

路径：3D Transformations/Nodal Path。

主要应用：取得一个从起点到终点的节点群组。

参数设置

Nodal Path：指定寻找节点路径的群组。

Start Object：起点。

Goal Object：抵达的目的地。

Object List：到目的地的路上所通过的节点清单，如果没有找到路径，这个清单将会是空的。

从上面的介绍可以看到，Find Path 的 2 个参数输入节点一个是起点，一个是终点，而且任何节点都可能成为它的起点或终点，所以它们是一个变数。返回值是一个群组中的节点。

3 下面要取得 Find Path 两个节点，一个是起点，就是距离角色最近的节点；另一个是终点，是距离鼠标点击点最近的节点。加入一个获得群组中节点行为模块 Get Nearest In Group，并与 2D Picking 流程输出端连接，如图 6-78 所示。

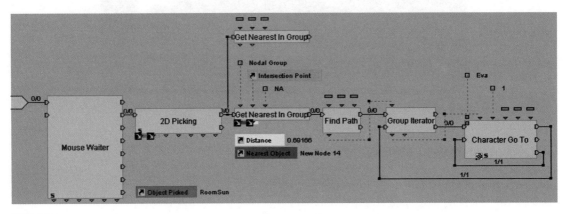

图 6-78

> **说明**
>
> 图 6-78 中，下面的 Get Nearest In Group 行为模块是判断离距离鼠标点击的地方最近的节点，上面的 Get Nearest In Group 行为模块是判断离 Eva 最近的节点。

4 设置上面的 Get Nearest In Group 行为模块的参数，如图 6-79 所示。

5 右键单击上面的 Get Nearest In Group 行为模块的第 1 个输出参数的倒三角，从弹出菜单中选择 Copy，然后在 Find Path 行为模块的上方单击右键，从弹出菜单中选择 Paste As Shortcut 命令建立快捷方式，在 Get Nearest In Group

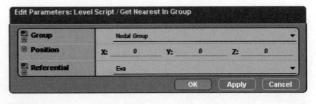

图 6-79

行为模块的第 1 个输出参数被复制的地方单击右键，从弹出菜单中选择 Set Shortcut Group Color 命令，打开编辑窗口选择一个颜色，作为快捷方式组的颜色，如图 6-80 所示。

6 下面设置 Find Path 行为模块的输入参数起点和终点。将两个输入参数分别与相应的快捷方式连接，如图 6-81 所示。

图 6-80

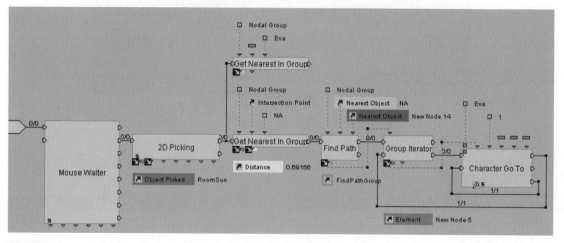

图 6-81

　　7　下面整理一下流程数据连线，把数据传递的连线都改为与其相对应的快捷方式连接，如图 6-82 所示。

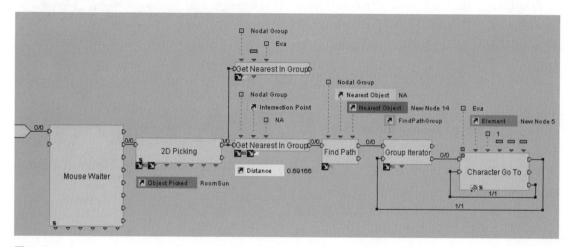

图 6-82

8 播放测试，观察当鼠标在场景中点击后，Eva 是如何走到那个点的，如图 6-83 所示。

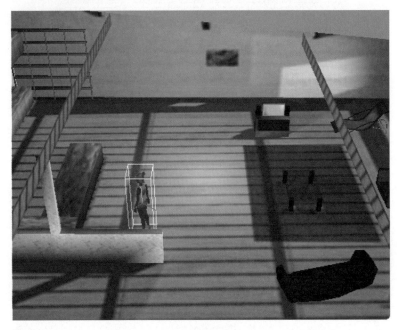

图 6-83

9 保存文件为 Eve_06_Nodal Path_03.CMO。

实例 6-7

利用节点路径搜索路径，鼠标在场景中点击时，角色可以选择一个最短的路径，移动到目的地（方法 4）。

这个实例在上面实例的基础上，将使角色可以走到鼠标点击点的位置，这个位置可能并不在搜寻路径的节点处，而是某个节点的附近。如果想让角色能够走到没有节点的位置停下来，这里要再增加 1 个 3D Frame，命名为 Final，用 Set Position 行为模块确定 Final 的位置，然后再增加 1 个 Character Go To 行为模块，让角色最后走到 Final 点的位置。

1 打开 Eve_06_Nodal Path_03.CMO 文件。

2 在 3D Layout 视窗，单击按钮，新建立一个 3D Frame，在 3D Frame Setup 视窗，设置 3D Frame 的位置，并命名为 Final，设置 IC，如图 6-84 所示。

3 在 Group Iterator 行为模块后面加上 3D Transforms/Basic/Set Position 行为模块，如图 6-85 所示。

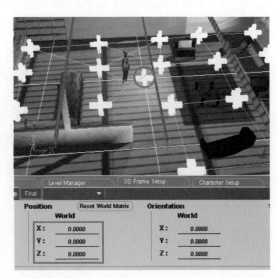

图 6-84

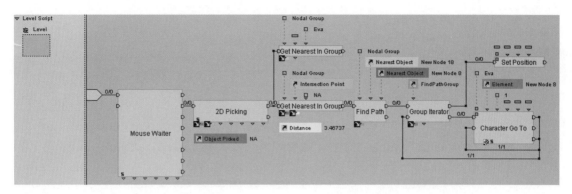

图 6-85

4　双击 Set Position 行为模块，设置参数。因为 Set Position 行为模块是要确定 Final 的位置，所以设定 Target 为 Final，如图 6-86 所示。

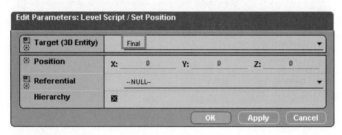

图 6-86

5　Set Position 行为模块的输入参数 Position 应该是一个变量，由鼠标点击的位置决定，因此把下面的 2D Picking 的交叉点输出参数的快捷方式与 Set Position 行为模块的输入参数 Position 连接，如图 6-87 所示。

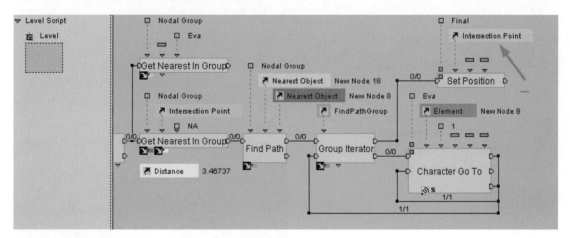

图 6-87

6　在 Set Position 行为模块后面连接 Character Go To 行为模块，让角色 Eva 走向 Final 所在位置，如图 6-88 所示。

7　双击与 Set Position 行为模块连接的 Character Go To 行为模块，设置参数，如图 6-89 所示。

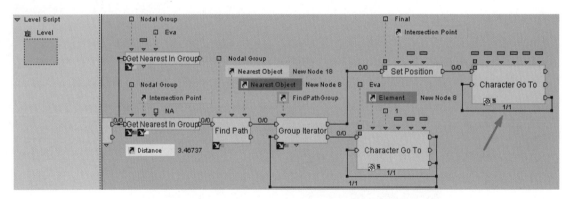

图 6-88

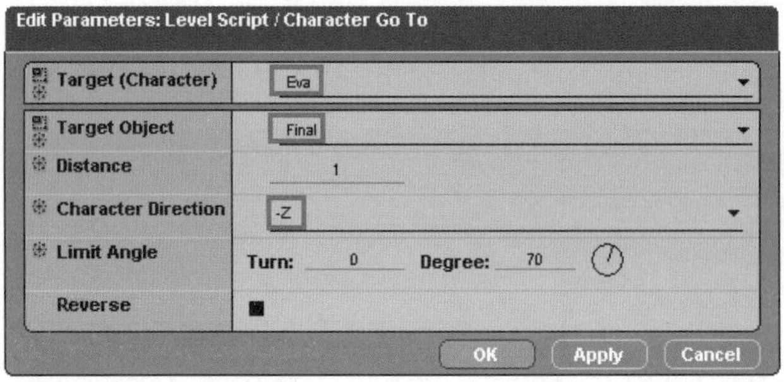

图 6-89

8 整理整个流程，如图 6-90 所示。

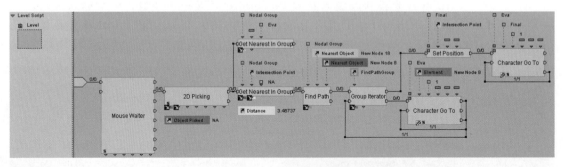

图 6-90

9 播放测试，观察当鼠标在场景中点击后，Eva 是否走到那个点的位置了，如图 6-91 所示。

10 保存文件为 Eve_06_Nodal Path_04.cmo。

利用节点路径搜索路径，鼠标在场景中点击时，角色可以选择一个最短的路径，移动到目的地（方法 5）。

图 6-91

　　这个例子仍然靠新增加 1 个命名为 Final 的 3D Frame，通过鼠标点击位置坐标，用 Set Position 行为模块确定 Final 的位置，然后让角色最后走到 Final 点的位置。这里要改变搜寻路径的行为模块同样能实现角色可以走到不是节点的位置上。使用行为模块 Find Curved Nodal Path 和 Character Curve Follow（角色跟随曲线）。

● Find Curved Nodal Path。（取得跟随的节点曲线）行为模块
路径：3D Transformations/Nodal Path。
主要应用：在起点与终点之间，取得一条跟随的曲线。

参数设置
Nodal Path：指定寻找节点路径的群组。
Start Object：设定起始点。
Goal Object：设定到达的终点。
Fitting Coef（匹配系数）：以百分比数值来表示产生曲线的圆滑程度。

● Character Curve Follow（角色跟随曲线）行为模块
适用对象：Character。
主要应用：使角色跟随 3D 曲线的路径运动。

参数设置
Curve To Follow：设定角色要跟随的曲线。
Start Percentage：设定角色在曲线上开始的位置（以百分比表示）。0% 表示从头开始，50% 表示从曲线的一半开始。
Character Direction：设定角色面对的方向。
Current Percentage（当前百分比）：以百分比 0%~100% 表示行为模块执行的进度，0% 表示开始，50% 表示从中间开始，100% 表示完成，当要在执行的同时插入颜色、矢量、方向等的变化时，此参数很有用。
　　这个行为模块传送给角色一个 Joy_Up 信息，启动角色执行沿着路径运动的指令。

注意

　　（1）播放指定动作时，如 Walk，必须配合 Character Controller（角色控制器）或 Unlimited Controller（无限制控制器）发送的 Joy_Up 信息，来启动角色执行沿着路径运动的指令。
　　（2）Percentage 数值需与 Float 和 Angle 数值保持一致。

　1　打开 Eve_06_Nodal Path_04.cmo 文件。
　2　把 Level Script 视窗中的流程后半部分的流程都删掉，如图 6-92 所示。
　3　在 2D Picking 后面连接 Set Posit-ion 行为模块，来确定 3D Frame (Final) 的位置。双击 Set Position 行为模块设置参数，如图 6-93 所示。
　4　将 2D Picking 的交叉点输出参数的快捷方式与 Set Position 行为模块的位置输入参数连接，如图 6-94 所示。

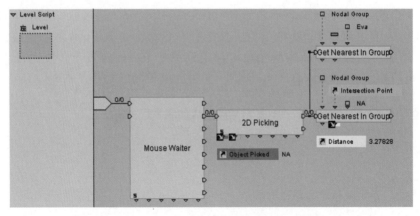

图 6-92

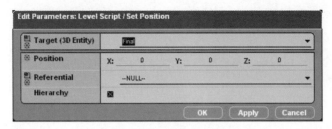

图 6-93

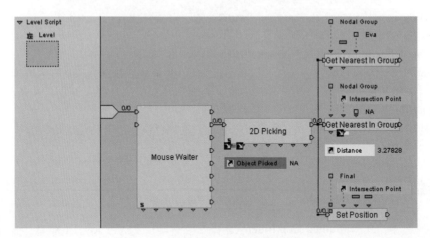

图 6-94

⑤ 接下来制作角色沿搜寻路径曲线向目标点运动。加入 Find Curved Nodal Path 行为模块和 Character Curve Follow 行为模块以及 Character Go To 行为模块，并连接流程，如图 6-95 所示。

⑥ 双击 Find Curved Nodal Path 行为模块，设置参数，如图 6-96 所示。

★ 说明

图 6-96 中，Start Node 、Goal Node 是 2 个变量，分别由角色最近的节点和鼠标点击位置最近的节点来决定。

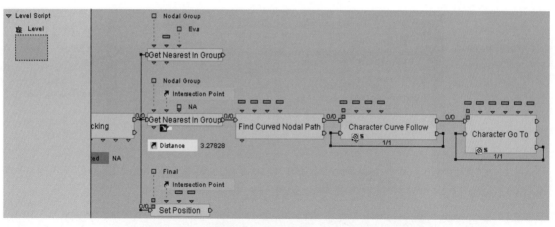

图 6-95

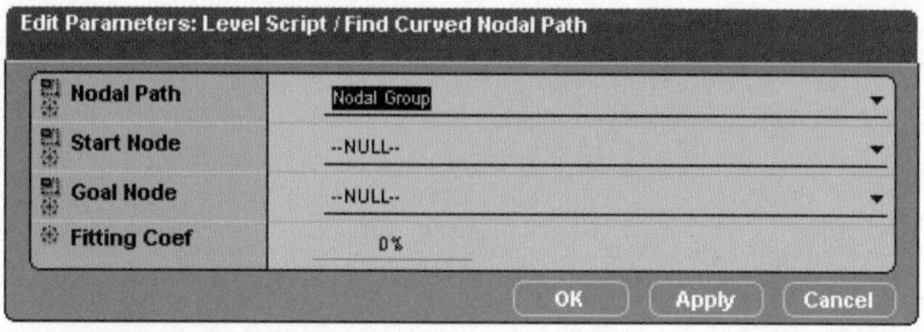

图 6-96

7　Start Node、Goal Node 分别与上下 2 个 Get Nearest In Group 行为模块的节点输出参数的快捷方式连接，如图 6-97 所示。

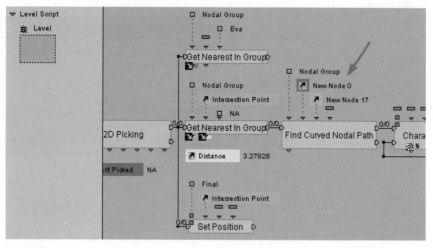

图 6-97

8　双击 Character Curve Follow 行为模块，设置参数，如图 6-98 所示。

说明

要跟随的曲线 Curve To Follow 是变数，由 Find Curved Nodal Path 输出参数决定。

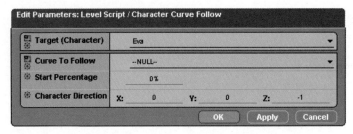

图 6-98

⑨ 把 Find Curved Nodal Path 输出参数的快捷方式与 Character Curve Follow 行为模块的 Curve To Follow 参数输入连接，如图 6-99 所示。

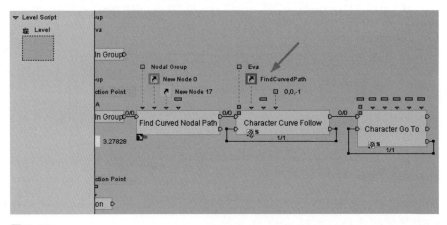

图 6-99

⑩ 双击 Character Go To 行为模块，设置参数，如图 6-100 所示。

⑪ 整理流程，如图 6-101 所示。

⑫ 播放测试，观察当鼠标在场景中点击后，Eva 是否走到那个点的位置了。

⑬ 保存文件为 Eve_06_Nodal Path_05.cmo。

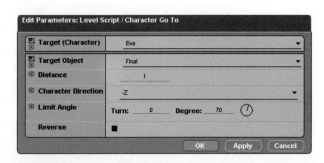

图 6-100

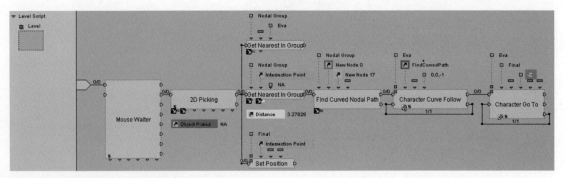

图 6-101

第三节　网格路径搜寻

利用 Grid 建立碰撞区域，再配合网格路径搜寻的方法，寻找出画面上任两点的最短距离，让角色沿计算出来的路径移动。

 实例 6-9

利用建立的网格划分碰撞区域，再配合网格路径搜寻方法，让角色能够沿着计算出的路径移动。

网格（Grid）可以用于区域的碰撞规划，也可以利用其连续排列的特性，搭配网格路径搜寻，寻找出画面上任意 2 点最短距离。

1　打开 Eva_06_Grid_00.cmo 文件。

2　建立碰撞 Grid 区域。单击 3D Layout 视窗左侧的▦按钮，新建立一个网格。将浏览视窗切换到 Top View，在 Grid Setup 视窗中，单点击左下方的箭头增加网格，如图 6-102 所示。

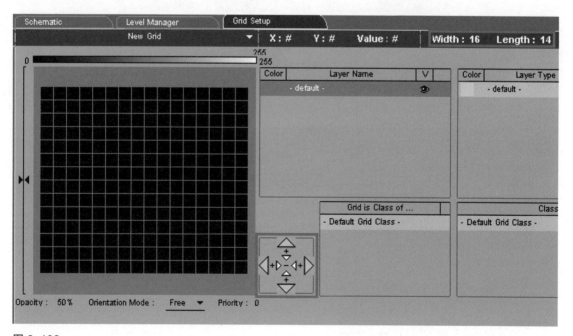

图 6-102

3　利用移动工具✥和缩放工具⬚将网格完全覆盖角色移动的区域，如图 6-103 所示。

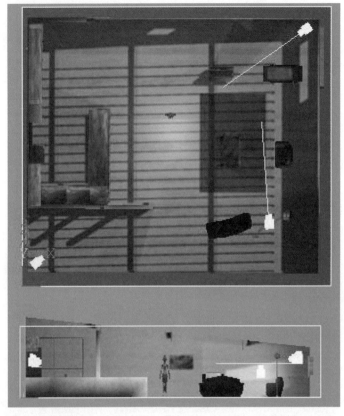

图 6-103

4 在 Grid Setup 视窗中，在右边单击右键新增一个 Grid Layer，命名为 Collision Layer，并设置网格颜色为红色。

5 将右边的 Collision Layer 直接拖放到左边的作用区，如图 6-104 所示。

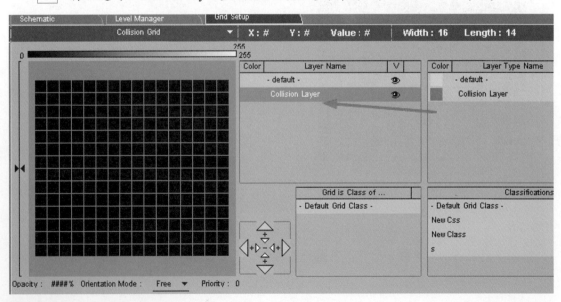

图 6-104

6 下面把场景里面的一些障碍物画出来，如图 6-105 所示。

图 6-105

7 设定路径搜寻。在 Level Manager 视窗中，选择 Level Scripts，单击 Create Script 按钮，新建立 Level Script。双击 Level Script，进入到 Schematic 视窗。

8 将 Controllers/Mouse/Mouse Waiter 拖放到 Level Script 中，作用是等待鼠标左键按下。再将 Interface/Screen/2D Picking 拖放到 Level Script 中，将鼠标所点到的位置转换为 3D 矢量。然后，将 Grid/Path Finding/Grid Path Solver 拖放到 Level Script 中，将 Goal 的位置设定为 2D Picking 所取得的 3D 矢量，如图 6-106 所示。

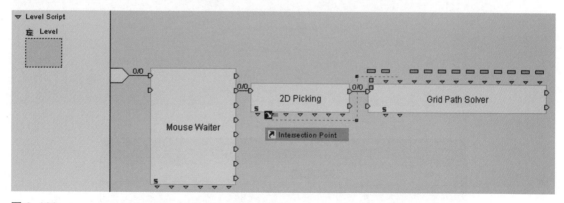

图 6-106

● Grid Path Solver 行为模块

主要应用：解决一个新路径寻找的问题。

参数设置

Position In Owner Ref（区域坐标）：以自己为参考点位置。

Goal Position（目标位置）：以目标为参考点位置。

Goal Position Ref（目标位置参考点）：作为参考点的目标。

Heuristic Method（计算方法）：计算距离的方法。

Heuristic Factor（计算系数）：决定预估计方法的系数。

Diagonal（斜线）：能够做对角线的移动。

Obstacle Layer（障碍层）：障碍图层。

Obstacle Threshold（障碍临界值）：假如障碍图层的值大于障碍临界值时，即判断为障碍物体。

Slowing Factor（减速系数）：增加或减少障碍图层的影响。

Use Linkers（使用连接）：允许目标使用的连接。

Linkers As Obstacles（连接障碍）：是否考虑连接点之间是否有障碍。

Ms/Frame（时间）：计算一个画面所花费的最大时间。

Path ID（路径序号）：表示路径的 ID 值。

List of Point（位置点序列）：表示路径的节点清单。

Curve（曲线）：表示一条路径。

Path's Length（曲线长度）：路径的长度。

Path Type（路径的类型）：选择所呈现的路径类型。

Optimize Path（最佳化路径）：指定是否对产生的路径作节点数量的最优化。

9　注意在使用 Grid Path Solver 行为模块之前，要对建立的 Grid 进行初始化。这里使用行为模块 Grid/Path Finding/Grid Path Init，如图 6-107 所示。双击 Grid Path Init 行为模块，设置参数，如图 6-108 所示。

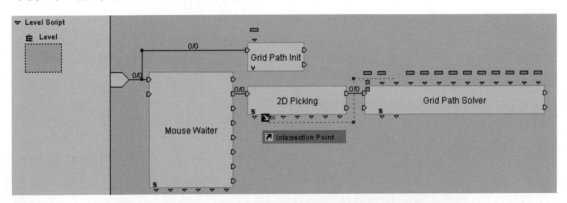

图 6-107

图 6-108

○Grid Path Init 网格路径初始化行为模块

主要应用：为网格路径寻找的 Grid Graph 设定初始值。

参数设置

Layer1 图层：障碍图层。

10 对 Grid Path Solver 行为模块参数进行设置，如图 6-109 所示。

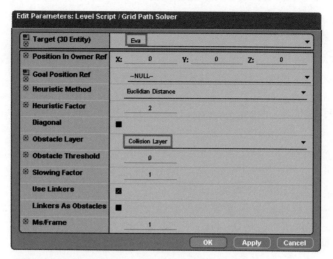

图 6-109

图 6-109 中，Target 谁要搜索路径的起点：从 Eva 开始。Heuristic Method 探索方法：距离的计算方式，Euclidian Distance 欧基米德算法，这种算法最准确，它是把 2 个点的 $(X1-X2)^2+(Y1-Y2)^2+(Z1-Z2)^2$ 再开根号，但计算最耗费时间，所以这种方法对简单场景可以使用；Manhattan Distance 这种算法比较简单，它只是把 Z 与 X、Y 差的绝对值相加得到的和，作为距离比较的依据，只是计算不太准确；Squared Euclidian Distance 与 Euclidian Distance 的算法类似，只是相对要简单一些，它是把 2 个点的 $(X1-X2)^2+(Y1-Y2)^2+(Z1-Z2)^2$ 只做平方和，不开根号；Optimized Euclidian Distance 这种方法比较特别，比较复杂。Heuristic Factor 探索系数，如果小，一格一格去检测；大一点的话，会跳过几格才检测。Diagonal 斜线。

11 到目前为止，根据鼠标点击的地方和角色停留的位置，找到了一条路径，下面让角色沿着这个路径移动到目标点。增加 Grid/Path Finding/Character Grid Path Follow 行为模块连接流程，如图 6-110 所示。

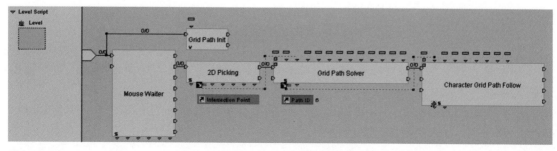

图 6-110

○ Character Grid Path Follow（角色沿着网格路径运动）行为模块

主要应用：使角色沿着 Grid Path Solver 产生的路径运动。

参数设置

Path ID（路径 ID 编号）：设定路径的 ID 编号。

Character Direction（角色面对方向）：设定角色面对方向。

Change Direction Factor（更改方向系数）：允许角色面对方向可以更改。

Limit Angle（限制角度）：当角色行走过程中转向角度大于 Limit Angle 时停止运动。

Fuzzyness（失真）：增加路径的干扰。

To And Fro（连续往返）：勾选表示角色跟随路径有 2 种方法，不确定以哪种方法执行。

Max Blocked Time（最大封锁时间）：设定角色在遇到异常终止前必须等待的最大时间，然后 Can't Follow Path 无法跟随路径将被启动。

Blocked Distance（封锁距离）：设定角色被视为被封锁之前，必须覆盖的最小距离。

Enter Teleporter Time（进入传送点时间）：设定角色在被传送前必须等待的时间。

Travel Teleporter Time（传送时间）：设定传送途中的时间。

Exit Teleporter Time（离开传送时间）：设定角色离开传送点所需要的时间。

Collision Object（碰撞对象）：输出与角色发生碰撞的三维实体。

Avoid Object（避开的对象）：输出与角色需要避免碰撞的三维实体。

12　双击 Character Grid Path Follow 行为模块，参数设置，如图 6-111 所示。

13　播放测试，当鼠标在地板上点击后，角色是否能走到目的地，如图 6-112 所示。

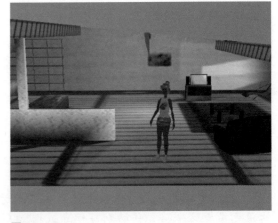

图 6-111　　　　　　　　　　　　　　图 6-112

14　保存文件为 Eva_06_Grid_01.cmo。

实例 6-10

利用建立的网格划分碰撞区域，再配合网格路径搜寻方法，让角色能够沿着计算出的路径移动（方法 2）。

在上个实例的基础上，Grid Path Solver 的参数设定由原来的 Path ID 更改为 List of Point，利用 Array 来决定路径目的地点。

1　打开 Eva_06_Grid_01.cmo 文件。

2　在 Level Script 中，将 Grid Path Solver 行为模块后面的 Character Grid Path Follow 行为模块删掉。在 Grid Path Solver 行为模块上单击右键，在弹出菜单中，选择 Edit Setting 命令，

图 6-113

打开参数编辑视窗，设置 Path Type 为 List of Point（上个实例 Path Type 选择的是 Path ID），如图 6-113 所示。

3　这样一来，Grid Path Solver 行为模块就会输出一个点一个点的坐标点（xyz），而且它会把这些点放在 Array 中，如图 6-114 所示。

4　因为 Grid Path Solver 行为模块输出的是点，而且是放在 Array 中，下面播放测试看一下，当鼠标在场景不同地方点击时，Grid Path Solver 会取出鼠标点击点的坐标，产生一个临时的动态阵列。在 Path Array 上单击右键，打开 Array Setup 视窗，看到产生的阵列，如图 6-115 所示。

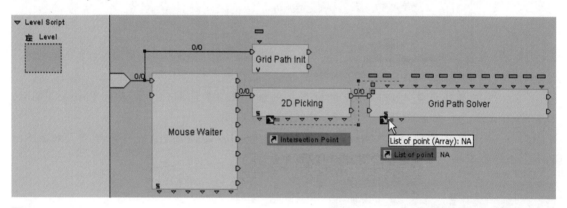

图 6-114

注意

播放后，不要按 [IC<]，这个阵列是临时的，如果单击 [IC<]，这个阵列就消失。

5　回到 Level Script 视窗，要将这一笔笔的 Array 资料取出，来决定一个一个点，让角色走到目标点。增加 Logics/Array/Iterator 阵列迭代器，它可以利用重复存取的方式，在 Array 中取得每一笔的资料。设置 Iterator，如图 6-116 所示。

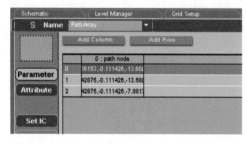

图 6-115

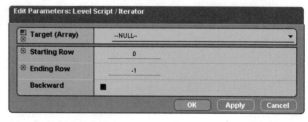

图 6-116

说明

　　图 6-116 中，Target(Array) 应该是前面 Grid Path Solver 产生的动态阵列决定的。Starting Row 是 0 的话，是阵列中的第一笔资料，Ending Row 是 −1 的话，是阵列中的所有资料。如果从后往前取的话，勾选 Backward。

　　6　将 Grid Path Solver 行为模块第 1 个输出参数与 Iterator 的 Target 相连，如图 6-117 所示。

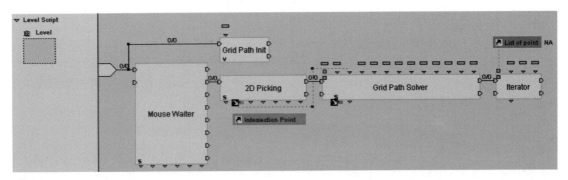

图 6-117

　　7　下面要让角色走到目标点的位置。增加一个 3D Frame，命名为 Target Point，让它作为目标点，角色向目标点移动，如图 6-118 所示。

　　8　确定目标点的位置。增加 Transforms/Basic/Set Position 行为模块。双击 Set Position 行为模块，设置参数，如图 6-119 所示。

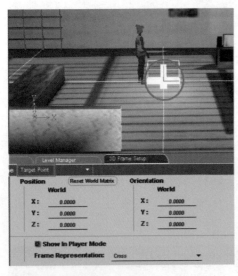

图 6-118

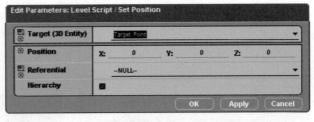

图 6-119

说明

　　这里 Position 应该是一个变量，要让它能够从前面的参数输出得到。

9　Iterator 现在只有 1 个 Row Index 参数输出，如果要能够有 1 个三维坐标输出就好了。这里先不要连接 Set Position 流程连线，单击播放按钮后，鼠标在场景中点击，使它产生阵列资料，然后双击 Iterator 打开编辑视窗，什么都不要做，直接按 OK 按钮退出，这时 Iterator 行为模块下方就又新增加 1 个输出参数 Vector，如图 6-120 所示。

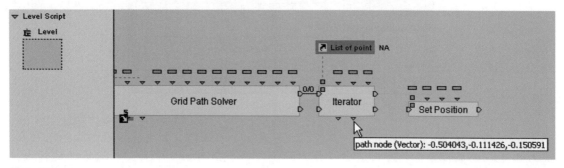

图 6-120

10　连接流程连线，再将 Iterator 行为模块下方输出参数 Vector 连接到 Set Position 行为模块的 Position 输入参数上，如图 6-121 所示。

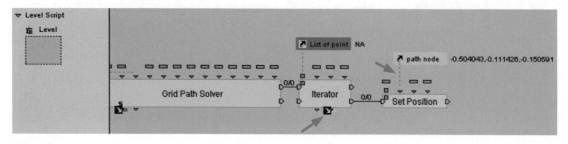

图 6-121

11　加入控制角色移动的行为模块 Characters/Movement/Character Go To 与 Set Position 连接，别忘了做回圈，如图 6-122 所示。

说明

角色根据 Target Point 的坐标，一直走过去，达到的话，要从 Arrived 端出来再连回到 Iterator 的 Loop In 端，再去读取阵列中的资料。

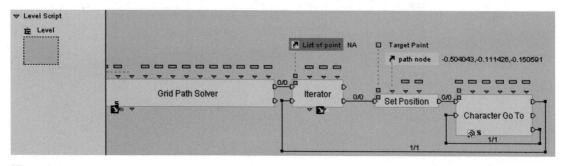

图 6-122

12 双击 Character Go To 行为模块，设置参数，如图 6-123 所示。

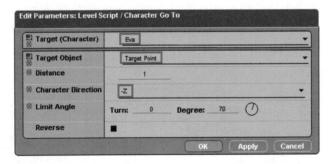

图 6-123

13 播放观察一下，当走一个长距离，再走一个短距离，会发现原来的资料还存在，会影响下一个资料角色的行走。所以要加一个把前一个 Array 中的资料清干净的行为模块，增加 Logics/Array/Clear Array 行为模块，如图 6-124 所示。

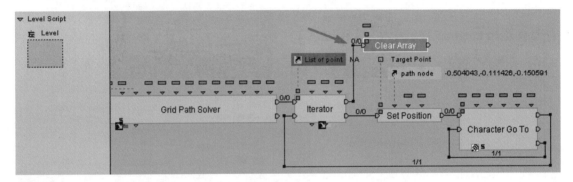

图 6-124

● Clear Array（清除阵列）行为模块
主要应用：清除阵列中的每一列。

注意

不清除行。

14 指定要清除的阵列，如图 6-125 所示。

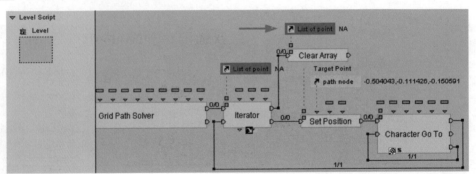

图 6-125

15　播放测试，观察效果，如图 6-126 所示。

图 6-126

16　保存文件为 Eva_06_Grid_02.cmo。

实例 6-11

利用建立的网格划分碰撞区域，再配合网格路径搜寻方法，让角色能够沿着计算出的路径移动（方法 3）。

在实例的基础上，利用 Curve 控制角色移动，在 Grid Path Solver 的 Setting 窗口中，改变参数为 Curve，然后让角色沿着曲线走。

Curve 应放在 Grid 的上面。

1　打开 Eva_06_Grid_01.cmo 文件。

2　在 Level Script 中，将 Grid Path Solver 行为模块后面的 Character Grid Path Follow 行为模块删掉。在 Grid Path Solver 行为模块上单击右键，在弹出菜单中，选择 Edit Setting 命令，打开参数编辑视窗，设置 Path Type 为 Curve，如图 6-127 所示。

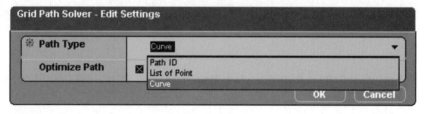

图 6-127

③ 这样 Grid Path Solver 输出参数就是一个曲线。加入角色跟随曲线的行为模块 Characters/Movement/Character Curve Follow，连接流程，如图 6-128 所示。

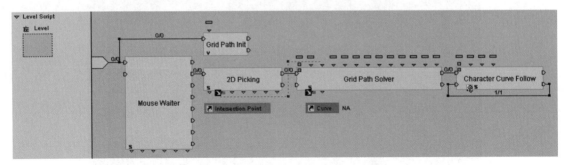

图 6-128

④ 双击 Character Curve Follow 行为模块，设置参数，如图 6-129 所示。

> **说明**
>
> 图 6-129 中，Curve To Follow 跟随曲线是一个变量，要由前面的 Grid Path Solver 来决定。

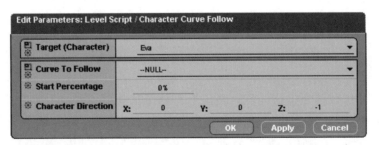

图 6-129

⑤ 把 Grid Path Solver 行为模块的输出参数 Curve 与 Character Curve Follow 行为模块的输入参数 Curve To Follow 连接，如图 6-130 所示。

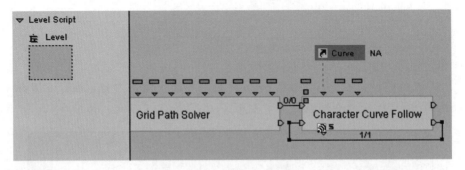

图 6-130

⑥ 播放测试，当鼠标在场景中点击后，角色是否沿着一条通往目的地的点移动，如图 6-131 所示。

图 6–131

7 保存文件为 Eva_06_Grid_03.cmo。

课后练习

给几个小游戏的文件，了解流程编写，学习行为模块的使用。

文件：Virtools Game（本书配套光盘 chap 6 提供）。

第七章
粒子系统

本章内容包括声音的控制（角色的脚步声以及环境声），实时呈现虚拟角色或物体的阴影效果以及对于场景中氛围渲染的粒子效果实现。这里重点讲授虚幻场景中水、火、烟雾等效果在 Virtools 中实现的方法和对于粒子系统的详细介绍，以实际范例制作游戏场景中的自然现象是如何应用粒子系统的实现的。

- 声音的控制
- 阴影的设置
- 粒子系统

第一节　声音的控制

在游戏中，按照声音的功能不同，可以把它分作音乐和音效两部分；音乐和声音是决定一个游戏意境的重要标志，好的音乐、声效往往让游戏增色不少，使游戏更具有娱乐性，让人不容易产生反感，使游戏更赋有真实性。按照声音的作用不同，还可以分为背景渲染和对事件警示两种。针对不同的需求设计不同的声音，使其充分满足游戏的需要，更好地为游戏主题服务。

声音，作为环境渲染和气氛烘托的手段，使游戏更具有强烈的时代文化气息，强调了开发者所要表达的主题，对于游戏内涵的增强具有积极的意义。严格根据游戏的需要，选择恰当的声音，是对游戏内涵的增强和补充，能让玩家的视听统一起来，更快地融入角色，更深入地体会游戏的乐趣，这正是开发设计者想要达到目的。

首先应该了解 Virtools 支持哪些声音格式以及在场景中声音的类型。

● 声音格式

Virtools 支持多种声音格式的文件，如 .wav、mp3、wmv 等。.wav 文件没有压缩，文件通常比较大，播放时不耗费 CPU 的资源，而 .mp3 格式的文件是经过压缩处理的，文件比较小，但是在播放的过程中，要耗费较多的 CPU 资源做解压缩的处理。选择哪种格式的文件，要根据具体情况来定。

● 声音分类

在 Virtools 中，声音主要分为 2D Sound 和 3D Sound。2D Sound 通常情况下是背景音乐或界面的音效；3D Sound 属于三维的声音，是立体声，声音随远近和方向变化。

实例 7-1

背景声音的播放。

通过这个例子，了解声音的设置、控制和相应行为模块的使用。

[1] 将 Virtools Resources 资源库中的 Apartment.nmo 文件拖放到场景中。

[2] 将 Virtools Resources 资源库中的声音文件 ambience_sping.wav 拖放到场景中，如图7-1 所示。

图 7-1

③ 打开 Sound Setup 视窗，勾选 Background 选项，设定声音为背景声音，勾选 Loop 选项，让声音重复播放（如果这里不勾选，可以在行为模块中设置循环播放），如图 7-2 所示。

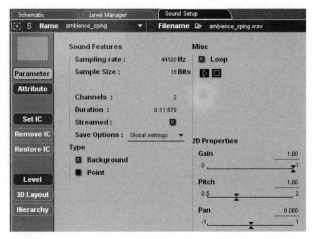

图 7-2

● 声音设置窗口中的各项说明

Sound Features

Sampling rate：声音的采样率，以赫兹为单位。

Sample Size：采样大小。

Channels：通道数，如果是 1，单声道；如果是 2，立体声。

Duration：声音的长度。

Streamed：如果勾选，则声音一边载入一边播放，这样会比较节省内存空间；如果不勾选此选项，则整个声音的资料将全部载入系统的内存中。

Save Options：存储方式，分 3 种。External（外部存储）方式，在保存后，只存储文件名和路径，声音文件是不与 CMO 文件放在一起的，所以通常会建立一个目录存放所有声音文件。Global Settings（全局设定）使用 General Preference 里面的存储方式。Original File（原始文件）以最原本的方式将声音与 CMO 存放在一起。

Type

Background：勾选此项，2D Sound 作为背景声音或是音效。

Point：勾选此项，3D Sound，这样右侧会出现有关 3D Sound 的属性参数，如图 7-3 所示。

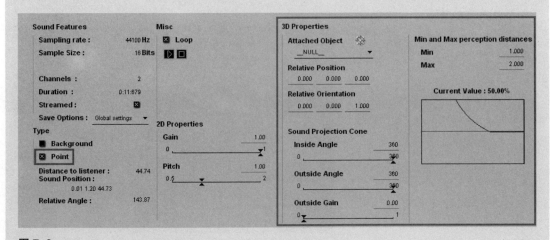

图 7-3

Misc
Loop：勾选此项，声音文件可以重复连续播放。

2D Properties
Gain：控制声音的大小。
Pitch：控制声音播放的快慢。

　　4　在 Sound Setup 视窗，单击 Loop 下方的 ▶ 按钮，对拖放到场景中的声音进行播放，如果要更换声音文件可以单击上方的 Filename 📂 ambience_sping.wav 按钮，从其他的路径中找要更换的声音文件。

　　5　下面设定声音的播放方式。在 Level Manager 中，选择 Level Script，单击 ⊞ 按钮，新建立一个 Level Script。

　　6　切换到 Level Script 视窗，将 Sound/Basic/Wave Player 行为模块拖放到 Level Script 中，并与开始端连接，如图 7-4 所示。

　　7　双击 Wave Player 行为模块，打开参数设置窗口，进行参数设置，如图 7-5 所示。

　　● Wave Player 行为模块
适用对象：声音文档。
主要应用：播放 Wave 声音文档，主要用在背景音乐上。可以使声音有淡入淡出效果。

参数设置
Fade In：淡入的时间，单位为毫秒（Milliseconds）。
Fade Out：淡出的时间，单位为毫秒（Milliseconds）。
Loop：如果选择此选项，声音会重复播放。

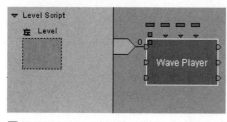

图 7-4

图 7-5

　　8　播放测试，听听是不是有不间断的背景音乐。
　　9　保存文件为 07_Sound_01.cmo。

实例 7-2

声音叠加播放效果。

有时候背景声音或音效需要让声音叠加起来，如一连串的枪声，如果使用上面实例的方法，就不合适了，因为上面的声音虽然是连续的，但是声音是很规律地播完一遍再播一遍。下面使用另一个控制声音的行为模块 Play Sound Instance。

Play Sound Instance（播放声音物件）行为模块

路径：Sound/Basic。

适用对象：声音文档。

主要应用：完整播放一次声音文档，可以选择是否把它附属到某个物件上。

参数设置

2D：以 2D 声道播放声音文档，如果勾选，下面的参数设定将没有作用。

Object（附属物件）：声音的附属物件。

Position：声音位置。

Direction：声音方向。

Min Delay：播放 2 次同样声音文档的最短延迟。

Volume：音量控制，100% 为最大音量。

注意

（1）此行为模块常用来播放重复的声音，如模拟回音效果或枪声。

（2）播放的声音文档不能是串流。

1　打开 Sound_01.cmo 文件。

2　从 VirtoolsResource 资源库中 Sound 文件夹下把 M16_Shoot.wav 拖放场景中。

3　可以在 Sound Setup 视窗中设置 M16_Shoot.wav，如图 7-6 所示。

4　双击 Wave Player 行为模块，打开参数设置窗口，将 Target 设置为 M16_Shoot.wav，单击播放按钮，听一听枪声效果，会发现枪声很规律，一点也没有嗒嗒嗒的效果。

5　把 Level Script 中的 Wave Player 行为模块删掉。把 Sound/Basic/Play Sound Instance 行为模块拖放到 Level Script 中，这里要用键盘控制声音的播放频率，再将 Controller/Keyboard/Key Event 行为模块拖放进来。双击 Key Event 行为模块，设置 Key Waited 为 Space，如图 7-7 所示。

6　将 Key Event 行为模块 Released 输出点（当放开 Space 键时触发）和 Play Sound Instance 行为模块的 In 点连接，如图 7-8 所示。

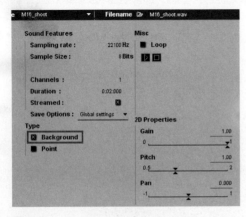

图 7-6

图 7-7

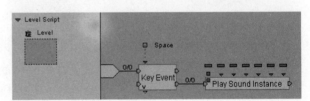

图 7-8

7 双击 Play Sound Instance 行为模块，设置参数，如图7-9所示。

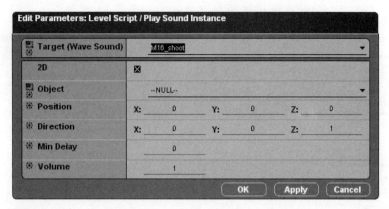

图 7-9

🔒注意

> 在前面把 M16_shoot.wav 设置为背景声音，在 Play Sound Instance 设置参数窗口中的 2D 项如果不勾选的话，在播放测试时，会出现报错信息，系统会认为现在这个声音是 3D 声音，而且系统无法自动将 2D Sound 转换为 3D Sound。所以 Play Sound Instance 设置参数窗口中的 2D 项一定要和 M16_shoot.wav 设置的类型一致，在本例中，一定要勾选 2D 项。

8 播放测试，不断按下 Space 键可以听到嗒嗒嗒的枪声了。

9 如果想让每一声枪响再有 0.1 的间隔控制的话，可以在后面连接 Logics/Loops/Delayer 行为模块，如图7-10所示。

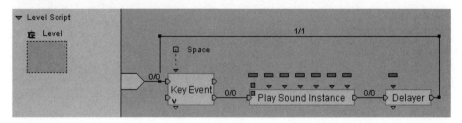

图 7-10

10 双击 Delayer 行为模块，设置延迟的时间，如图7-11所示。

11 播放测试，听一听这样的效果，和前面没有加 Delayer 行为模块时的效果比较一下。

12 下面再增加控制声音播放的流程，让更多的枪声加入进来，使声音听起来好像在激战。使用另一种键盘控制行为模块 Controllers/Keyboard/Switch On Key，与 Play Sound Instance 和 Delayer 行为模块配合来控制声音的播放。

13 将 Switch On Key 拖放到 Level Script 中，双击 Switch On Key，设置按键，如图7-12所示。然后将流程输入点与开始端连接。

14 下面把上面流程中的 Play Sound Instance 和 Delayer 行为模块复制出来。按 Ctrl

键同时拖动鼠标框选 Play Sound Instance 和 Delayer，然后按 Shift 键同时将选中的 Play Sound Instance 和 Delayer 行为模块拖动到空白处，如图 7-13 所示。

图 7-11　　　　　　　　　　　　　　　　　　　图 7-12

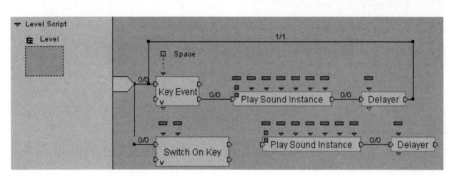

图 7-13

15　连接流程。注意 2 个回圈的连接。Switch On Key 要有 1 个回圈，Delayer 与 Switch On Key 要有 1 个大的回圈，如图 7-14 所示。

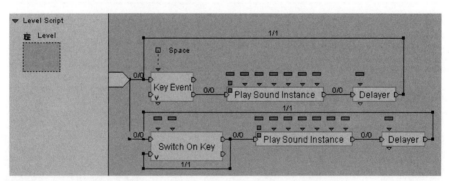

图 7-14

16　保存文件为 07_Sound_02.cmo。

实例 7-3

声音的连续播放，针对角色与声音的联系。角色在场景中行走，脚落地时发出啪嗒啪嗒的脚步声。

1　新建立一个文件。

2　从 VirtoolsResource 资源库中把 Room_Light.nmo 和角色 Pierre 拖放到场景中，并把相关的动作拖放到 Pierre 身上。

3　角色动作控制。增加 Unlimited Controller、Keyboard Mapper、Enhanced Character Keep On Floor 行为模块连接流程，如图 7-15 所示。

4　从 Virtools Resource/Sound/SFX 中把 Mud2.wav 声音文件拖放到场景中。在 Sound Setup 中设置声音的相关参数，如图 7-16 所示。

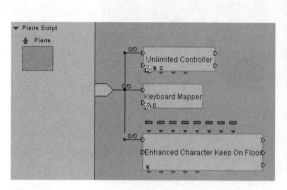

图 7-15

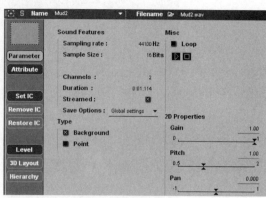

图 7-16

5　增加动作同步器行为模块 Characters/Animation/Animation Synchronizer。

● Animation Synchronizer 行为模块

适用对象：角色。

主要应用：在播放角色动作的时候，同步发送特定的信息。

自定义对话框如图 7-17 所示。

图 7-17

在自定义对话框中，首先在左上角的选择区域，指定一个动作的类型，然后单击 **Add** 按钮来确定选择的动作物件。此时对话框下半部分将出现一个预设名称为 Message 列，双击此行文字将出现下拉选单，允许自定义需要发送的信息或信息的关键画格，用鼠标点选产生一个小红点加以标记。

6　在对话框中，选择 Walk 动作，设置角色左右脚踏到地面上的帧画面用鼠标点击做标记，这样要控制角色脚落地时会发出 PlaySound。同样选择 WalkBackwd 动作，设置角色左右脚踏到地面上的帧画面用鼠标点击做标记，这样要控制角色脚落地时会发出 PlaySound，如图 7-18 所示。

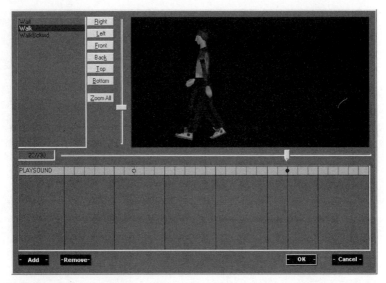

图 7-18

7 加入 Logics/Messages/Wait Message 等待 PlaySound 信息的行为模块和 Play Sound Instance 播放声音物件器行为模块，连接流程，如图 7-19 所示。

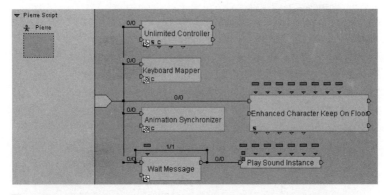

图 7-19

8 下面对 Wait Message 行为模块进行设置，如图 7-20 所示。

图 7-20

9 对 Play Sound Instance 行为模块进行设置，如图 7-21 所示。

10 播放测试，当角色行走时，会发出吧嗒吧嗒的脚步声。

11 下面再来丰富场景中的背景声音，烘托整个场景的氛围。从 Virtools Resources/ Sounds/Ambient 中把 ambience_springs.wav 拖放到场景中，在 Sound Setup 视窗中，设置声音文件的相关参数，如图 7-22 所示。

12 把控制背景声音的流程控制写在 Level Script 上。在 Level Manager 下，选择 Level Script，单击 ⊞ 按钮新建一个 Level Script 流程编辑视窗。

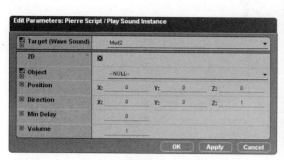

图 7-21

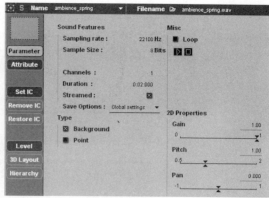

图 7-22

13　将 Sounds/Basic/Wave Play 拖放到 Level Script 中，并设置参数，如图 7-23 和图 7-24 所示。

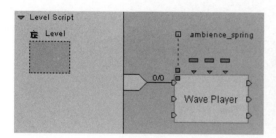

图 7-23

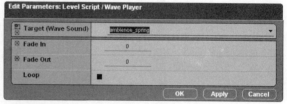

图 7-24

14　下面利用行为模块控制背景音乐的音量。加入 Logics/Loops/Bezier Progression 行为模块和 Sounds/Control/Volume Control 行为模块到 Level Script 中，如图 7-25 所示。

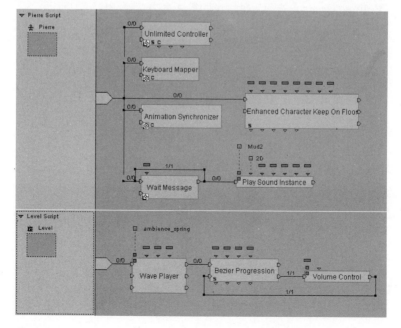

图 7-25

● **Volume Control 音量控制行为模块**

适用对象：声音文档。

主要应用：控制声音音量的大小，不论是否要进行播放。

参数设置

Volume：控制音量大小的系数，1 表示为最大音量。

15 对 Bezier Progression 参数进行设置，如图 7-26 所示。

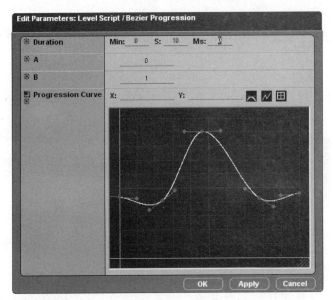

图 7-26

16 设置 Volume Control 音量控制行为模块参数，如图 7-27 所示。

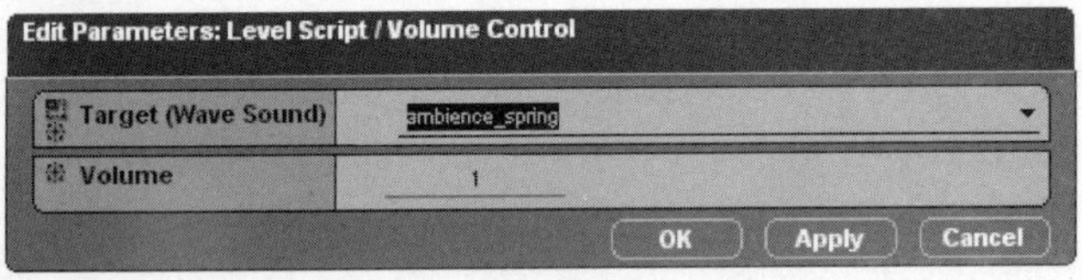

图 7-27

17 这里 Volume（音量）是一个变数，是由 Bezier Progression 的第 2 个输出参数 Volume 变化控制，所以流程中数据连接如图 7-28 所示。

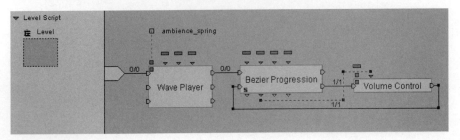

图 7-28

18　播放测试，注意听一听背景声音的变化，同时角色行走时发出的脚步声。

19　保存文件为 07_Pierre_Sound_01.cmo。

实例 7-4

声音的连续播放，针对角色与声音的联系。角色在场景中行走，脚落地时发出啪嗒啪嗒的脚步声；同时背景声音根据角色走的不同地方，音量发生变化。

1　打开 07_Pierre_Sound_01.cmo 文件。

2　在这个文件的基础上，把背景声音转换成 3D 声音。首先从 Virtools Resources/Objects 下把 Speaker.nmo 拖放到场景中，放置在 Table 上，因为 3D 声音要有一个附属物体，这里把 Speaker 作为声音的附属物体，如图 7-29 所示。

图 7-29

3　从 Virtools Resources/Sound/Music 下将 Beyond TheEye.wav 拖放到场景中。

4　切换到 Sound Setup 视窗中，将 Sound Type 设置为 Point。将原来的 2D Sound 转换为 3D Sound。此时右边出现有关 3D Sound 的设置参数，如图 7-30 所示。

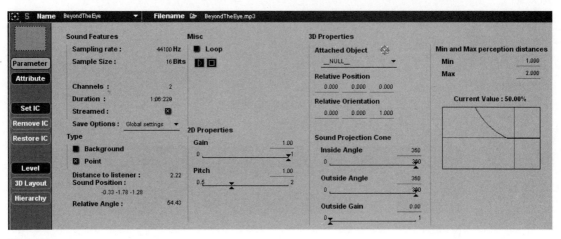

图 7-30

● 3D Sound 设置参数

Distance to listener：角色距离发出声音的声源有多远。

Sound position：声音的位置。

Attached Object：3D 声音要附属于哪一个物体。

Relative Position：这个参数与建模的原点有关，它决定声音源在哪里发出。如果想调整声音更靠近 Speaker 的前部，可以设置它的 Z 坐标值。

Sound Projection Cone：类似聚光灯一样，有内圈和外圈。

Inside Angle：如果是 360°，不管在什么位置声音都能听到。在这里设置为 120°，就是说在声音的 120° 这个范围内是可以听到声音，大于 120° 就不能听到声音了。

Outside Angle：如果是 360°，不管在什么位置声音都能听到。在这里设置为 180°，就是说在声音的 180° 这个范围内是可以听到声音的，大于 180° 就不能听到声音了。

也就是要听到声音，要在 120° 和 180° 这个范围内。

Outside Gain：如果超出了上述范围，还想听到声音的话，可以将设置值改成大于 0。

⑤ 切换到 Level Script 视窗中，按住 Ctrl 键同时按住鼠标左键拖出一个方框将 Bezier Progression、Volume Control 行为模块框选，删除掉。

⑥ 双击 Wave Player 行为模块，设置参数，如图 7-31 所示。

⑦ 添加设置收听者 Sounds/Global/Set Listener 行为模块，并连接流程，如图 7-32 所示。

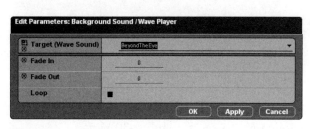

图 7-31

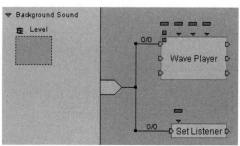

图 7-32

● Set Listener 行为模块

适用对象：行为物体。

主要应用：设定声音的收听者。

参数设置

Listener：设置声音的收听者，NULL 代表当前的摄影机。

⑧ 双击 Listener 行为模块，设置参数，如图 7-33 所示。

图 7-33

⑨ 播放测试，听听当角色走在 Speaker 的前面、后面、左侧、右侧时，声音的变化。

⑩ 保存文件为 07_Pierre_Sound_02.cmo。

第二节　阴影的设置

本节将介绍与阴影有关的 4 个行为模块 Simple Shadow、Planar Shadow、Shadow Caster、Shadow Stencil 的使用，这 4 种产生阴影的方法占用系统资源的量是不同的。

实例 7-5

角色在地板上产生阴影（方法 1）。

使用 Visuals/Shadows/Simple Shadow 行为模块来实现。

● Simple Shadow（简单阴影）行为模块
适用对象：三维物体。
主要应用：在物体下的地板上显示一个柔化的阴影。

参数设置
Texture：物体的阴影贴图。此贴图必须是对称而且由黑变白的贴图。
Size Scale：根据物体原始大小决定的阴影尺寸比例。
Maximum Height：设定物体在地板上投影的最大高度。也就是说在物体的边框之下和地板的边框之上两者之间的距离，如果大于 Maximum Height，那么将不再着色阴影。即，当人离地面距离超过这个值的话，阴影会消失。

1　打开 07_Pierre_Sound_02.cmo 文件。

2　加入阴影的纹理图。从 Virtools Resources/Texture/Effects/Misc 下将 Soft Shadow.jpg 文件拖放到场景中的空白处，如图 7-34 和图 7-35 所示。

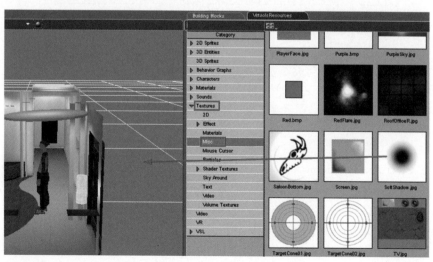

图 7-34

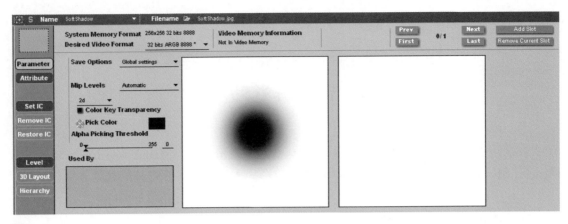

图 7-35

3　切换到 Level Manager 中，因为 Simple Shadow 行为模块是要应用在 3D Object 上的，所以将 Visuals/Shadows/Simple Shadow 行为模块拖放到 Pierre Body 角色模型上，如图 7-36 所示。

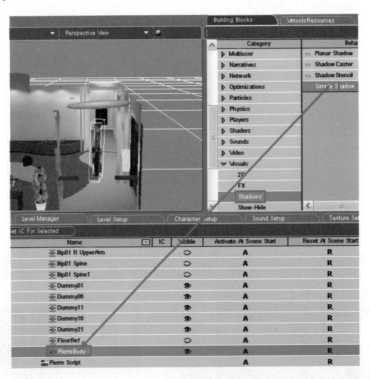

图 7-36

4　在 PierreBody Script 中，双击 Simple Shadow 行为模块，设置参数，如图 7-37 所示。

5　下面要告诉 Virtools 谁是地板，然后才会把阴影产生到地板上。分别选择 WoodenFloor、Floor 设置它

图 7-37

们的地板属性，如图 7-38 所示。

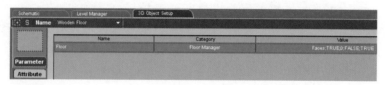

图 7-38

6　播放测试，角色行走时，能够看到脚下有阴影跟随，如图 7-39 所示。

图 7-39

7　保存文件为 07_SHADOW001.CMO。

这个例子的方法，呈现阴影的方式最简单，比较适合人物较多的游戏，这样阴影的计算量很小，占用系统资源也少。

 实例 7-6

角色在地板上产生阴影（方法 2）。

使用 Planar Shadow 行为模块来实现，它是加在地面上的。

● Planer Shadow 行为模块

适用对象：三维物体。

主要应用：在特定灯光下投射出指定的物体阴影。

参数设置

Shadow Group：产生阴影的物体群组。

Light：投射阴影的灯光。

Color：阴影的颜色。

Plane Normal：阴影投射的平面法线。

Discard Off Plane Shadow（阴影控制）：如果勾选此项，投射的阴影将不会超出投射的平面范围。

1　打开 07_SHADOW001.CMO 文件。

2　将 Pierre Body Script 中的行为模块断开连接。

3　新增加一个点光源。单击 按钮建立一个点光源。光源的设置如图 7-40 所示。

4　下面将 Virsuals/Shadow/Planar Shadow 拖放到 Wooden Floor 上，打开 Wooden Floor Script 视窗，如图 7-41 所示。

5　双击 Planar Shadow 行为模块，设置参数，如图 7-42 所示。

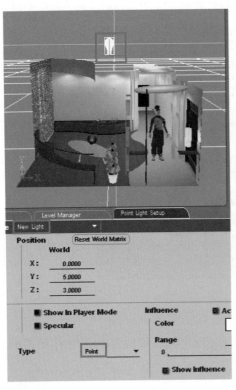

图 7-40

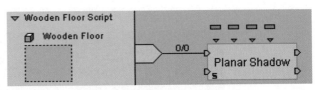

图 7-41

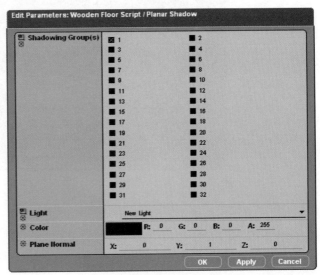

图 7-42

6　它的第一项是物体属于哪一个组，要受到 Planar Shadow 的影响。下面要给角色设置接受阴影属性。选择 Pierre，单击右键，从弹出菜单中选择 Character Setup 命令，打开 Character Setup 视窗，单击 Attribute 按钮，再单击 Add Attribute 按钮，从 Select Attribute Type 窗口中选择 Visual FX/Planar Shadow Object，再单击 Add Selected 按钮，如图 7-43 所示。

7　关闭 Select Attribute Type 窗口，此时可以看到 Pierre 加上了该属性，设置它的 Vlaue 值为 1，如图 7-44 所示。

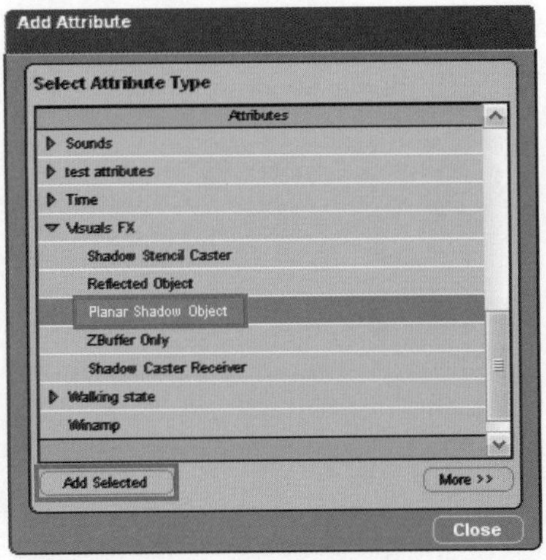

图 7-43

说明

要与 Planar Shadow 行为模块，设置参数的第 1 项对应。就是说角色属于哪一个群组。

图 7-44

8 同样的方法，对 Floor 加上 Planar Shadow 行为模块，设置参数与上面相同，如图 7-45 所示。

9 播放测试，观察角色行走时产生的阴影效果。

10 保存文件为 07_SHADOW002.CMO。这个例子产生阴影的边缘比较硬，还有对于灯光放置的地方要离地面远些，这样效果会好些。

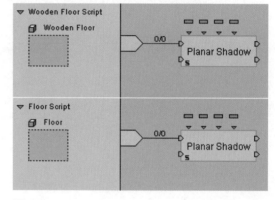

图 7-45

角色在地板上产生阴影（方法 3）。

使用 Shadow Caster 行为模块来实现，这个方法比前 2 个耗费更多计算。这个行为模块与 Simple Shadow 一样，要把行为模块放在人物上面。

○ **Shadow Caster 行为模块**

适用对象：三维实体。

主要应用：产生场景中可视物体的影子。

参数设置

Light：指定投射阴影的灯光，如果灯光是平行光，将投射直角的影子，不然就是透视投射。

Min Light Distance：在最小距离内的阴影为全黑的。在最小距离和最大距离之间，阴影会形成连续的透明衰减效果。

Soft Shadow：在阴影上应用垂直倾斜方法模拟距离衰减的效果。

编辑设置

Shadow Resolution Size：着色阴影的解析度尺寸，一般都是 2 的 n 次方。它会影响阴影的外形。

物体要接收到阴影必须含有 Visuals FX/Shadow Caster Receiver 的属性。

1 打开 07_SHADOW002.CMO 文件。

2 断开 Wooden Floor Script、Floor Script 流程连接。

3 展开 Pierre Script 视窗，将 Shadow Caster 行为模块拖放其中，连接流程，如图 7-46 所示。

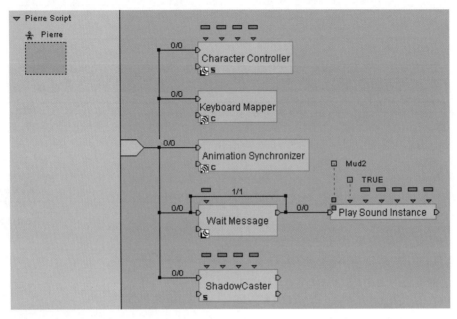

图 7-46

4 双击 Shadow Caster 行为模块，设置参数，如图 7-47 所示。

说明

如果灯光与角色的距离小于 5 的话，阴影会很黑，即很浓。如果灯光与角色的距离大于 50 的话，阴影就会看不到了，接近 50 的话阴影会很淡。

5 下面设置地板接受阴影属性。选择 Wooden Floor，单击右键从弹出菜单中选择 3D Object Setup，打开 3D Object Setup 视窗，单击 Attribute 按钮，再单击 Add Attribute 按钮，从 Select Attribute Type 窗口中选择 Visual FX / Shadow Caster Receiver，再单击 Add Selected 按钮，如图 7-48 所示。

图 7-47

图 7-48

⑥　关闭 Select Attribute Type 窗口，此时可以看到 Wooden Floor 加上了该属性，如图 7-49 所示。

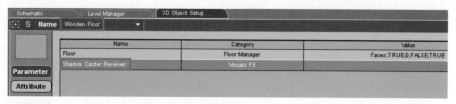

图 7-49

⑦　同样白色地板也做同样的操作。

⑧　播放测试，观察角色产生的阴影效果，如图 7-50 所示。

图 7-50

⑨　保存文件为 07_SHADOW003.cmo。

注意

> 这个例子灯光与角色的距离可以决定阴影的浓淡。

实例 7-8

角色在地板上产生阴影（方法 4）。

使用 Shadow Stencil 行为模块来实现。Shadow Stencil 行为模块是加在灯光上的，是几种方法中最耗费资源的。

● Shadow Stencil 行为模块

适用对象：灯光。

主要应用：一个指定的灯光使带有 Shadow Stencil Caster 属性的物件产生阴影。

参数设置

Shadow Range Factor：阴影的长度。除非确定刚开始就要使用最大的阴影长度，否则不要设置过大，较低的值可以节省系统运算时间。

Shadow Material：着色阴影使用的材质。通常都是用黑色透明材质。运用一个不透明和混合模式的材质会有比较好的效果。

Show Shadow Volumes：如果选择，阴影体积可见。

Camera Can Penetrate Shadow：如果选择，当摄像机穿过阴影体积时，阴影图形会反转，以便让阴影的效果仍然正确。如果摄像机不穿过阴影体积时，最好不选择此项，因为这样会很耗费运算时间。

Light Occluders Count（遮光板）：如果选择 Camera Can Penetrate Shadow 核取方块，Light Occluders Count 会计算灯光和摄像机之间的遮光物体。

1 打开 07_SHADOW002.cmo 文件。

2 断开 Wooden Floor Script、Floor Script 流程连接。

3 将 Shadow Stencil 拖放到 Level Manager 中的 New Light 上，打开 New Light Script 视窗，如图 7-51 所示。

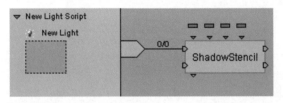

图 7-51

4 因为 Shadow Stencil 参数的第 2 项是针对材质的，所以要新建一个材质。在 3D Layout 左侧，单击 ◉ 按钮建立一个新的材质。同时打开 Material Setup 视窗，如图 7-52 所示。

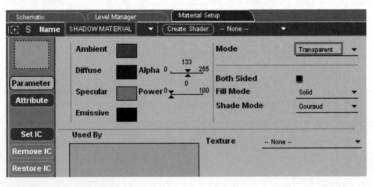

图 7-52

5 双击 Shadow Stencil，设置参数，如图 7-53 所示。

★ 说明

Shadow Range Factor 数值越大，阴影边缘越精细；数值小，影子面会不连续，但计算会很快。角色的面数越多，计算越多。

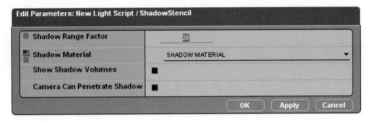

图 7-53

6　选择 Pierre Body, 打开 Pierre Body Setup 视窗, 添加 Shadow Stencil Caster 属性,
如图 7-54 所示。

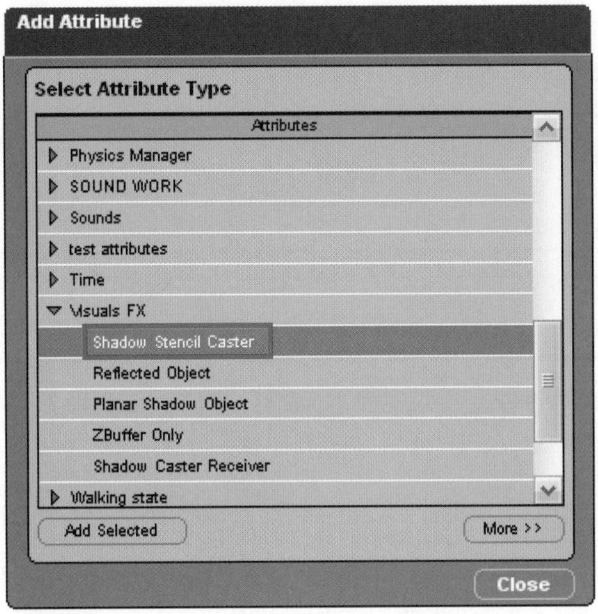

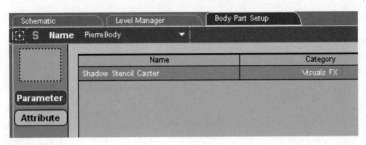

图 7-54

7　此时 Pierre Body 就具有了 Shadow Stencil Caster 属性, 如图 7-55 所示。

图 7-55

8　播放测试, 观看角色行走时产生阴影效果。

9　保存文件为 07_SHADOW004.cmo。

第三节　粒子系统

粒子系统的主要作用是制作一些特殊的视觉效果，如烟、火、流水等。

● 创建和调整粒子参数的方法（以火焰粒子为例）

（1）建立 3D Frame。

（2）增加火焰贴图。

（3）增加 Point Particle System。

（4）将变量归零。

（5）根据需要调整发射速度、发射数量等。

 注意

> 在制作粒子效果时，将相关的 3D Frame、Object 等导入场景中，确定 Scale 的值为 1：1：1,然后再进行粒子参数的调整。发射粒子是沿着 Z 方向。

使用 Point Particles System 点粒子发射系统行为模块来实现。

实例 7-9

粒子建立与设置。

1　新建一个文件。

2　在 Vitrools Resources 中，从 3D Entities/Worlds 下将 MagicalHouse.nmo 拖放到场景窗口，如图 7-56 所示。

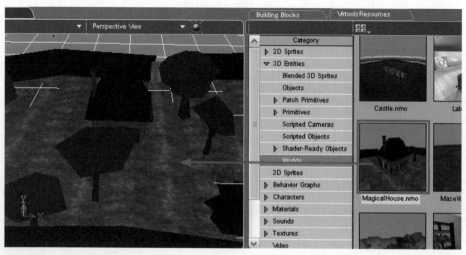

图 7-56

3　再从 Textures/Particles 下，将烟的贴图拖放到场景中的空白处，如图 7-57 所示。

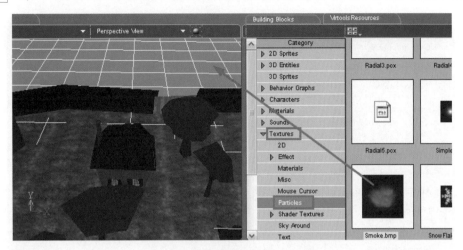

图 7-57

4　建立一个 3D Frame，在 3D Frame Setup 视窗中，设置 3D Frame 的位置，因为发射粒子是 Z 方向，所以沿 X 轴旋转 -90 度，如图 7-58 所示。

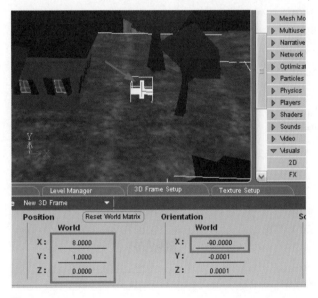

图 7-58

5　下面设置 3D Frame 产生粒子效果。将行为模块 Particle/Point Particle System 拖放到 3D Frame 上，切换到 Schematic 视窗中，看到 New 3D Frame Script 流程编辑视窗，如图 7-59 所示。

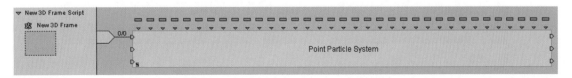

图 7-59

6 双击 Point Particle System 行为模块，设置参数，如图 7-60 所示。

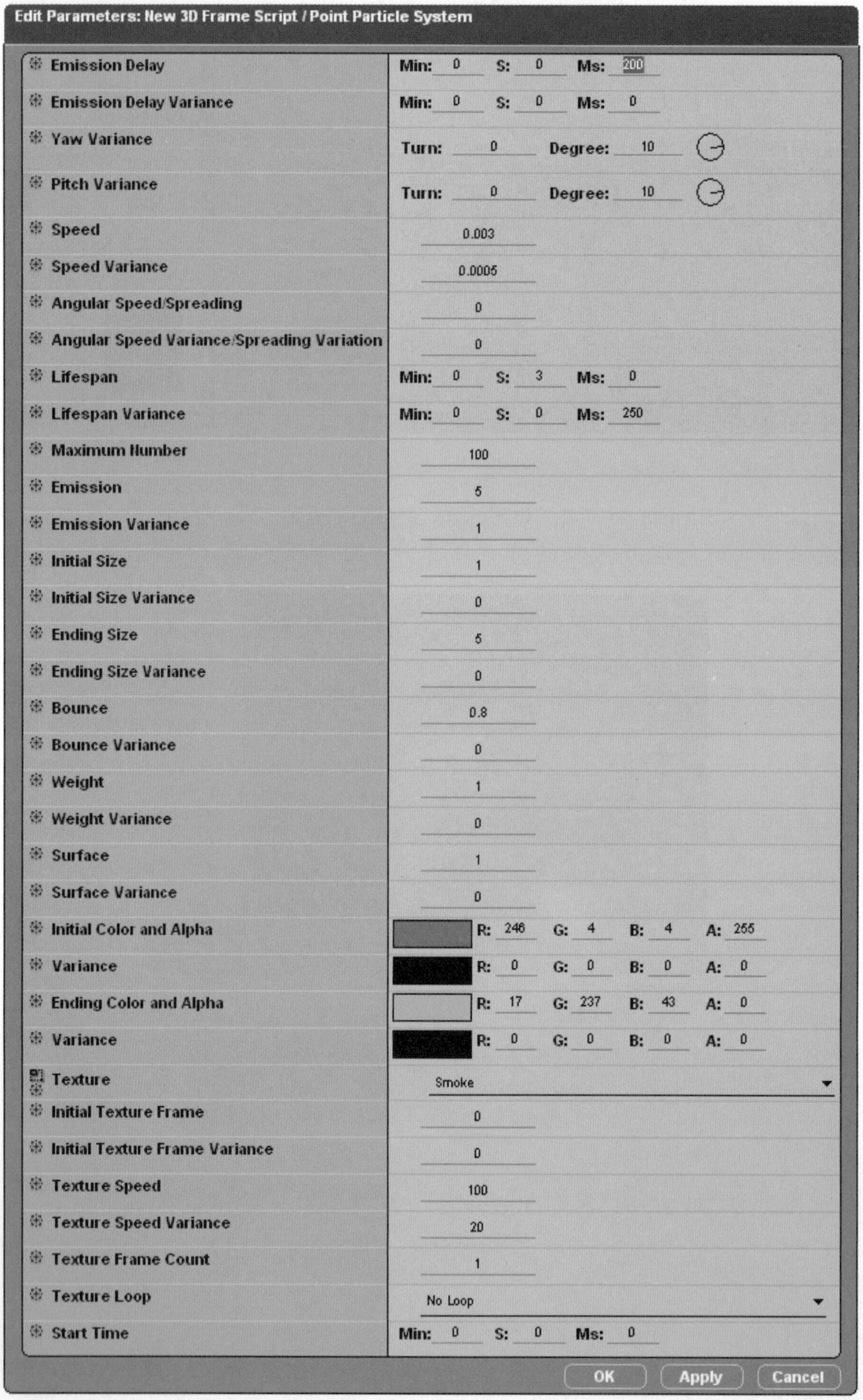

Edit Parameters: New 3D Frame Script / Point Particle System

✳ Emission Delay	Min: 0 S: 0 Ms: 200
✳ Emission Delay Variance	Min: 0 S: 0 Ms: 0
✳ Yaw Variance	Turn: 0 Degree: 10
✳ Pitch Variance	Turn: 0 Degree: 10
✳ Speed	0.003
✳ Speed Variance	0.0005
✳ Angular Speed/Spreading	0
✳ Angular Speed Variance/Spreading Variation	0
✳ Lifespan	Min: 0 S: 3 Ms: 0
✳ Lifespan Variance	Min: 0 S: 0 Ms: 250
✳ Maximum Number	100
✳ Emission	5
✳ Emission Variance	1
✳ Initial Size	1
✳ Initial Size Variance	0
✳ Ending Size	5
✳ Ending Size Variance	0
✳ Bounce	0.8
✳ Bounce Variance	0
✳ Weight	1
✳ Weight Variance	0
✳ Surface	1
✳ Surface Variance	0
✳ Initial Color and Alpha	R: 246 G: 4 B: 4 A: 255
✳ Variance	R: 0 G: 0 B: 0 A: 0
✳ Ending Color and Alpha	R: 17 G: 237 B: 43 A: 0
✳ Variance	R: 0 G: 0 B: 0 A: 0
✳ Texture	Smoke
✳ Initial Texture Frame	0
✳ Initial Texture Frame Variance	0
✳ Texture Speed	100
✳ Texture Speed Variance	20
✳ Texture Frame Count	1
✳ Texture Loop	No Loop
✳ Start Time	Min: 0 S: 0 Ms: 0

OK Apply Cancel

图 7-60

7 播放测试，观看场景中彩色的烟的效果，如图 7-61 所示。

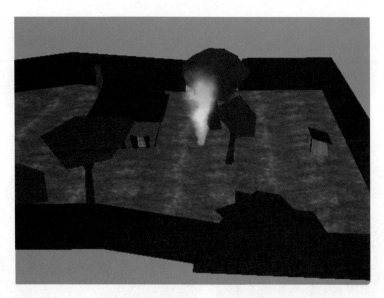

图 7-61

⑧ 下面对这些烟做一些遮挡，让烟碰到遮挡物反弹回来。新建一个 3D Frame，在 3D Frame Setup 视窗中，重命名为 Reflect。调整它的位置大约在 New 3D Frame 的上方，如图 7-62 所示。

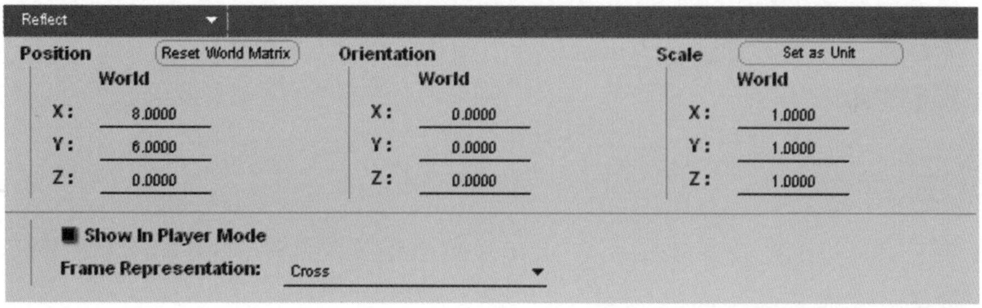

图 7-62

⑨ 给 Reflect（3D Frame）加上粒子反射属性。单击 3D Frame Setup 视窗左侧的 **Attribute** 按钮，打开属性窗口，单击 **Add Attribute** 按钮，在 Selected Attribute Type 窗口选择属性，如图 7-63 所示。

⑩ 单击 Add Selected 按钮，然后关闭对话窗口，在属性视窗中，Reflect（3D Frame）就有了相应的属性，如图 7-64 所示。

⑪ 利用缩放工具将 Reflect 放大一些，如图 7-65 所示。

⑫ 播放测试，观察烟向上冒到一定位置被挡了回来，如图 7-66 所示。

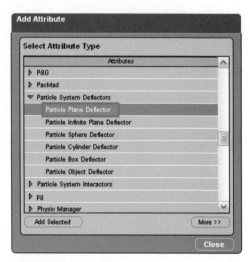

图 7-63

图 7-64

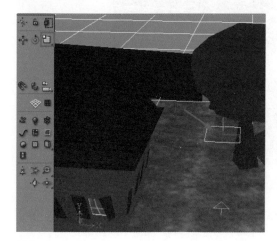

图 7-65

图 7-66

13　保存文件为 07_Particle001_end.cmo。

从上面实例，可以了解到在 Virtools 中，如何建立粒子系统，如何调整相关的参数，使粒子效果更逼真。

实例 7-10

角色与粒子。角色在场景中运动，设置当角色跑步时脚下伴随着粒子产生的效果。

1　新建一个文件。

2　从 Virtools Resources 中，把 Planer 拖放到场景中。把角色 Eva 拖放到场景中，并增加动作 Run、Walk、Backwd 到 Eva 身上。

3　增加角色动作控制。行为模块到 Eva Script 中，如图 7-67 所示。

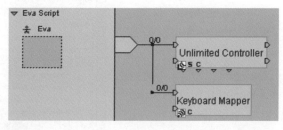

图 7-67

4　双击 Unlimited Controller 设置参数，如图 7-68 所示。

5　双击 Keyboard Mapper 设置参数，如图 7-69 所示。

6　增加一个 3D Frame，命名为 Run Effect，并将 Run Effect 调整到如图 7-70 所示位置。

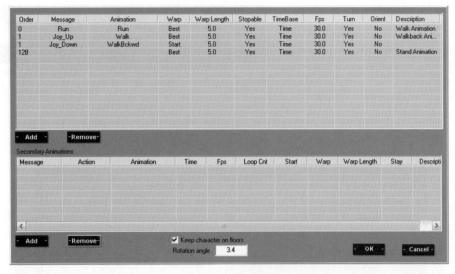

图 7-68

图 7-69

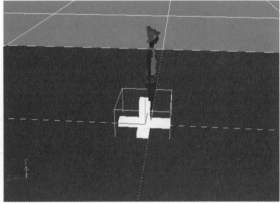

图 7-70

7 因为粒子发射是 Z 方向，所以要将 Run Effect（3D Frame）沿 X 轴旋转 −90 度。

8 设置 3D Frame 的粒子效果。将 Logics/Message/Wait Message 和 Point Particle System（从一个点产生粒子）行为模块拖放到 Run Effect 上，流程连接，如图 7-71 所示。

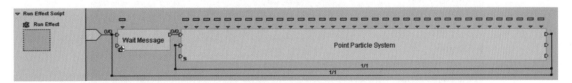

图 7-71

❋说明

当人跑步时，接收 Run Effect 信息，出现粒子效果，停止时则消失。因此将 Point Particle System 的流程输出连接到 Wait Message，达到持续等待的效果；另一方面将输出连接到自身的 Off 端，在角色停止时间关闭此效果。

9 双击 Wait Message 设置参数，如图 7-72 所示。等待 Run Effect 的信息后触发。

Edit Parameters: Run Effect Script / Wait Message
Message
Run Effect
OK
Apply
Cancel

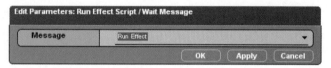

图 7-72

10 把 Virtools Resources/Textures/Effect/Particle 下的 Spark.jpg 拖放到场景空白处。

11 双击 Point Particle System 设置参数，如图 7-73 所示。

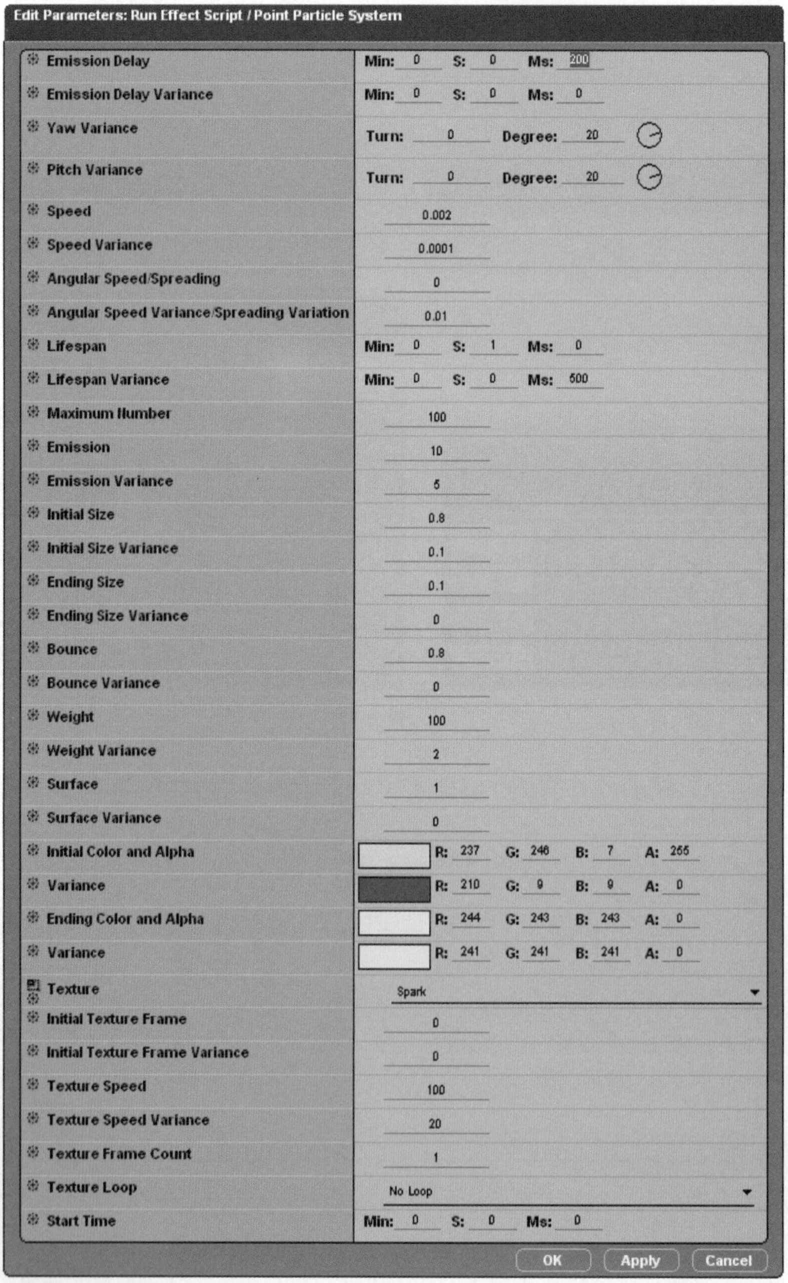

Edit Parameters: Run Effect Script / Point Particle System
Emission Delay Min: 0 S: 0 Ms: 200
Emission Delay Variance Min: 0 S: 0 Ms: 0
Yaw Variance Turn: 0 Degree: 20
Pitch Variance Turn: 0 Degree: 20
Speed 0.002
Speed Variance 0.0001
Angular Speed/Spreading 0
Angular Speed Variance/Spreading Variation 0.01
Lifespan Min: 0 S: 1 Ms: 0
Lifespan Variance Min: 0 S: 0 Ms: 500
Maximum Number 100
Emission 10
Emission Variance 5
Initial Size 0.8
Initial Size Variance 0.1
Ending Size 0.1
Ending Size Variance 0
Bounce 0.8
Bounce Variance 0
Weight 100
Weight Variance 2
Surface 1
Surface Variance 0
Initial Color and Alpha R: 237 G: 246 B: 7 A: 255
Variance R: 210 G: 9 B: 9 A: 0
Ending Color and Alpha R: 244 G: 243 B: 243 A: 0
Variance R: 241 G: 241 B: 241 A: 0
Texture Spark
Initial Texture Frame 0
Initial Texture Frame Variance 0
Texture Speed 100
Texture Speed Variance 20
Texture Frame Count 1
Texture Loop No Loop
Start Time Min: 0 S: 0 Ms: 0
OK
Apply
Cancel

图 7-73

12　下面设置层级关系。在Hierarchy Manager中，将Run Effect拖放到EvaBody下方，如图7-74所示。

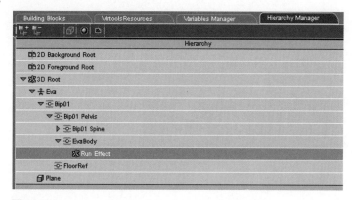

图 7-74

13　设置信息传递。Send Message 传送 Run Effect 信息到 Run Effect(3D Frame) 物体上。

14　增加 Switch On Message 行为模块到 Eva Script 上，设定参数，如图7-75和图 7-76 所示。

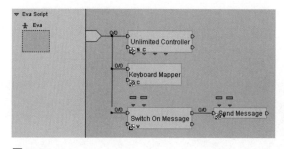

图 7-75

图 7-76

15　播放测试。保存文件为 07_Particle005.cmo。

课后练习

1.声音控制的练习。结合音乐参考实例播放文件学习声音控制的脚本编写方法，参看 Virtools/Document/Cmo/BBSample/Volume 下面的文件。

2.练习场景中产生粒子与角色人物动作特效。

第八章

动态物体的加载

　　本章内容主要是场景管理部分，其中包括动态加载物体、启动场景，和 *Portal System* 入口系统。场景管理对于整体执行时如何减轻系统额外的计算是非常重要的，如何能够合理支配系统资源，必须要有妥善的规划和安排才行。

- 场景管理
- 启动场景
- Portal System 入口系统

第一节　场景管理

场景管理对于整体系统如何在执行时减轻额外的计算是非常重要的。合理支配系统资源，必须要有妥善的规划和安排才行。

场景可以分为户外场景和室内场景。对于室内场景通常会有墙壁、家具、门等障碍物，对于场景中的物件显示处理的方法不同，可以利用 Hierarchical Culling 着色引擎来处理，也可以对于室内场景的地板用切割划分来处理。同样对于户外场景，除了空地比较广阔以外，还有一些建筑物、树木花草等。这些对于着色引擎有许多资料需要处理，比如说场景中的物体有远有近，怎么让远处的物体显示得不要那么精细，甚至在更远的物体可能是看不到的，这样使用 LOD（Level of Detail）演算方法处理最合适，这种方法可以根据视点所在位置，针对同一个网面物件做动态的 LOD 计算。

一个场景中包含很多物体对象时，如果摄像机视野中看不到的东西也都加载进来，是很耗费系统资源的。我们希望的是如果视野看不到的东西，就不加载进来，当看到这个物体时，才加载进来，也就是动态加载物体对象，这样比较节省资源。

载入动态对象

给定由 9 个 Plane 组成的地板，各个 Plane 上都有一个数字。以键盘方向键控制场景中的角色，使角色做 XZ 平面的水平移动。当角色移到相应的板时，必须动态加载该地板上的数字使数字显现，并释放掉上一步骤所加载的数字。

根据题目要求做如下分析。

角色移动功能

当用户按键盘上的方向键后，传送一个 walking 的信息出去。主要的作用在需要的时候，再做一些数值的计算。

● 动态加载功能

（1）计算每一个 Plane 与角色的距离功能。

①等待 walking 信息。

②计算角色与其他数字的 Plane 的距离。

③因为有 9 个 Plane，所以为了 script 的简洁，将所有的 Plane 都放入一个 Group 中，再利用行为模块 Get Nearest In Group 将 Plane 一个一个取出，使用 Get Distance 角色出与角色之间的距离。

④将求得的距离，利用行为模块 Set Cell 储存到 Array 中。

（2）决策功能

① 从 Array 中将值一一取出，这个 Array 是事先建立好的，用法很像数据库的 Table，可以将大量的、具有相同属性的值放在一起的功用。

② 比较距离的值是否小于 10。

如果小于 10，意思就是角色的位置很靠近某一个 Plane 对象，再检查属于该 Plane 对象中的 Loaded 值是否为 FALSE，如果是，表示在 Plane 上的数字尚未加载，接下来就做载入的动作。

这里有一个很重要的地方，不可能把所有的数字通通加载之后就不管了，还要考虑到系统资源的问题，因此要把没有角色的 Plane 上的数字 Unload，使用 2 个 Identity 就是在决定谁要 Load，谁要 Unload。

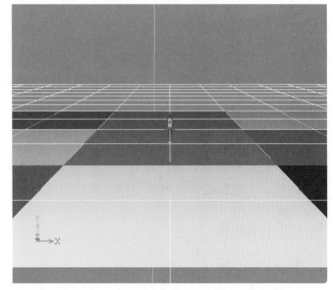

图 8-1

1 打开 08_DynamicLoad_Start.cmo 文件。

2 从 Virtools/Resources/Characters 下，把 Eva 拖放到场景中，再将 Virtools/Resources/Characters 下的动作 walk.nmo、TurnLeft.nmo、TurnRight.nmo 拖放到 Eva 身上，如图 8-1 所示。

3 给角色加上动作控制。将 Character/Movement/Unlimited Controller 行为模块拖放到 Eva 身上。切换到 Schematic 视窗，双击设置 Unlimited Controller 参数，如图 8-2 所示。

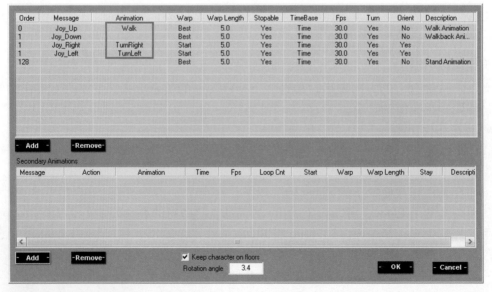

Order	Message	Animation	Warp	Warp Length	Stopable	TimeBase	Fps	Turn	Orient	Description
0	Joy_Up	Walk	Best	5.0	Yes	Time	30.0	Yes	No	Walk Animation
1	Joy_Down		Best	5.0	Yes	Time	30.0	Yes	No	Walkback Ani...
1	Joy_Right	TurnRight	Start	5.0	Yes	Time	30.0	Yes	Yes	
1	Joy_Left	TurnLeft	Start	5.0	Yes	Time	30.0	Yes	Yes	
128			Best	5.0	Yes	Time	30.0	Yes	No	Stand Animation

- Add -   -Remove-

Secondary Animations

Message	Action	Animation	Time	Fps	Loop Cnt	Start	Warp	Warp Length	Stay	Descripti

- Add -   -Remove-   ☑ Keep character on floors   - OK -   - Cancel -

Rotation angle 3.4

图 8-2

[4]　将键盘控制行为模块 Controllers/Keyboard/Keyboard Mapper 加入进来，并设置参数，如图 8-3 所示。

[5]　下面利用信息传递来控制角色做到不同颜色的 Plane 上时，显示出不同的数字。增加 Logics/Message/Switch On Message 和 Logics/Message/Send Message 行为模块，并连接流程，如图 8-4 所示。

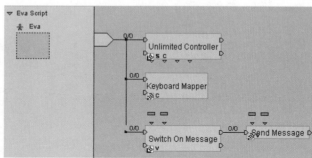

图 8-3　　　　　　　　　　　　　　　　图 8-4

● Switch On Message 行为模块
适用对象：行为物件。
主要应用：当接收到信息时启动相对应的程序输出端。
Message 0：第 1 个等待的信息。
Message 1：第 2 个等待的信息。

[6]　双击 Switch On Message 和 Send Message 行为模块进行参数设置，如图 8-5 和图 8-6 所示。

图 8-5　　　　　　　　　　　　　　　　图 8-6

[7]　下面制作当接收到 walking 信息时，角色走到相应的 Plane 上时显示相应的数字。把这部分流程写在 Level Script 上，在 Level Manager 视窗中，选择 Level Script 增加流程编辑视窗。在 Level Script 中，增加 Logics/Message/Wait Message 行为模块，并设置它的参数，如图 8-7 所示。

图 8-7

[8]　角色走到不同的平面 Plane 上时，应该得到相应平面 Plane 的信息，这要通过距离的测量得到。因此把这 9 个 Plane 放到一个群组中，如图 8-8 所示。

9 下面要得到哪个地板离角色最近。加入 Logics/Group/Get Nearest In Group 行为模块，连接流程。设置 Get Nearest In Group 行为模块的参数，如图 8-9 和图 8-10 所示。

图 8-8

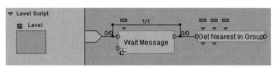

图 8-9

图 8-10

10 CopyGet Nearest In Group 行为模块的输出参数，然后 Paste In Shortcut，再把数值显示出来。播放看看输出参数的变化。

11 增加 Logics/Strings/Get SubStings 行为模块，针对前面的字符串进行处理，如图 8-11 所示。

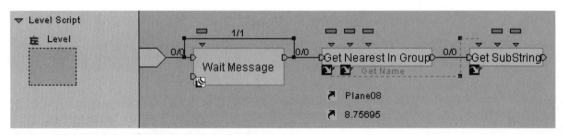

图 8-11

● Get SubStrings（取得子字符串）行为模块
适用对象：行为物件。
主要应用：回传某个 String 字符串的其中一部分。

参数设置
String：要读取的字符串。
Start：要读取子字符串的第 1 个元素。0 表示从起始的位置。
Length：设定所取得的子字符串的长度。0 表示全部字符串。

12 下面要加入一个载入物体的行为模块，把事先准备好的文件（已经放在一个文件夹中，一定是 .nmo 文件）在相应的 Plane 上加载进来，如图 8-12 所示。

13 将加载物体行为模块 Narratives/Object Management/Object Load 拖放到 Level Script 中，并连接流程，如图 8-13 所示。

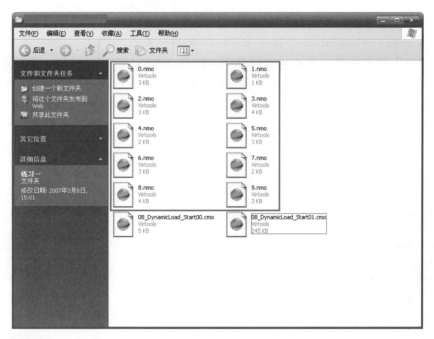

图 8-12

图 8-13

● Object Load 行为模块

适用对象：行为物件。

主要应用：载入包含一个或多个物体的 .nmo 文件。

参数设置

File：要载入的 . nmo 文件名。

Master Object Name（主要物体名称）：搜寻载入物体的名称并写入 Master Object 参数输出。

Filter Class（筛选类别）：决定 Master Object 要从哪个类别里筛选。

Add To Current Scene（增加到目前场景）：如果设置为 Ture，物体将直接增加到目前场景；如果设置为 False，物体只会增加到 Level Scene。

Reuse Meshes（重复利用网面）：如果设置为 Ture，那么当载入的网面和原本存在于场景中的网面具有相同名称时，此网面会被共用。

Reuse Materials/Textures（重复利用材质 / 贴图）：如果设置为 Ture，那么当载入的材质和贴图和原本存在在于场景中的材质和贴图具有相同名称时，将会被共用。

输出参数

Loaded Objects：将所载入的物体（包括所属的材质、贴图、网面）转换成陈列元素。

Master Object：根据 Master Name 和 Filter Class 所搜寻到的主要物体，或者是在没有指定主要物体名称的情况下，只根据类别所找到的主要物体。

14　双击 Object Load 行为模块，看看它的参数设置，如图 8-14 所示。

15　前面的 Get SubString 行为模块可以输出显示第几个 Plane 的相应的数字字符串，可 Object Load 行为模块的 File 是要对应 Plane 的 .nmo 文件名。利用一个参数运算结合 Get SubString 行为模块可以输出对应 Plane 的数字字符串，得到 Plane 的 .nmo 文件名。在空白处，单击右键，从弹出菜单中，选择 Add Parameter Operation 命令，如图 8-15 所示。

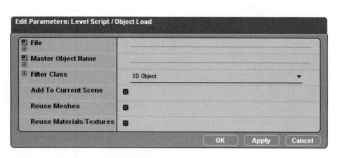

图 8-14 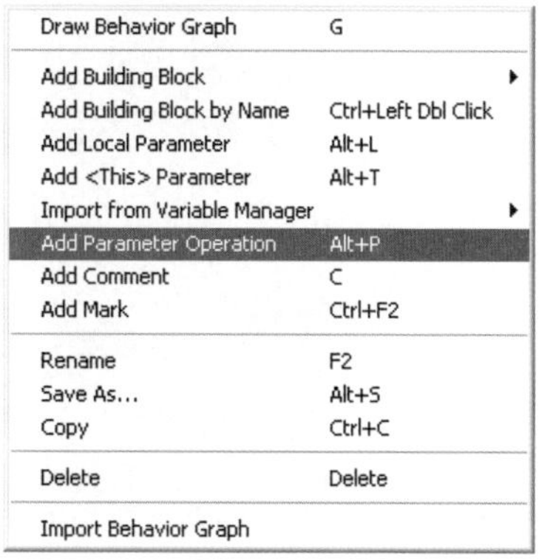　　　　　　　　　　　　　　　　　　　　　图 8-15

16　对参数运算进行设置，如图 8-16 所示。

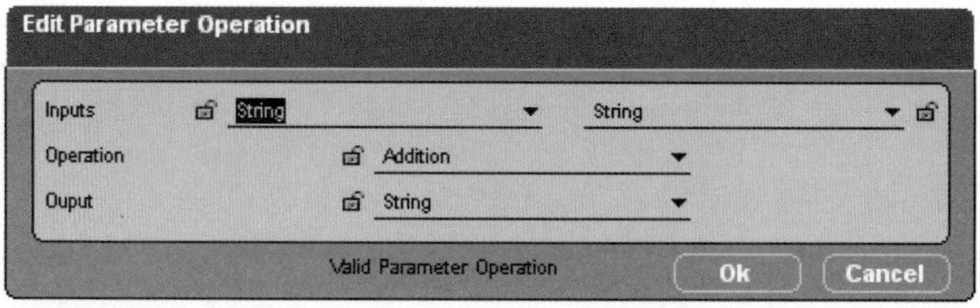

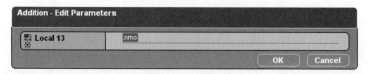

图 8-16

17　参数运算的第 1 个参数由 Get SubString 行为模块可以输出对应 Plane 的数字字符串决定，第 2 个参数设置为 .nmo，如图 8-17 所示。

Addition - Edit Parameters

图 8-17

18　进行数据连接，如图 8-18 所示。

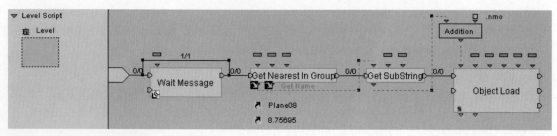

图 8-18

19 播放测试，看看角色Eva走到不同的Plane时，相应的数字是不是出现，如图 8-19 所示。

图 8-19

20 从测试结果看，并不是题目要求的结果，当角色走到相应的 Plane 时，出现相应的数字，但当角色离开这个 Plane 时，数字就应该卸载掉。下面利用 Test 行为模块来判断上一帧得到字符串和目前一帧的字符串是不是相同，如果相同的话，什么都不做，如果不同，就让 ObjedtLoad 加载新的 Plane，同时还要卸载旧的 Plane，如图 8-20 所示。

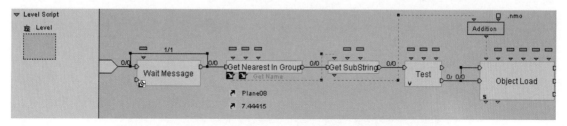

图 8-20

21 要让 ObjedtLoad 先卸载，再加载。双击 ObjedtLoad 的 Load 流程输入端的流程连接延迟 1 帧，如图 8-21 和图 8-22 所示。

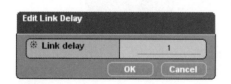

图 8-21

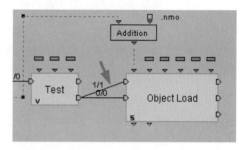

图 8-22

22 Get SubString 行为模块得到的是当前帧的字符串，那么前一帧的 SubString 从哪里得到呢？当然可以加一个 Local Parameter 计算得到。这里用一个比较简单直接的方法，加入 Identity 行为模块，让它来存储前一帧的 SubString，如图 8-23 所示。

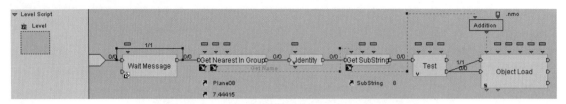

图 8-23

23　如何才能实现 Identity 行为模块存储前一帧的 SubString 呢？Get SubString 行为模块输出参数可以是不一样的，当角色刚刚进入新的 Plane，没有完全离开旧的 Plane 时，Get SubString 行为模块输出的参数是不同的。可以将 Get SubString 行为模块得到的前一个 SubString 回传给 Identity 行为模块的输入参数，再将 Identity 行为模块的输出参数传给 Test 的第 1 个输入参数。把 Get SubString 行为模块输出的参数传给 Test 的第 2 个输入参数（先将 Identity 行为模块的输入参数类型改变为 String），如图 8-24 所示。

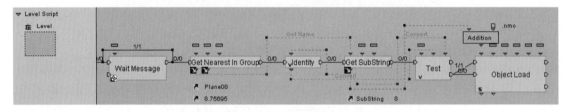

图 8-24

24　播放测试，观看角色走到不同的 Plane 时，相应的数字加载显示出来，如图 8-25 所示。

图 8-25

25　保存文件为 08_DynamicLoad_Start01.cmo。

第二节　启动场景

在多个场景中，每个场景中的物体比较多的时候，并不是所有物体在摄像机的视野中都要显示出来，这里利用场景管理（Scene Management）将摄像机注视范围内的物体适时地显示出来，这样可以大大减少系统的计算。

Scene（场景）在整个游戏中可以分为室内、室外，在室内时显示室内场景，在室外的话，则显示室外场景。如果游戏中有很多 Scene 的话，这些 Scene 都存在 CMO 文件中，文件会很大，如果想小一点，可以使用上一个实例中的动态加载。

实例 8-2

启动场景。先将物体分别划分到不同场景（Scene）中，再通过启动不同的场景，让该场景中包含的物体显示出来，不属于该场景的物体不显示。

1　新建立一个文件。

2　从 Virtools/Resources/3D Entities/Primitives/Old Primitives 中将 Plane.nmo、Cube.nmo、Cone.nmo 拖放到场景编辑窗口中，如图 8-26 所示。

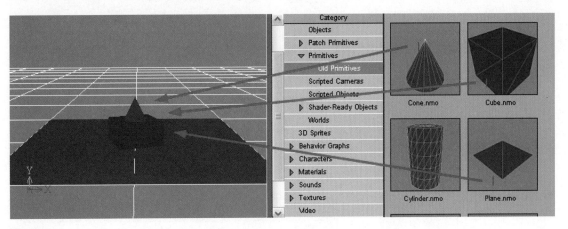

图 8-26

3　在 3D Layout 中单击 按钮，建立一个电光源。并设置好位置，如图 8-27 所示。

4　在 Level Manager 视窗中，单击 按钮 2 次，建立 2 个 Scenes，分别命名为 Scene01 和 Scene02，如图 8-28 所示。

5　展开 Level/Global/3D Entities，选择 Plane、Cube、New Light，单击右键，从弹出菜单中选择 Sent to Scene/Scene01 命令，将选中的物体放到 Scene01 中，如图 8-29 所示。同样的方法，把 Plane、Cone、New Light 放到 Scene02 中。

6　展开 Scene01，可以看到刚才放进来的物体显示出来了，如图 8-30 所示。

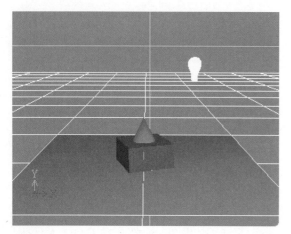

图 8-27

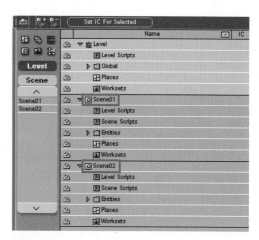

图 8-28

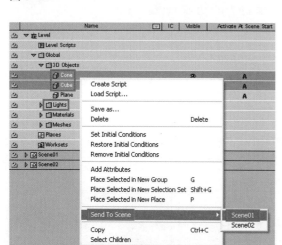

图 8-29

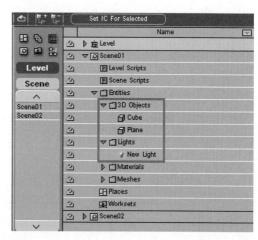

图 8-30

7 下面编写流程。在 Level Manager 视窗，在 Global 下的 3D Objects 下选择 Plane，单击按钮，建立流程编辑视窗。将 Logics/Message/Wait Message 行为模块拖放到 Plane Script 中，并与开始端连接。设置 Wait Message 行为模块，如图 8-31 所示。

图 8-31

8 要通过鼠标点击一次 Plane，启动一个 Scene，再点击 Plane，启动另一个 Scene。在 Wait Message 行为模块后加入 Logics/Streaming/Sequencer 和 Logics/Streaming/Parameter Selector2 个行为模块，并连接流程，如图 8-32 所示。

9 右键单击 Parameter Selector 行为模块输出参数点的三角形，打开 Edit Parameter 参数设置视窗，把参数类型改为 Scene，如图 8-33 所示。

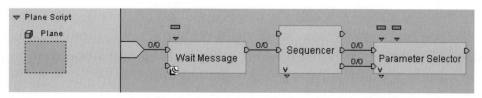

图 8-32

10　双击 Parameter Selector 行为模块，设置参数，如图 8-34 所示。

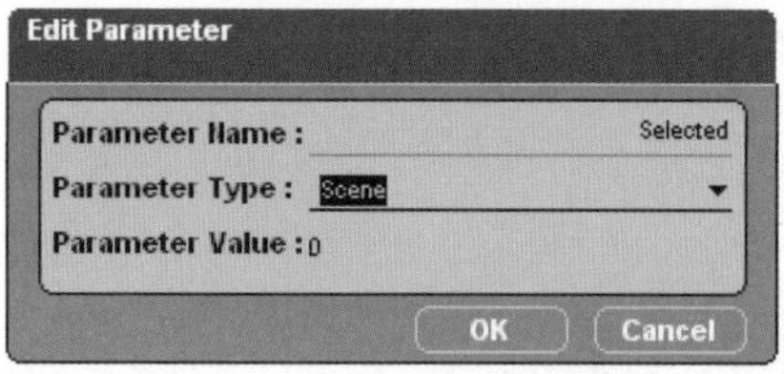

图 8-33 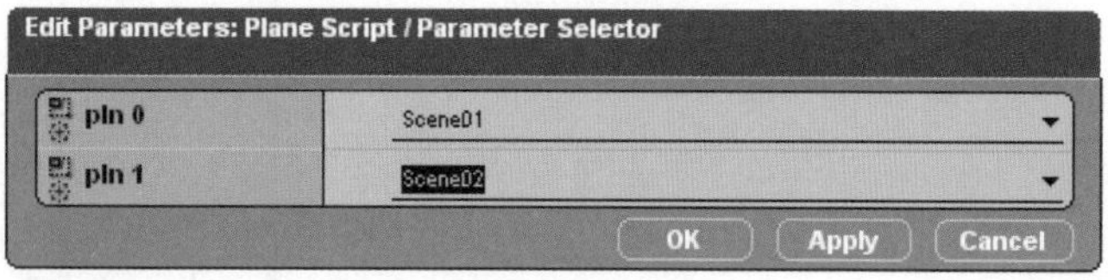　　　　　　　　　　　　　　　　　　　图 8-34

11　加入启动场景的行为模块。Narratives/Scene Management/Launch Scene，并进行流程、数据连接和参数设置，如图 8-35 所示。

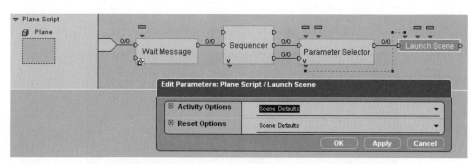

图 8-35

● Launch Scene 启动场景行为模块

适用对象：行为物体。

主要应用：启动一个指定的 Scene 场景。

参数设置

Scene：场景名称。

Activity Options：启动选项。

Scene Defaults（确认场景）：在层级窗口中，场景中使用 Activation 标记的。

Force activate（强制执行）：强制启动场景。

Force deactivate（强制解除）：强制解除场景。

Do nothing（保持现状）：所有物体保持现有状态，如果选择该选项，Launch Scene 行为模块将只隐藏不在场景中的物体，并且显示在场景中的物体。

Reset Option 重置选项

Scene Defaults（确认场景）：在场景中使用 Reset at Start 标记，此标记在层级视窗。

Force Reset（强制重新设置）：强制重新设定场景，恢复初始值。

Do nothing（保持现状）：不需要恢复初始值。

12　下面分别给 Cube 和 Cone 加上旋转的效果。在 Level Manager 中，选择 Cube 后，从 Building Blocks 中将 Rotate 行为模块拖放到 Cube 上，建立 Cube Script 视窗，并将 Rotate 行为模块做回圈连接。同样的方法，也给 Cone 建立 Cone Script 视窗，加上 Rotate 行为模块并将 Rotate 行为模块做回圈连接，如图 8-36 所示。

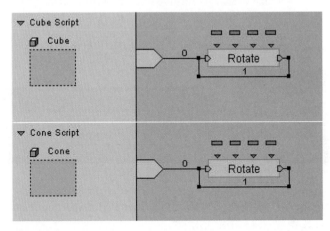

图 8-36

13　设置 Rotate 行为模块的参数，如图 8-37 所示。

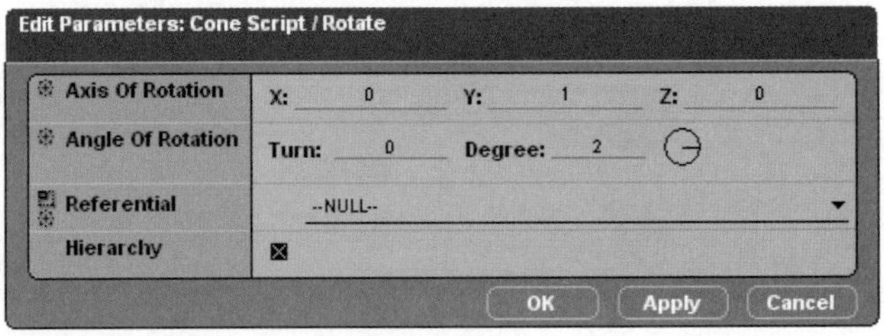

图 8-37

14　播放测试，用鼠标单击 Plane 启动不同的场景，看看场景中物体显示的变化，如图 8-38 所示。

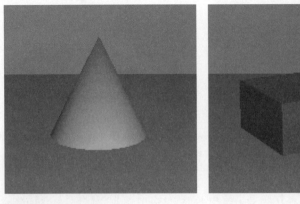

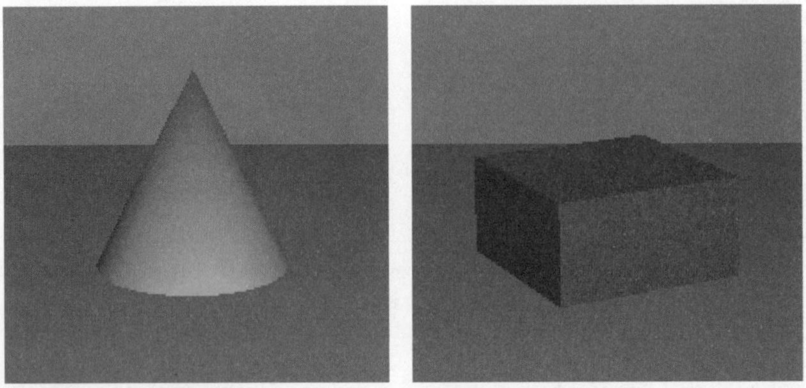

图 8-38

15　保存文件为 Launch Scene01.cmo。

实例 8-3

　　启动场景。将 2 个房间划分为 2 个场景，角色在某个场景中，当鼠标点选房门时，角色走向门，并转换到另一个房间。

　1　打开 08_LaunchScene_Start00.cmo 文件。

　2　这个文件已经把 2 个房间划分为 2 个场景 Room01 和 Room02，如图 8-39 所示。

　3　在 Level 下看到 2 个房间是叠在一起的，如图 8-40 所示。

图 8-39

图 8-40

　4　在 Scene 下，可以切换场景，看到不同场景的物体，如图 8-41 和图 8-42 所示。

图 8-41

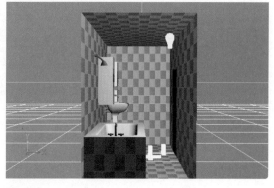

图 8-42

　5　场景中的 3 个 3D Frame 是要前进的目标和每个房间的起点位置。当切换场景时，角色要停留在什么位置。

　6　下面在 Level Script 中建立新的流程编辑视窗，开始播放时，先切换的 Room01 房间。将 Narratives/Scene Management/Launch Scene 拖放到 Level Script 中，并设置参数，如图 8-43 所示。

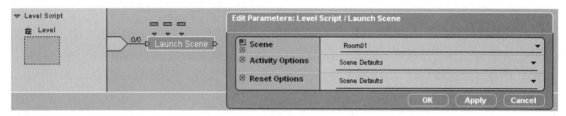

图 8-43

7 播放测试，看到角色在 Room01 活动，如图 8-44 所示。

图 8-44

8 接下来，要在点击门的时候切换到另一个房间。这个门是一个独立的物体，名称为 Door。下面在 Room01 上新建一个流程编辑视窗 Room01 Script，切换到 Room01 Script，添加 Wait Message 行为模块。并给 Wait Message 加 Target，然后设置参数，如图 8-45 所示。

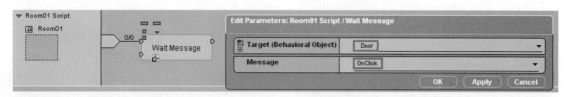

图 8-45

9 角色移动的功能。加入 Character Go To 行为模块，连接流程，如图 8-46 所示。双击 Character Go To 行为模块，设置参数，如图 8-47 所示。

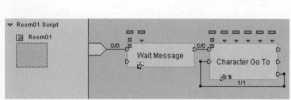

图 8-46   图 8-47

10 切换到 Room02 场景，增加切换场景的功能，加入 Launch Scene 行为模块连接流程，如图 8-48 所示。

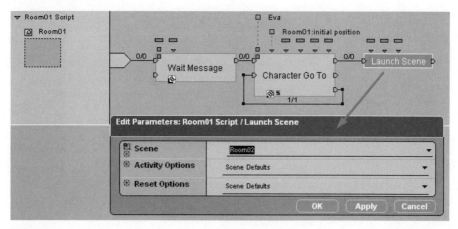

图 8-48

11 当切换到 Room02 时，角色也应该站到 Room02 的门边。在 Room02 场景开始时，要设置角色的初始位置。这里仍然有一个 3Dframe，名称为 Room02:Initial Position。在 Room02 建立 Room02 Script 视窗。在 Room02 Script 中，加入 Set Position 行为模块，确定角色 Eva 在 Room02 中的初始位置，如图 8-49 所示。

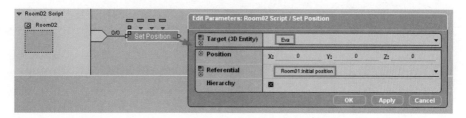

图 8-49

12 进入到 Room02 后，如图 8-50 所示。Room02 的门是 Door000。

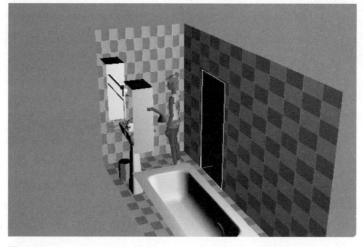

图 8-50

13　Room02 Script 的流程基本与 Room01 Script 一样，可以用复制的方法把 Room01 Script 中的行为模块复制到 Room02 Script 中，只是需要修改其中的参数，如图 8-51 所示。

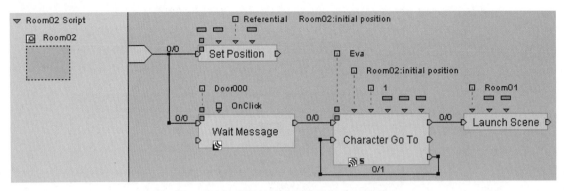

图 8-51

14　当角色走到 Room02 的门时，可以切换到 Room01 中。同样设置角色进入 Room01 时的初始位置，在流程最后加入 Set Position 行为模块，设定参数，如图 8-52 和图 8-53 所示。

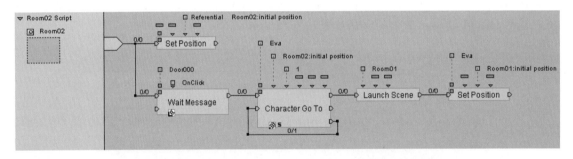

图 8-52

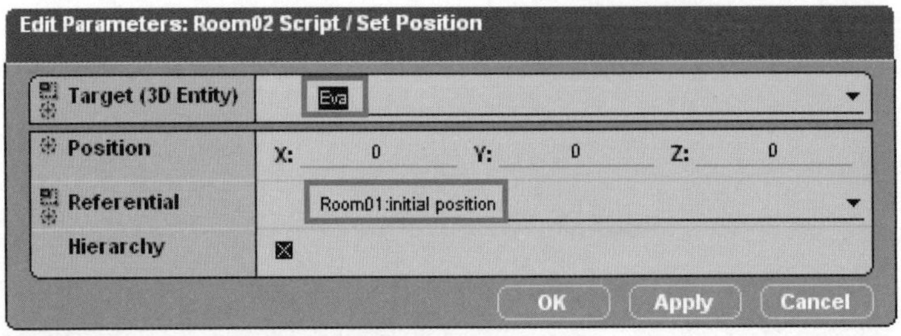

图 8-53

15　播放测试，看看当鼠标点击房间的门，角色是不是走到另一个房间了，如图 8-54 和图 8-55 所示。

16　但是场景切换的时候太突然。下面添加场景切换时的过渡效果。先给摄像机编写流程。在 Level Manager 中，选择 Camera，建立 Camera Script。在 Camera Script 中，添加行为模块 Switch On Message，设置参数，如图 8-56 所示，设定 FadeIn 为淡入信息，FadeOut 为淡出信息。

图 8-54

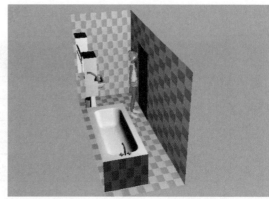

图 8-55

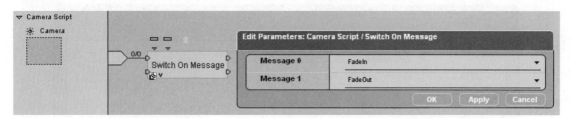

图 8-56

17　加入 Parameter Selector 行为模块和 Bezier Progression 行为模块来控制摄像机缓缓地变颜色，如图 8-57 所示。

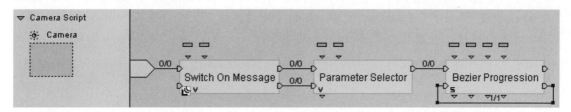

图 8-57

18　Parameter Selector 的输入参数改为 Vector 2D。

19　加入 Camera Color Filter 行为模块连接流程，如图 8-58 所示。

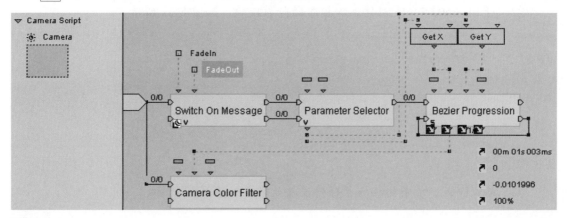

图 8-58

20 设置 2 个参数运算编辑窗口，如图 8-59 和图 8-60 所示。

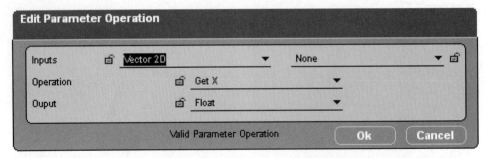

图 8-59

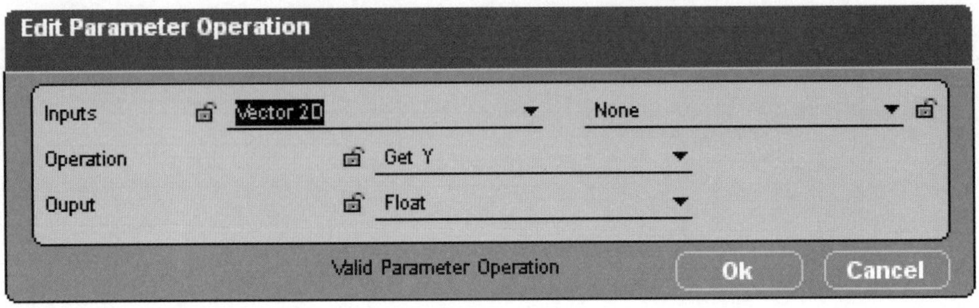

图 8-60

21 在 Room01 Script 中，添加 Send Message 和 Delayer 行为模块，让 Send Message 发送 FadeIn 、FadeOut 信息。要想看到过渡效果，一定要再加入 Set As Active Camera 行为模块，并设定为 Camera，如图 8-61 所示。

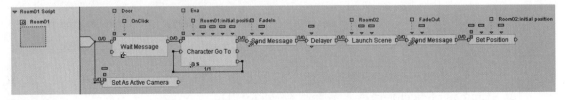

图 8-61

22 对 Room02 Script 同样添加相同的行为模块，如图 8-62 所示。

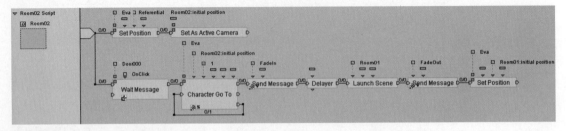

图 8-62

23 播放测试，看看切换场景时的过渡效果，如图 8-63 所示。

图 8-63

24 保存文件为 08_LaunchScene_Start00_final.cmo。

第三节　Portal System入口系统

实例 8-4

入口系统。在室内多个房间的场景文件中，在地板上建造4个房间，地板要做一整块，Portal就是房间之间的门。当摄像机在4个房间之间穿梭时，利用入口系统，摄像机依靠 Portal 的设置来决定摄像机看到的其他房间，所以是摄像机视角可视范围与 Portal 入口来比较，看看摄像机能不能通过入口看到其他房间。

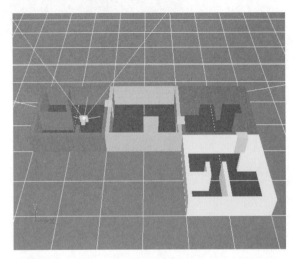

图 8-64

1 打开 08_Portal System_Start. cmo 文件。在这个文件中已经设置好了 2 个摄像机，一个是内部摄像机 Internal Camera，另一个是室外摄像机 External Camera，并设定了切换摄像机的按键和鼠标控制摄像机的旋转视角，如图 8-64 所示。

2 内部摄像机控制的流程，如图 8-65 所示。

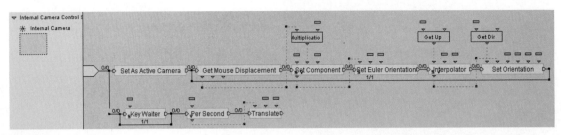

图 8-65

3 内部摄像机的碰撞流程，如图 8-66 所示。

4 摄像机切换和显示提示文字流程，如图 8-67 所示。

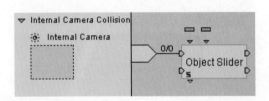

图 8-66

5 接下来建立 Portal。先选择第 1 个房间与第 2 个房间之间的门，在 3D Layout 视窗左侧单击 按钮，建立一个 Portal 物体，Virtools 会自动命名为 1/2 Portal，如图 8-68 所示。照此方法，把其他的门建立对应的 Portal 物体。

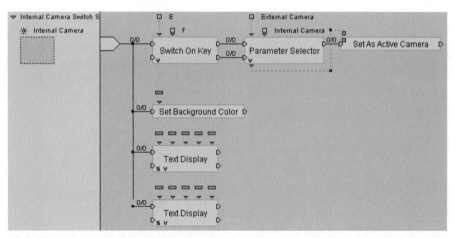

图 8-67

6 在 Level Manager 视窗中，可以看到刚刚建立的 Portals，如图 8-69 所示。

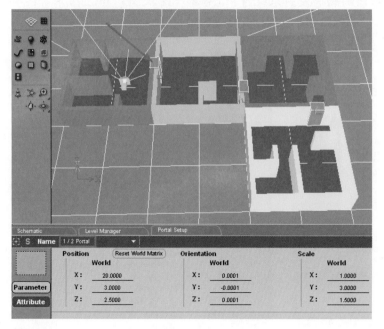

图 8-68   图 8-69

7 在 3D Objects 下，选择 Portal 物体，单击右侧的 图标，使之变成 图标，关闭 Portal 的显示，如图 8-70 所示。

8 下面把 4 个房间分别放在 4 个 Place 中，Place 可以作为虚拟世界中几何区域的分区，这样可以加快着色的效率；Place 也可以应用在入口系统中，作为场景管理最佳化的使用。单击 Level Manager 视窗左侧的 按钮 4 次，创建 4 个 Place，分别命名为Place1、Place2、Place3、Place4，如图 8-71 所示。

注意

在建立 Place 时，要确保场景中没有物体被选中。

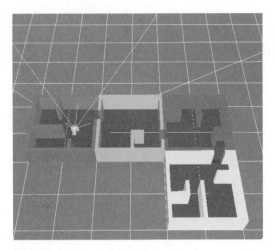

图 8-70

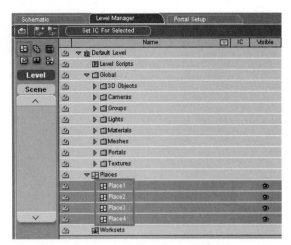

图 8-71

9 接下来要把相对应房间的物体放到不同的 Place 中。选择 3D Objects 下第一个房间的物体 1Floor，1Roof，1Walls，右键单击，选择 Send to Place 命令，把这些物体放到 Place1 中，如图 8-72 和图 8-73 所示。

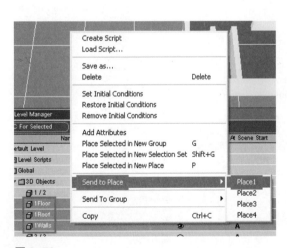

图 8-72

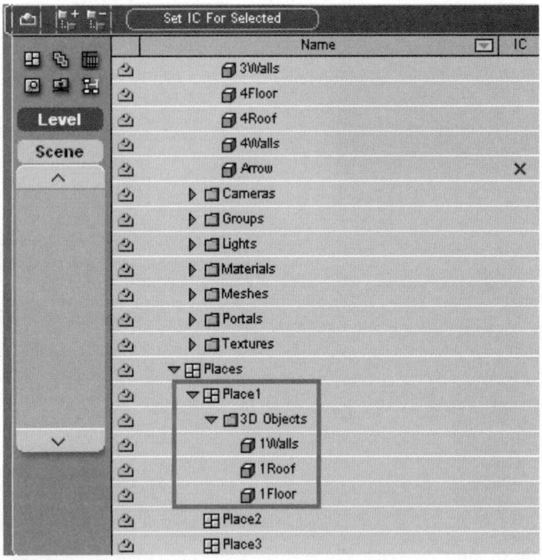

图 8-73

10 用同样的方法，把其他 3 个房间中的物体放到相应的 Place 中。

注意

　　相应房间的模型放到相应的 Place 中，在命名方面一定要有一定的规则，这样就会很明确哪些物体是属于哪个房间的。

11 下面设定 Portal 和 Place 的关系。在 Level Manager 中，选择 Place1，单击右键选择 Setup，打开 Place Setup 视窗。在视窗的下方，单击右键，选择 Attach New Place，如图 8-74 所示。

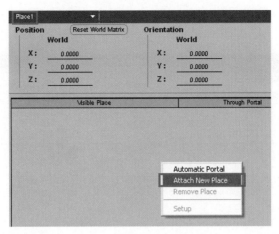

图 8-74

12　设置 Place1，如图 8-75 所示。Visible Place 表示哪个 Place 与 Place1 相邻，Through Portal 设置第 1 个房间到第 2 个房间是通过哪个入口。双击 Through Portal 下面的 None，从下拉列表中选择 1/2 Portal，也就是第 1 个房间到第 2 个房间通过 1/2 Portal。

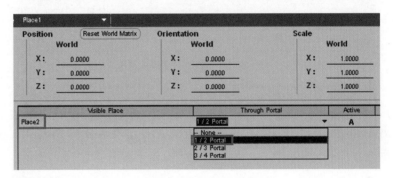

图 8-75

说明

　　因为与第一个房间相邻的只有 Place2，所以对于 Place1 的设置就完成了。

13　对第 2 个房间进行设置。选择 Place2，用同样的方法进行设置，只不过与第 2 个房间相邻的有 2 个房间，即 Place1 和 Place3，如图 8-76 所示。

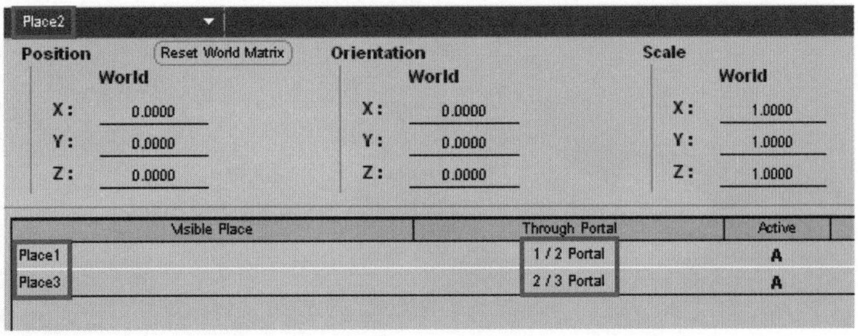

图 8-76

14　在图 8-76 视窗的左上方，从下拉列表中选择 Place3，对 Place3 进行设置，如图 8-77 所示。

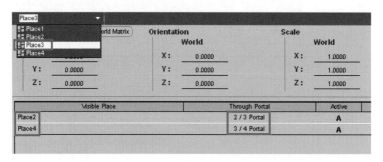

图 8-77

15　同样方法对 Place4 进行设置，如图 8-78 所示。

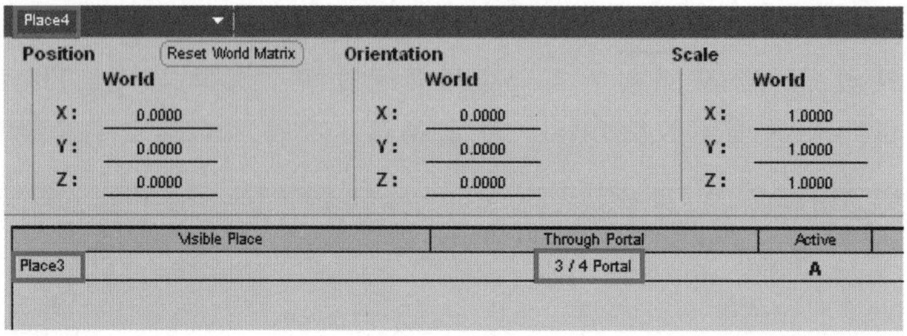

图 8-78

16　在 Level Manager 视窗中，单击 按钮，在 Level Script 建立流程编辑视窗。将 Optimizations/Portals/Portal Management 入口管理行为模块拖放到 Default Level Script 中，如图 8-79 所示。

> ● Portal Management（入口管理）行为模块
> 适用对象：行为物体
> 主要应用：自动隐藏无法由 Portal 入口看见的 Place 区域。
>
> **参数设置**
> Debug Cameras（调试摄像机）：用来设定哪个摄像机作为可视范围检测，它要一个摄像机群组。
> Traversal Depth（可视深度）：从当前的 Place 区域所能看到的区域数。0 代表无限；1 代表 Camera 当前所在的区域；2 代表可以看到与自己相邻的区域。
> TransPlace Objects（转换区域物体）：设置不属于区域的物体群组。

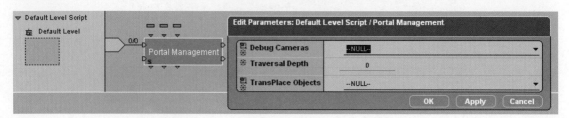

图 8-79

17 因为 Debug Cameras 调试摄像机需要指定一个群组，它允许多个摄像机，所以先建立一个摄像机群组。单击█按钮建立一个群组，命名为 Camera Group，从 3D Objects 下选择 Internal Camera，单击右键选择 Send to Camera Group 命令，如图 8-80 所示。

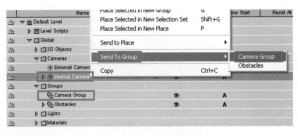

图 8-80

18 回到 Default Level Script 中，双击 Portal Management，设置参数，如图 8-81 所示。

19 播放测试，用鼠标控制摄像机的方向，用方向键控制摄像机往前运动，看看结果，如图 8-82 所示。

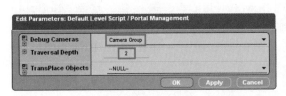

图 8-81

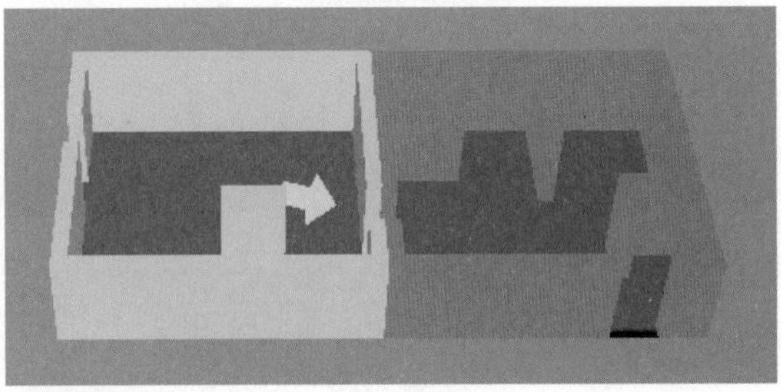

图 8-82

20 对于 Portal Management 行为模块的第 3 个参数，也需要一个物体群组。在一些游戏中，常常有 NPC，即非玩家控制角色，比如说 NPC 在这 4 个房间之间来回走动做巡逻，当前 NPC 所在的位置和玩家所在的位置不在一个区域中，并且也不在视野中，那么就完全可以不显示出来。当它与玩家在一个区域中的时候再显示出来。下面在这个场景中加入一个角色。从 Virtools Resource/Character/Skin Character 中，将 Magician.nmo 拖放到场景中，并适当调整角色的大小和位置，如图 8-83 所示。

21 让这个角色沿一个曲线作移动。单击█按钮，在几个房间中画一个封闭的曲线，如图 8-84 所示。

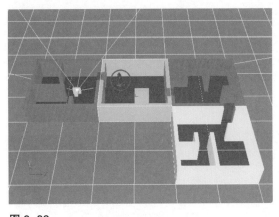

图 8-83

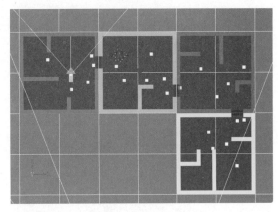

图 8-84

22 在画曲线的时候，可以利用 Edit Point、Delete Point 等按钮，对曲线上的点进行编辑（这个曲线可以是三维曲线）。勾选 Close 选项，可以让曲线封闭，如图 8-85 所示。

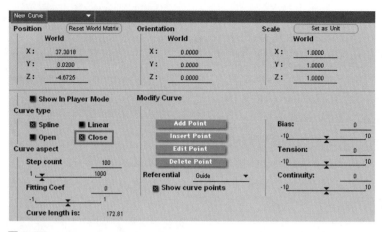

图 8-85

23 下面让 Magician 沿着曲线移动。选择 Magician 单击 ⊞ 按钮，建立 Magician Script 流程编辑视窗。给角色增加沿曲线运动的行为模块 Characters/Movement/Character Curve Follow，为了让角色在一定时间内反复沿曲线运动，再将 Logics/Loops/Bezier Progress 拖放到 Magician Script 中，并进行流程连接，如图 8-86 所示。

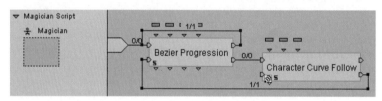

图 8-86

24 设置 Bezier Progress 行为模块的参数，如图 8-87 所示。

25 设置 Character Curve Follow 行为模块的参数，如图 8-88 所示。

26 将 Bezier Progress 行为模块的输出参数 Progression (Percentage) 连接到 Character Curve Follow 行为模块的第 2 个输入参数上，如图 8-89 所示。

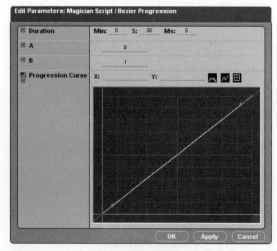

图 8-87

图 8-88

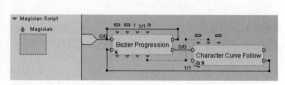

图 8-89

27 播放测试，看看角色是否沿曲线运动了，如图 8-90 所示。

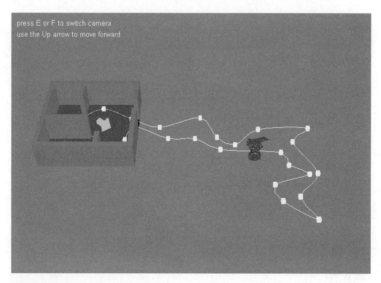

图 8-90

28 但是这里想要做的是，当角色不在摄像机（Internal Camera）可视范围区域中时，角色是不显示出来的。这就需要利用 Portal Management 行为模块的第 3 个参数来设置。因为第 3 个参数需要一个群组，所以下面再建立一个群组。单击 按钮，建立一个群组，命名为 TransPlace Group，然后从 Level Manager 中，选择 Magician，单击右键将Magician 放到 TransPlace Group 中，如图 8-91 所示。

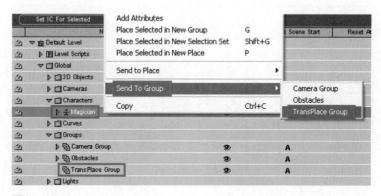

图 8-91

29 切换到 Default Level Script 视窗，双击 Portal Management 行为模块，设置参数，图 8-92 所示。

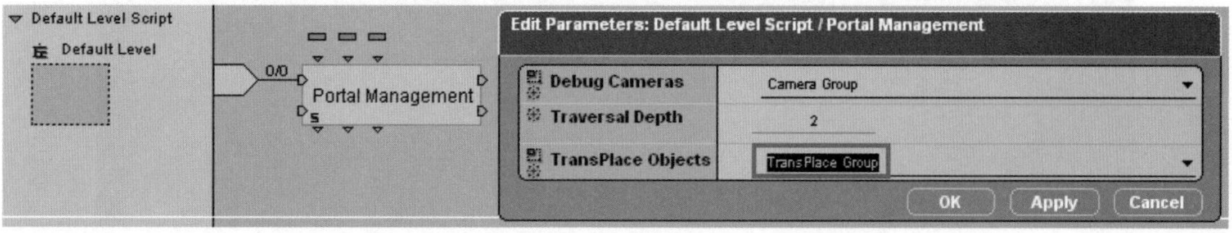

图 8-92

30 播放测试，看看结果如何，如图 8-93 所示。

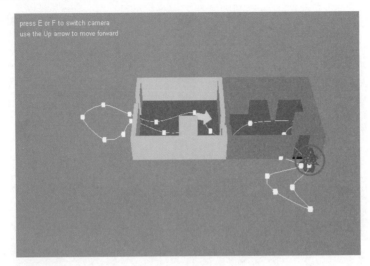

图 8-93

31 保存文件为 08_PortalSystem_end.cmo。

课后练习

将 Castle.nmo 文件拖放到 3D Layout 视窗，查看它的脚本，学习粒子效果脚本编写的方法和行为模块的应用，如图 8-94 所示。

图 8-94

第九章

游戏综合设计与整合发布

　　这一章是前面几章所讲的知识的综合，以实际的游戏设计出发，从游戏的媒体设计制作，到综合应用行为模块、脚本逻辑编写，涵盖了位移、碰撞、Array 阵列、粒子等技术和效果，还加入了不少逻辑计算方面的内容，涉及的知识面较广，最后整合发布成为游戏成品。通过本章的学习，读者可以了解整个游戏的设计制作过程，对于自己的游戏设计和开发是非常有帮助的。

- 动作类游戏——小蜜蜂
- 经典小游戏——吃豆子

第一节　动作类游戏——小蜜蜂

Virtools 不仅可以实现三维效果图的漫游和三维视角游戏的制作，而且可以利用它所提供的三维引擎，把好多二维视角的游戏做得淋漓尽致，甚至可以表现出好多利用纯二维表现不出来的效果。这类的游戏市面上有很多，主要以休闲小游戏为主。

本游戏是模仿任天堂红白机上的游戏小蜜蜂，在游戏效果上做了一些简单的改进，在游戏制作中基本上用到了所有的 Virtools 脚本制作的知识，包含位移、碰撞、Array 阵列、粒子等，还加入了不少逻辑计算方面的内容，涵盖知识面较广，接下来开始制作。

1. 基础环境配置

此游戏例子使用了一套已经做好的游戏资源库，Virtools 所使用的 .nmo 文件的制作在此就不做详细讲解了。

1 首先打开素材所带的游戏资源库，如图 9-1 所示。导入之后如图 9-2 所示。

图 9-1

2 设置舞台大小，打开 General Preferences 面板，将制作面板尺寸和播放尺寸都设置成 640×480，单击 OK 按钮，如图 9-3 所示。

3 因为这是一个多场景的游戏，需要事先把场景建好，建立 menu（游戏进入菜单场景）和 game（游戏中场景），这样比较方便管理，结构也比较清晰。不要在 Level 里面做操作，否则会很混乱。打开 Level Manager 面板，新建一个 Scene，将新场景命名为 menu（菜单界面），如图 9-4 所示，并双击进入该场景。

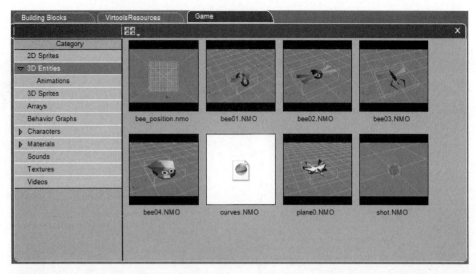

图 9-2

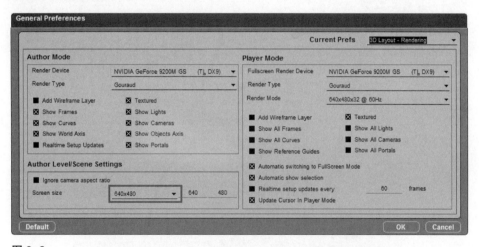

图 9-3

图 9-4

2. 引导界面初始化的制作

1　开始制作进入菜单，先导入按钮资源素材。Virtools 中的按钮是由一个 2DFrame

嵌入一个 Material，再嵌入一个 Texture 构成。因此，进入 Game 资源库，将 Textures 下面的 hp_plane.png、hs_btn_0.png、hs_btn_1.png、hs_btn_2.png、start_btn_0.png、start_btn_1.png、start_btn_2.png、title.png 拖入 3D Layout 窗口中，如图 9-5 所示。

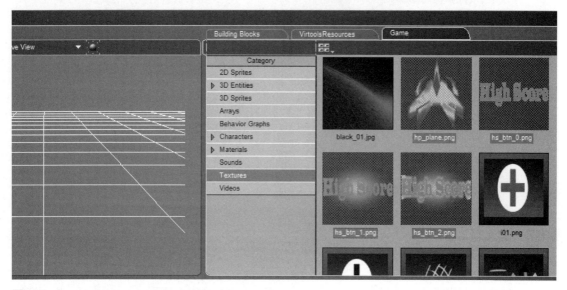

图 9-5

2 为了使游戏在开始的时候直接进入菜单引导场景。因为 level 下面的脚本是在程序一开始就运行的，所以需要在 LevelManager 里选中 Level 层级，单击 Create Script，或按快捷键 S，为 Level 创建一个 Script，如图 9-6 所示。

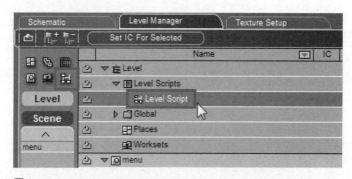

图 9-6

3 打开 Schematic 面板，为刚建的 LevelScript 添加 2 个行为模块，Set Background Color（设置背景色）和 Launch Scene（切换场景），如图 9-7 所示。

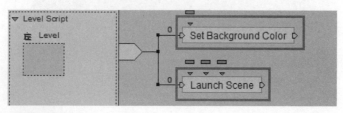

图 9-7

4　双击 Set Background Color，调整 Background Color 为纯黑色，如图 9-8 所示。

图 9-8

5　双击 Launch Scene，设置 Scene 为 menu，这样，程序一开始运行就会马上转到 menu 场景中，如图 9-9 所示。

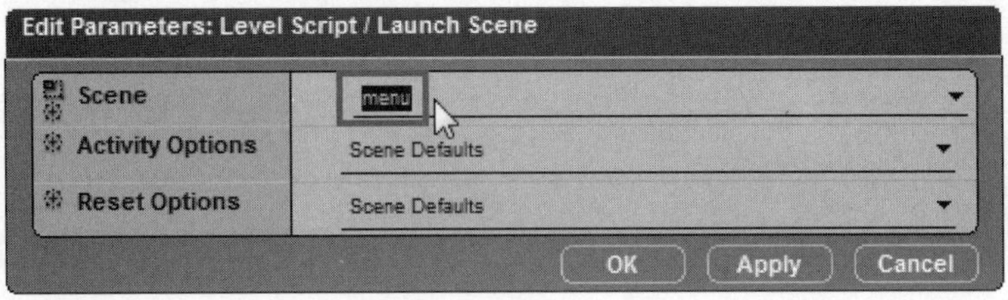

图 9-9

6　播放测试，运行后场景图 9-10 的运行时的效果转到 menu 中，并且背景色为黑色，如图 9-10 所示。

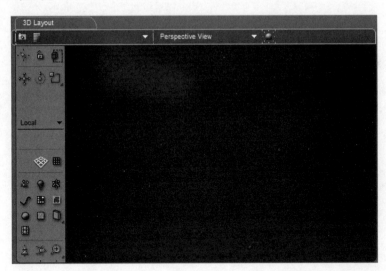

图 9-10

3. 引导界面按钮的制作

1　下面开始制作游戏进入菜单。按照按钮的制作方法，单击 3D Layout 左侧工具箱中的 Create 2D Frame，拖到 3D Layou 中作为游戏进入页面的背景。

在 2D Frame Setup 面板中，Name 更改为 menuBackground（主要是方便管理查看），Position 的 x,y 均设定为 0,Z Order 设定为 0，Size 的 Width（宽）、Height（高）设定为 640 和 480，和游戏场景大小一致并设置好 IC，如图 9-11 所示。

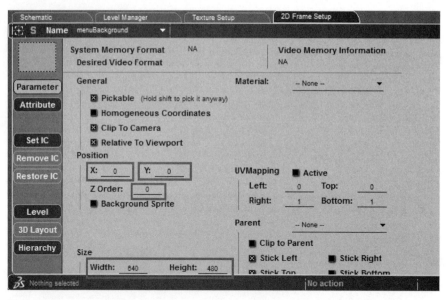

图 9-11

3D Layout 中的视图如图 9-12 所示。

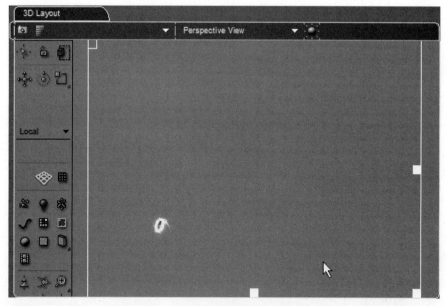

图 9-12

2 单击 3D Layout 左侧工具箱的 Create Material 按钮，创建一个材质，在 Material Setup 面板中，Name 更改为 menuBackgroundMat，Diffuse 调整为纯白色，在 Texture 中选择刚才拉进 3D Layout 里面的 title 贴图，如图 9-13 所示。

3 切换回 2D Frame Setup 面板，Material 项选择 menuBackgroundMat，如图 9-14 所示。

4 3DLayout 中菜单背景效果如图 9-15 所示。因为屏幕大小关系，有可能显示不全，这跟每台电脑的屏幕分辨率有关。

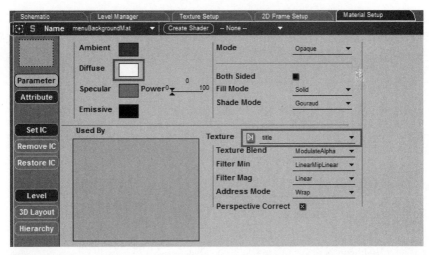

图 9-13

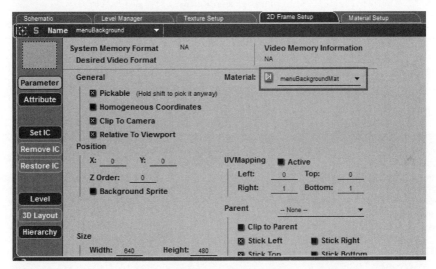

图 9-14

图 9-15

⑤ 重复上面步骤 ① ~ ③ 的操作，添加游戏引导界面上的其他按钮，按钮具体参数见表9-1。之所以要把menuMask的Z order设成127，是因为要让它遮住所有的2DFrame，Z order值大的物体会挡住值小的物体，在之后的镜头效果制作中会用到，2D Frame的位置和大小可以自己调整，美观就好。

表9-1　按钮参数设定

2D Frame名称	作用	材质名称	贴图名称	Z order
btnStart	Start按钮	btnStartDown	start_btn_2	1
		btnStartOver	start_btn_1	
		btnStartRelease	start_btn_0	
btnHighScore	HighScore按钮	btnHighscoreDown	hs_btn_2	1
		btnHighscoreOver	hs_btn_1	
		btnHighscoreRelease	hs_btn_0	
menuMask	渐变遮罩效果蒙板	menuMaskMat	（无）	127

⑥ 制作好后，LevelManager如图9-16所示。之后，把menuMask的"眼睛"关掉，因为Z order的值太高，会影响场景中其他物体的操作，再把所有刚才建立的元件设置好IC，如图9-17所示。

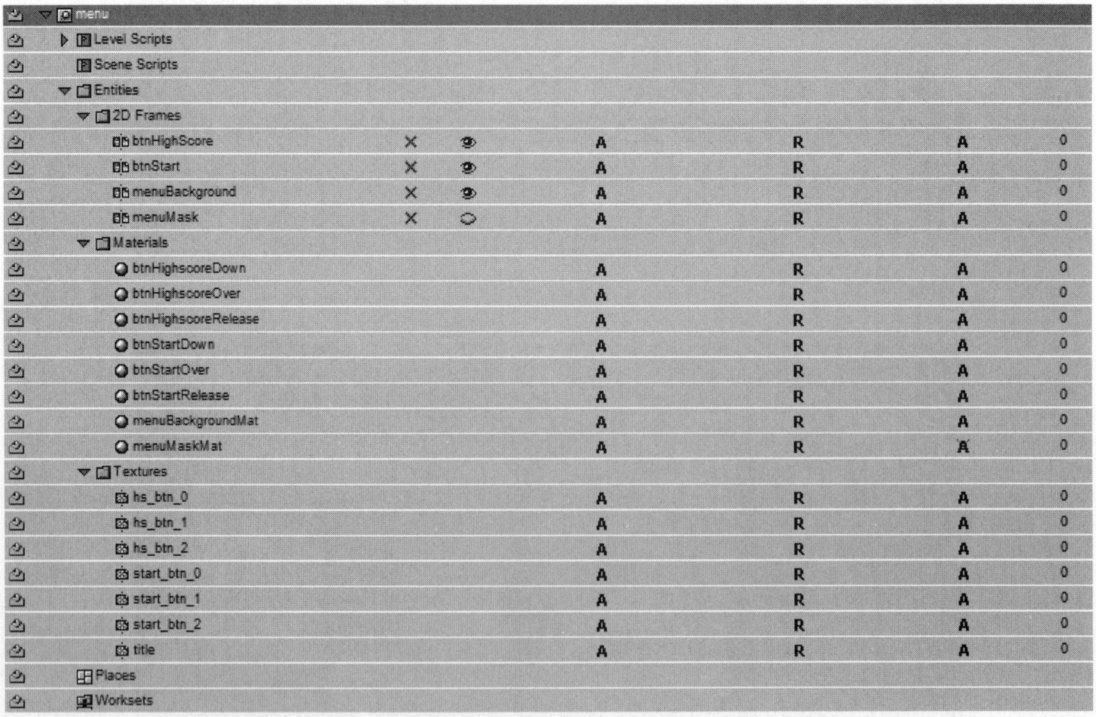

图9-16

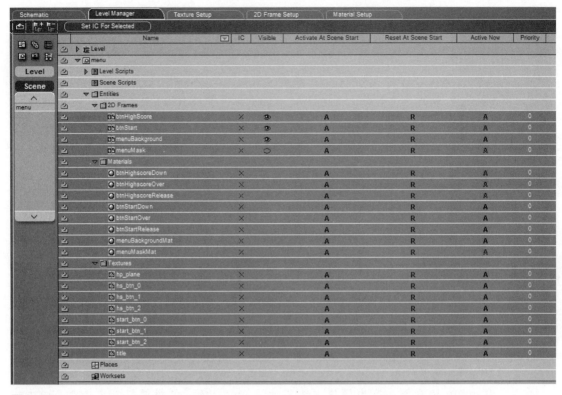

图 9-17

7　为 btnStart 和 btnHighScore 添加行为模块 PushButton，并设置参数，如图 9-18 至图 9-20 所示。

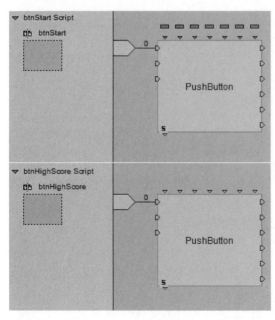

图 9-18

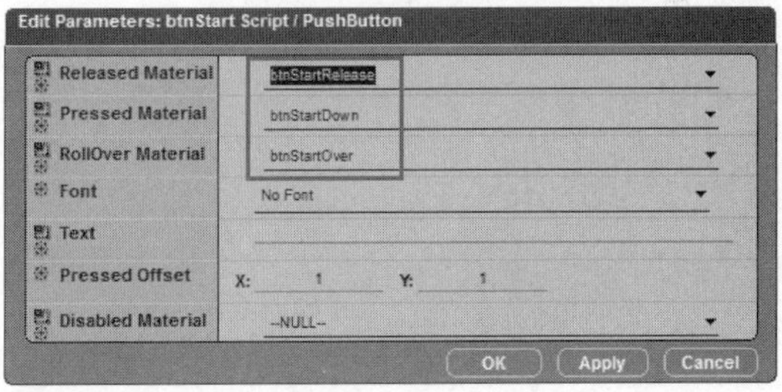

图 9-19

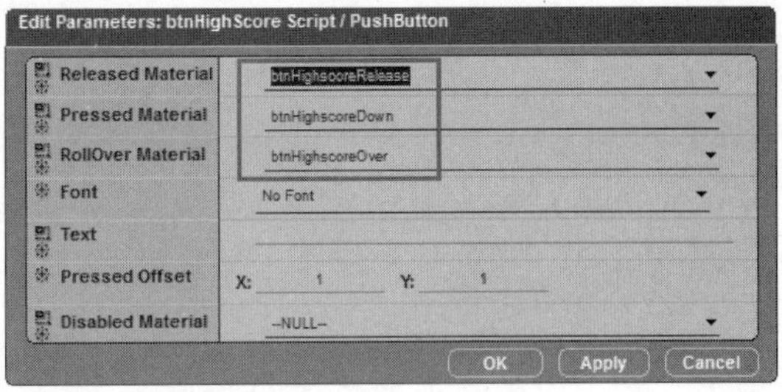

图 9-20

8　预览菜单界面效果。

4. 制作转场效果

制作游戏从引导菜单界面到游戏界面的转换，利用之前制作的 menuMask 蒙板，制作一个渐隐渐出的效果。

☐1 场景切换需要一个摄影机，先为菜单界面加一个摄影机，因为是 2D 的界面，所以不用做什么太多调整，重命名成 menuCamera 并设置好 IC 即可，如图 9-21 所示。

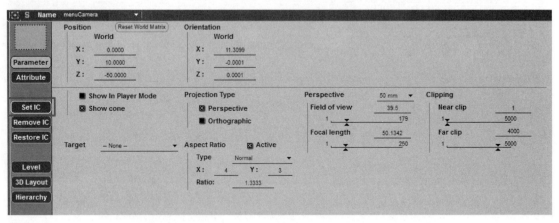

图 9-21

☐2 为 menu 场景添加一个 Script，如图 9-22 所示。

☐3 为 menu 场景添加行为模块，使其激活 menu 场景的摄像机。先添加 Restore IC，使场景元素初始化，再添加 Set As Active Camera，并把 target 设置成刚才新建的 menuCamera，如图 9-23 所示。

图 9-22

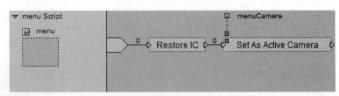

图 9-23

☐4 制作从黑屏渐渐显示到引导菜单界面的效果。添加行为模块 Bezier Progression 和 Set Diffuse，连接流程，并设置参数，如图 9-24 至图 9-27 所示。

☐5 点击 start 按钮后进入游戏主界面，此时应该有一个渐渐黑屏的效果，而此效果与进入引导菜单界面的效果恰恰相反，因此可以通过 Draw Behavior Graph 重复利用模组。右键单击 menu Script 的空白区域，选 Draw Behavior Graph 命令，如图 9-28 所示。也可直接按快捷键 G。

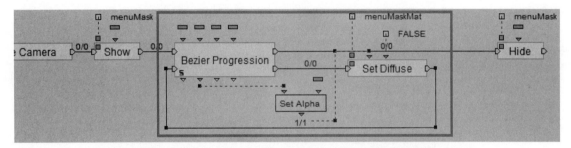

图 9-24

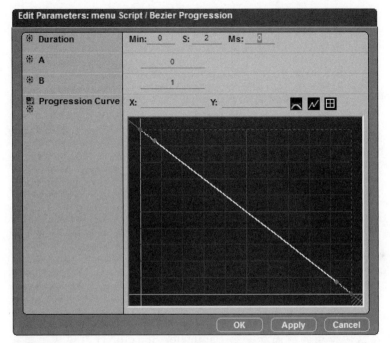

图 9-25

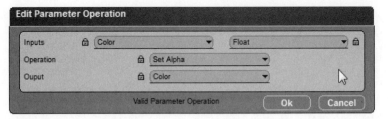

图 9-26

图 9-27

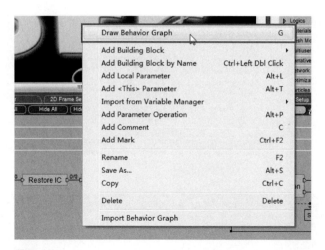

图 9-28

6　把刚才制作的渐变模组圈起来，如图 9-29 所示。

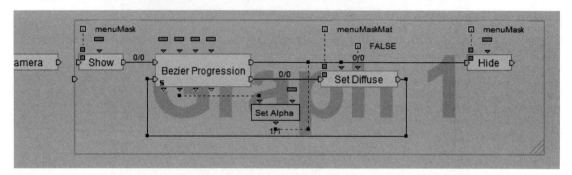

图 9-29

7　此时需要在不同的入口选择不同的曲线方向，来控制渐入或渐出的效果。先调整好位置，并在这组模块的前面加一个 Parameter Selector 行为模块，把它的数扭输入输出设为 2D Curve，准备用来控制 Bezier Progression 的曲线方向，如图 9-30 所示。

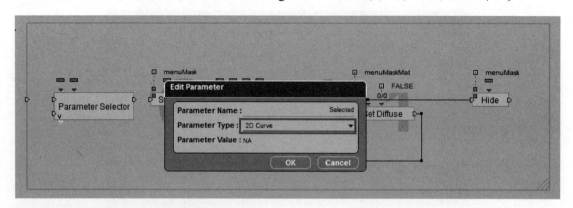

图 9-30

8　Parameter Selector 的参数设置如图 9-31 所示。

9　为 Behavior Graph 添加 2 个输入，1 个输出，并连接数据线，如图 9-32 所示。

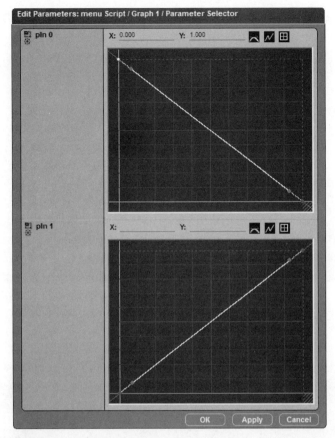

图 9-31

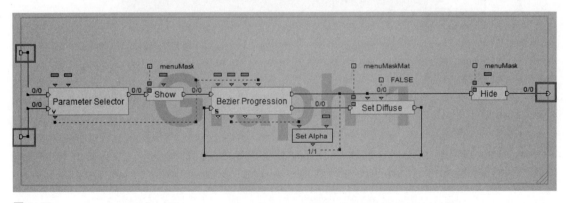

图 9-32

10　更名为 Gradient，并把它输入的第 1 个入口与 Set As Active Camera 的输出连好，如图 9-33 所示。此操作使结构更简洁了。

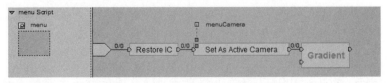

图 9-33

11 把 Gradient 拷贝 1 份，粘贴到 btnStart Script 里面，将 PushButton 的 Released 输出与 Gradient 的第 2 输入连接，如图 9-34 所示。

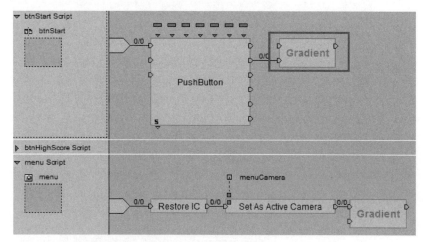

图 9-34

12 在 LevelManager 里面新建一个场景 Scene，命名为 game，此场景用来制作游戏进行中的内容，如图 9-35 所示。

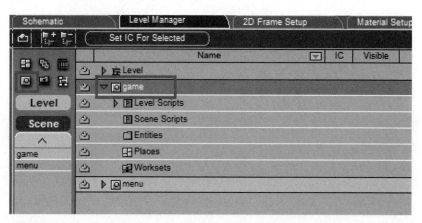

图 9-35

13 在 btnStart Script 脚本的 Gradient 后面连接 Launch Scene 行为模块，把里面的 Scene 设置成刚才新建的 game 场景，如图 9-36 所示。

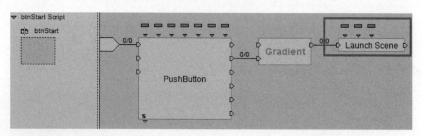

图 9-36

14 播放测试，效果如图 9-37 和图 9-38 所示。现在进行游戏之前的流程就都做好了。

（如果点击 start 按钮，会弹出一个警告框，这个先不用理会它，因为在 game 场景中没有设置摄像机。）

图 9-37

图 9-38

5. 关卡提示界面制作

1　双击 Scene 场景列表中的 game 场景，转到该场景。单击 3D layout 的视图方式，更改为 Top View（顶视图），如图 9-39 所示。单击 3D layout 工具箱的 create camera 按钮建立一个摄像机，并命名为 gameCamera，设置好 IC，如图 9-40 所示。因为本游戏的操作方式是二维的，所以以顶视图为原型建立一个摄像机。

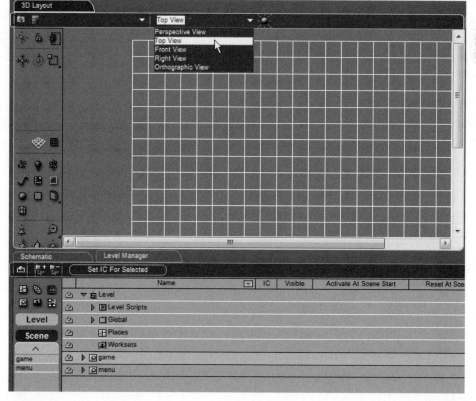

图 9-39

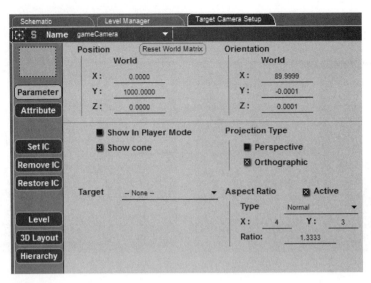

图 9-40

2 将资源库中的 mission_complete.png、mission_failed.png、mission1.png 拖入场景，如图 9-41 所示。

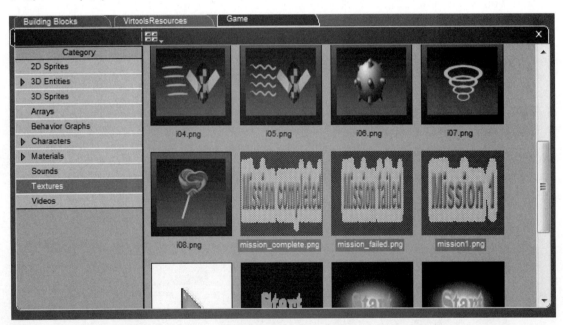

图 9-41

3 建立一个 2D Frame，调整到屏幕的中间，命名为 Mission1Text，Width（宽度）为 400，Height（高度）为 100，如图 9-42 所示。

4 建立一个材质，将 mission1.png 嵌入到里面，效果如图 9-43 所示。（切记，材质的 Mode 一定要调成 Transparent。）

5 把 Mission1Text 隐藏起来，设置好 IC。同理，将 mission_complete.png 和 mission_failed.png 也设置成 2D Frame，设置结果如图 9-44 所示。

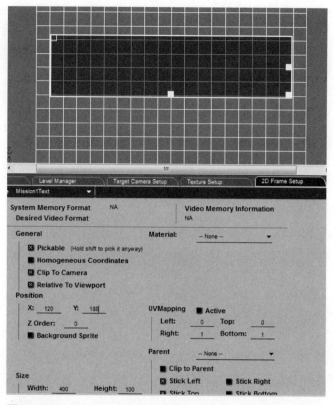

图 9-42

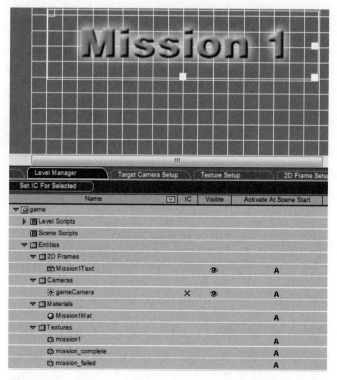

图 9-43

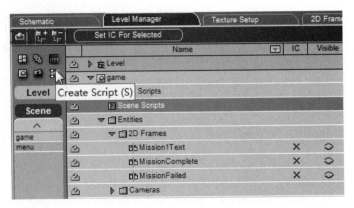

图 9-44

6　在 game 场景中，添加行为模块 Set As Active Camera，设置其 target 为 gameCamera。再添加行为模块 Set Background Color，设置其 Background 为黑色，如图 9-45 所示。

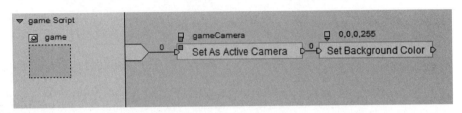

图 9-45

7　下面需要让第一关的标题渐变出现。拷贝菜单界面制作的渐变模组更改其设置，将 Show 模块的 target 和 Hide 模块的 target 更改为 Mission1Text，将 Set Diffuse 模块的 target 更改为 Mission1Mat，将 Set Alpha 的颜色设置为白色，再将 Set Background Color 的出口与 Gradient 渐变模组的第 2 入口连接，使之渐变出现，如图 9-46 和图 9-47 所示。

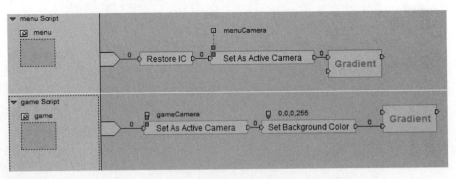

图 9-46

6. 关卡提示界面到游戏界面过渡的制作

1　添加行为模块 Key Waiter，右键单击，在菜单中选择 Edit Settings 命令，选中 Wait for Any Key，使它在按任意键时继续，如图 9-48 和图 9-49 所示。

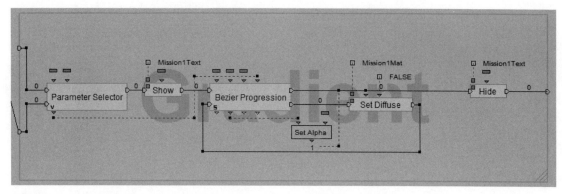

图 9-47

图 9-48

图 9-49

　　2　复制 1 份 Gradient，使 Key Waiter 的出口与新复制的 Gradient 的第 1 入口连接，如图 9-50 所示。

图 9-50

　　3　现在运行的话会发现显示有些小问题，需要做一些调整。将第 1 个 Gradient 里面的 Hide 和第 2 个 Gradient 里面的 Show 删掉，并连接好流程线，就可以运行正常了，如图 9-51 和图 9-52 所示。

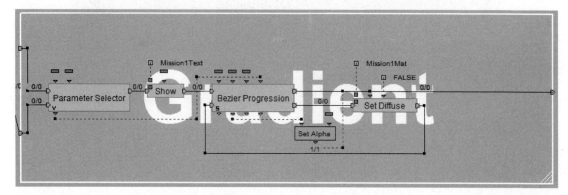

图 9-51

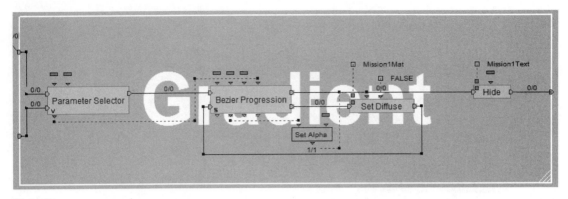

图 9-52

7. 飞机出现，左右摇摆的制作

1 把飞机、蜜蜂模型、子弹及碰撞网格导入 game 场景，具体内容有 bee01.
NMO、bee02.NMO、bee03.NMO、plane0.NMO、planeAreaGrids.NMO、shot.NMO、
shot2.NMO，如图 9-53 所示。

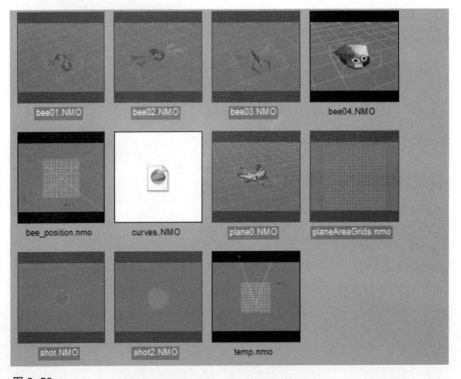

图 9-53

说明

图 9-53 中 planeAreaGrids.nmo 为碰撞网格，位置已经设置好，直接
使用即可，它的默认 visible 为不显示，需要将眼睛打开才可以看到，如
图 9-54 所示。

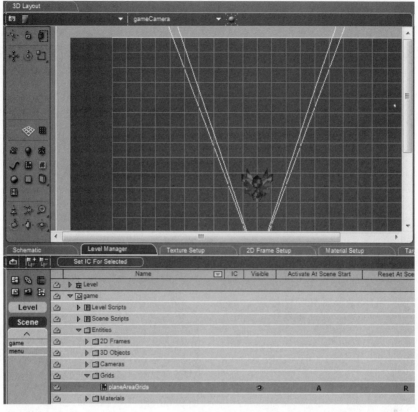

图 9-54

2 把导入的其他三维物体摆成如图 9-55 所示位置，并设置好 IC。注意，设置 IC 时需要将 grid 网格和飞机模型 plane 隐藏起来。

3 制作好关卡进入界面之后开始正式制作游戏场景中的内容，先在 game 场景里再为 Scene Scripts 建立一个脚本，并命名为 game2 Script。把 Activate At Scene Start 和 Active Now 打上叉，使它在进入场景的时候不被激活，这里需要手动激活它，如图 9-56 所示。

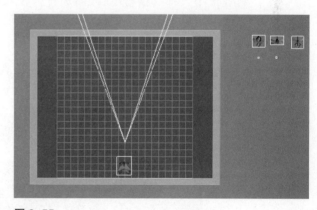

图 9-55

Name				
▽ 🔲 Scene Scripts				
🔲 game Script	A	R	A	0
🔲 game2 Script	A	R	A	0

图 9-56

4 打开 Schematic 面板，在 game Script 里面最后 1 个 Gradient 后面加行为模块 Show，Show 的 target 选择为 plane，再加行为模块 Activate Script，其 Script 选择为

game2 Script，这样在运行完 game Script 脚本后会激活 game2 Script，如图 9-57 所示。

⑤ 再把资源库里的 black_01.jpg 材质拖入 3D Layout，并为 game2 Script 添加 Set Background Image 行为模块，并把 Background Texture 设置成刚导入的 black_01，如图 9-58 所示。运行一下，就可以看到从菜单界面到正式游戏界面的全过程了。

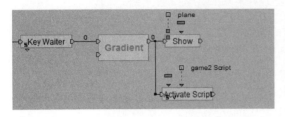

图 9-57

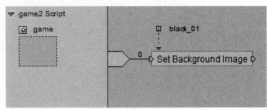

图 9-58

⑥ 接下来制作飞机的控制脚本，先在 Level Manager 里面为 plane 建立一个 Script，再在 Schematic 里面为 plane script 添加 Layer Slider 行为模块做碰撞检测，如图 9-59 所示。设置参数，如图 9-60 所示。

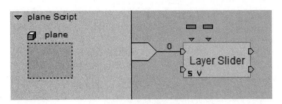

图 9-59

图 9-60

⑦ 制作使小飞机摇摆的过程。添加行为模块 Bezier Progression 和 Rotate，右键单击，在菜单中选择 Add Parameter Operation，具体设置如图 9-61 至图 9-64 所示，流程图如图 9-65 所示。

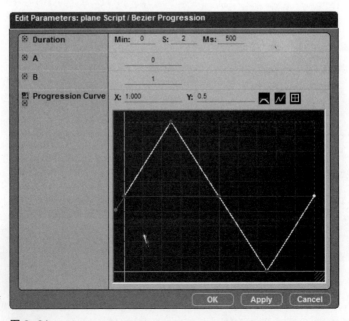

图 9-61

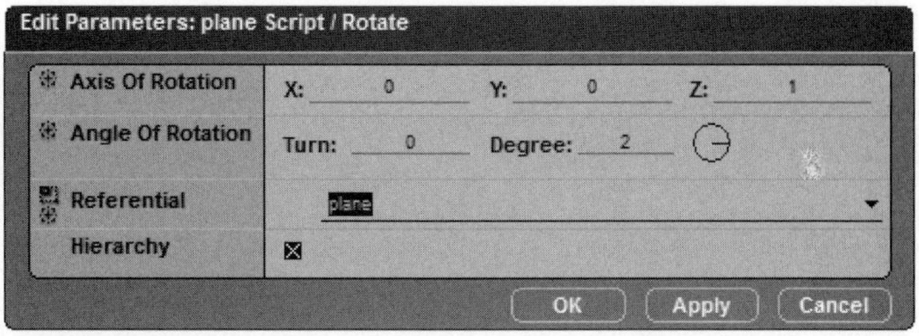

Edit Parameters: plane Script / Rotate
Axis Of Rotation
X: 0
Y: 0
Z: 1
Angle Of Rotation
Turn: 0
Degree: 2
Referential
plane
Hierarchy
OK
Apply
Cancel

图 9–62

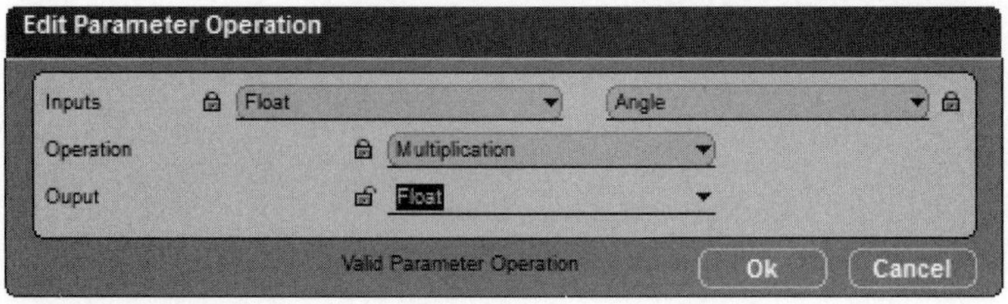

Edit Parameter Operation
Inputs
Float
Angle
Operation
Multiplication
Ouput
Float
Valid Parameter Operation
Ok
Cancel

图 9–63

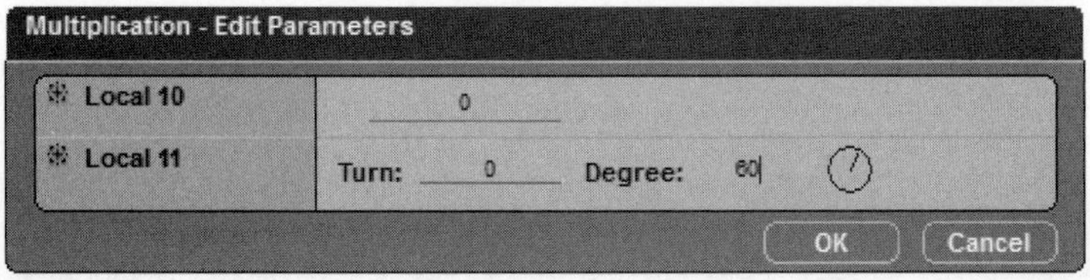

Multiplication - Edit Parameters
Local 10
0
Local 11
Turn: 0
Degree: 60
OK
Cancel

图 9–64

plane Script
plane
Layer Slider
Bezier Progression
Rotate

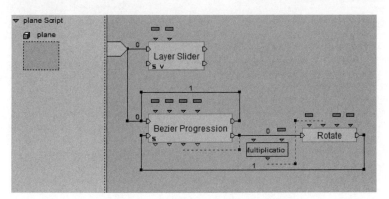

图 9–65

8. 制作控制飞机左右移动的过程

1 添加行为模块 Switch On Key，并把参数设置成“左箭头”键和“右箭头”键，如图 9-66 所示。

2 添加 2 个行为模块 Translate，并设置参数如图 9-67 和图 9-68 所示。

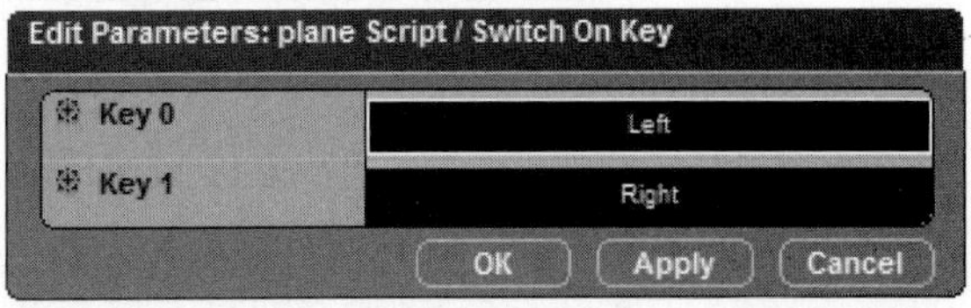

Edit Parameters: plane Script / Switch On Key
Key 0
Left
Key 1
Right
OK
Apply
Cancel

图 9–66

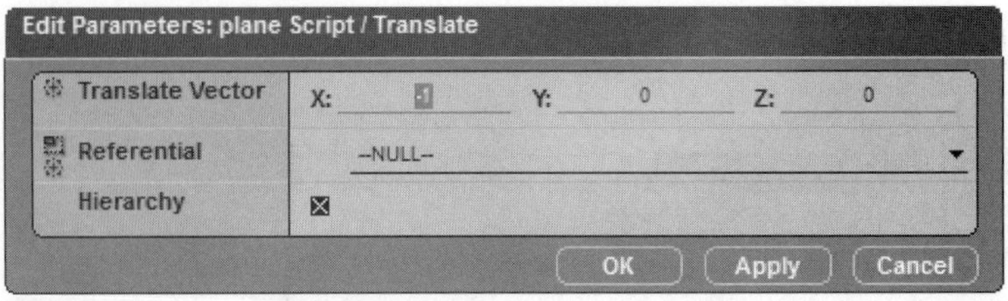

图 9-67

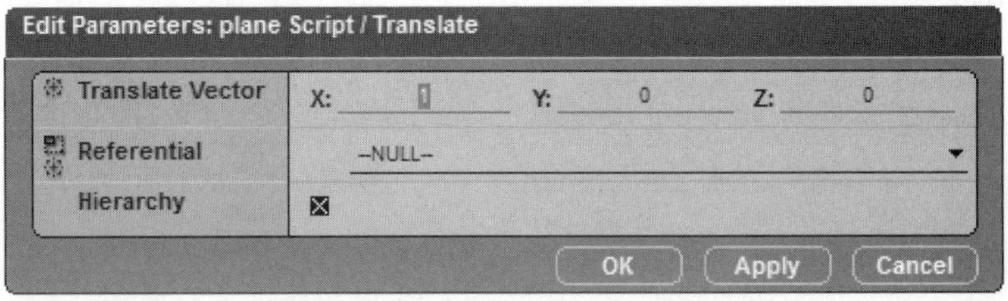

图 9-68

9. 制作敌人小蜜蜂的出现——素材整理及属性部分

1 将资源库里的 bee_position.nmo 拖入 3D Layout，这是一个 Array 库列，可以手工输入，这里为了节约时间使用一个已做好的 Array，如图 9-69 所示。

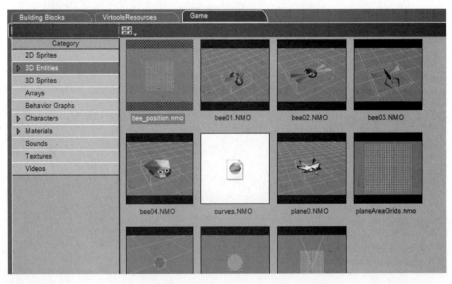

图 9-69

2 打开这个 Array，这里是 31 只敌人蜜蜂的具体参数，纵向的 0 到 30 是蜜蜂的序号，横向的 X,Y 是蜜蜂最后到达的坐标，bee 的 1,2,3 代表了 3 种不同类型的蜜蜂，因为要动态出现，所以在 Array 中用数字表示，narrow 是蜜蜂进场的方向，如图 9-70 所示。

注释

其中 X,Y,bee 是 integer 类型，narrow 是 String 类型。

	0 : X	1 : Y	2 : bee	3 : narrow
0	-90	0	1	left
1	-60	0	2	left
2	-30	0	1	left
3	0	0	2	left
4	30	0	1	left
5	60	0	2	left
6	90	0	1	left
7	-90	20	2	right
8	-60	20	1	right
9	-30	20	2	right
10	0	20	1	right
11	30	20	2	right
12	60	20	1	right
13	90	20	2	right
14	-90	40	1	left
15	-60	40	2	left
16	-30	40	1	left
17	0	40	2	left
18	30	40	1	left
19	60	40	2	left
20	90	40	1	left
21	-90	60	2	right
22	-60	60	1	right
23	-30	60	2	right
24	0	60	1	right
25	30	60	2	right
26	60	60	1	right
27	90	60	2	right
28	-50	80	3	left
29	0	80	3	left
30	50	80	3	left

图 9-70

③　打开 game2 Script 脚本，添加行为模块 Counter，其参数 Count 设为 31，Start Index 设为 0，Step 设为 1，如图 9-71 所示。

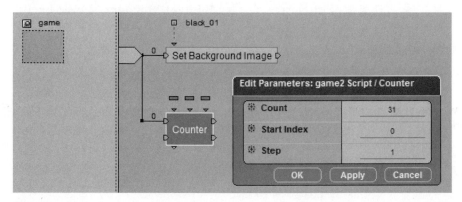

图 9-71

4 添加行为模块 Get Row，其参数 Target 设为 bee_position，Row Index 靠 Counter 的输出控制，如图 9-72 所示。

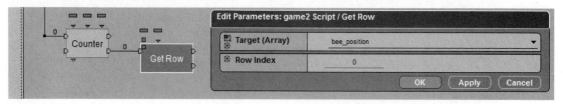

图 9-72

5 添加行为模块 Op，设置如图 9-73 所示。

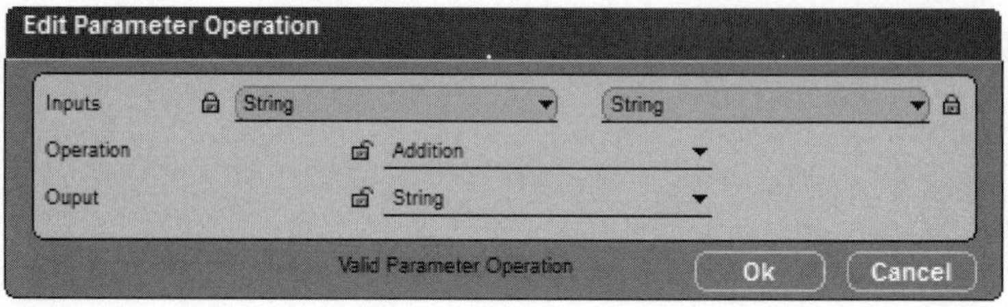

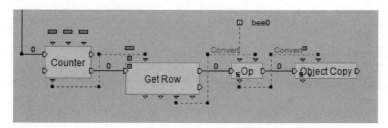

图 9-73

6 添加行为模块 Object Copy，用图 9-73 来动态复制蜜蜂。其中 Object Copy 的 Original 靠 Op 的输出控制，Op 的 p1 设置为 bee0，Op 的 p2 靠 Get Row 输出的第 3 项 bee 控制，具体连线，如图 9-74 所示。这样，就实现了通过 Array 阵列动态生成蜜蜂，Object Copy 的输出就是生成的蜜蜂。

图 9-74

7 接下来，设置蜜蜂出现的位置。先在 Level Manager 里面把 bee01，bee02，bee03 的 Activate At Scene Start 和 Active Now 打叉，如图 9-75 所示。这样，一会为 bee01 创建的定位脚本就不会对拉到场景里的蜜蜂有效，而仅对动态生成的蜜蜂有效。实际上，这里仅仅是把拉到场景里的蜜蜂作为复制模版而已。

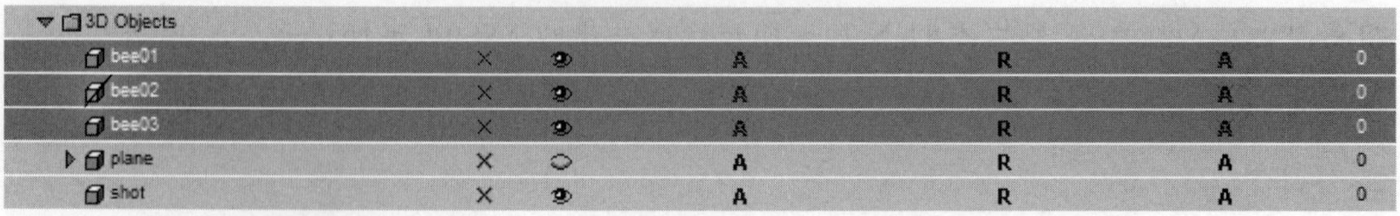

图 9-75

⑧　为蜜蜂添加脚本之前，还要给蜜蜂添加 2 个属性，因为一会创建的脚本需要用到这 2 个属性。右键单击 bee01，选择 Setup，在出现的 3D Object Setup 面板里选择 Attribute，如图 9-76 和图 9-77 所示。然后添加属性，属性的具体参数见表 9-2，添加完成如图 9-78 所示。

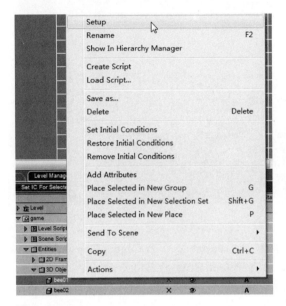

图 9-76

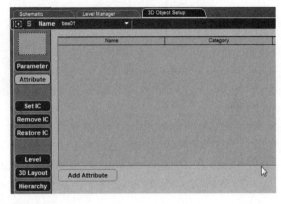

图 9-77

表9-2

Name（名称）	Parameter Type（参数类型）	用　途
beePosition	Vector	记录蜜蜂的位置坐标
narrow	String	记录蜜蜂进场的方向

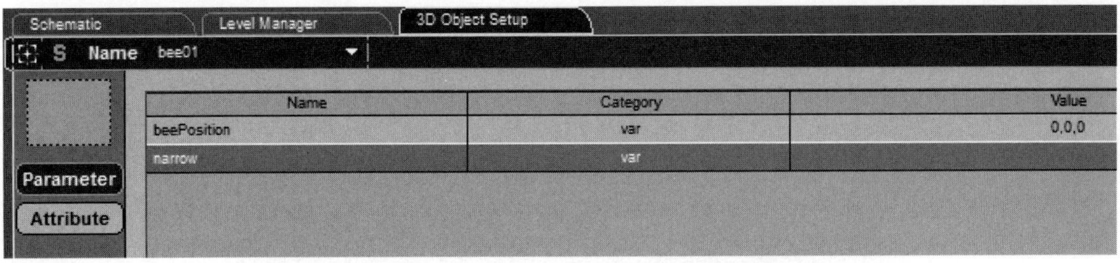

图 9-78

⑨　制作 game2 Script 脚本。在 Object Copy 后面添加行为模块 Set Component，目的是为了把 Get Row 取出来的 X,Y 坐标转换成三维的 Vector 坐标，其中 Component 1 来源于 Get Row 的第 1 个输出 X，Component 来源于 Get Row 的第 2 个输出 Y。此处不便拉线，所以采用拷贝快捷方式的办法，如图 9-79 所示。

⑩　添加行为模块 Set Attribute，并激活 target 属性（通过按快捷键 T），其中 target 来自于 Object Copy 的输出，Attribute 选择为 beePosition，Attribute Value 来自于 Set Component 的输出，如图 9-80 所示。

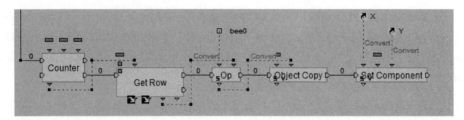

图 9-79

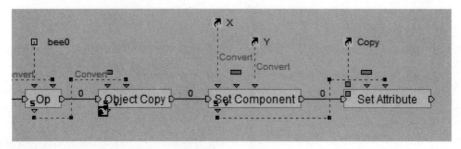

图 9-80

11 再添加一个 Set Attribute 行为模块，同样地，target 来自于 Object Copy 的输出，这次 Attribute 选择为 narrow，Attribute Value 来自于 Get Row 的第 4 个输出，之后回圈到前面的 Counter，形成循环节，如图 9-81 所示。

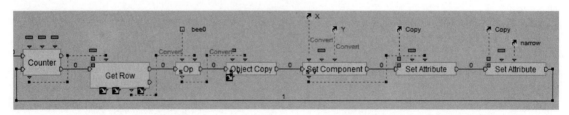

图 9-81

10. 制作敌人小蜜蜂的出现——逻辑部分

1 以上是设置蜜蜂相关位置属性的过程，接下来正式为蜜蜂添加脚本。先为 bee01 添加 Script，如图 9-82 所示。

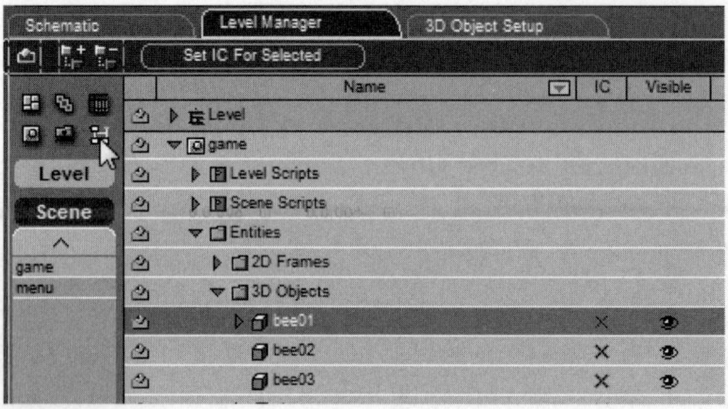

图 9-82

2　添加行为模块 Has Attribute，其属性设置成 beePosition。然后添加行为模块 Set Position，其 Position 来自于 Has Attribute 的输出，流程连线如图 9-83 所示。这样，就实现了蜜蜂的定位。（如果想看效果，可以为 bee02 和 bee03 也添加同样的脚本，不过此时希望继续做下去，一会再查看。）

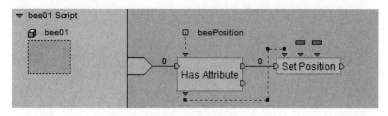

图 9-83

3　再添加一个 Has Attribute 行为模块，属性设置为 narrow。然后连接一个 Test 行为模块，并把数据输入的 A 和 B 类型改为 String，具体参数设置如图 9-84 所示。

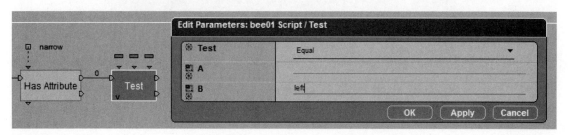

图 9-84

4　添加 2 个 Translate 行为模块，Translate Vector 分别设置为 -500,0,0 和 500,0,0，Referential 设置为 This（通过快捷键 Alt+T 创建），如图 9-85 所示。此段脚本的意思为，取出 Attribute 属性，如果方向 narrow 为 left 则向左瞬间平移 500 个坐标，如果方向 narrow 不为 left，即为 right，则向右瞬间平移 500 个坐标。

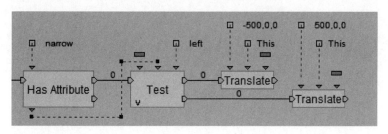

图 9-85

5　添加行为模块 Move To，连接流程，如图 9-86 所示。注意 Move To 自己的回圈。

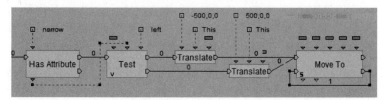

图 9-86

⑥ Move To 的设置如图 9-87 所示，其中 Destination Point 的数据来源于第 1 个 beePosition 的 Has Attribute 的输出。

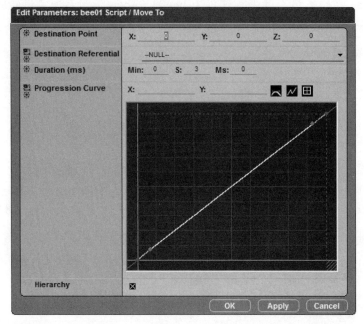

图 9-87

⑦ 相同的脚本复制给 bee02 和 bee03，如图 9-88 所示。此时播放测试，效果如图 9-89 所示。

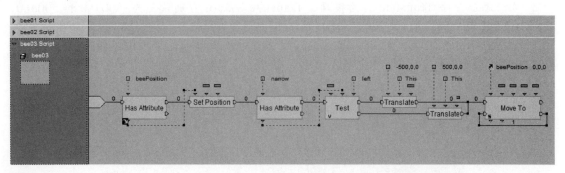

图 9-88

⑧ 给蜜蜂增加摇摆的动作。由于蜜蜂摇摆的动作与飞机摇摆的动作类似，可以借鉴一下飞机摇摆的脚本。先把飞机摇摆部分的脚本框选为 Behavior Graph，并命名为 Swing，连好线，如图 9-90 和图 9-91 所示。

⑨ 因为蜜蜂的摇摆应该是不整齐的，所以给蜜蜂脚本做一个随机的延迟。先打开 bee01 Script，添加一个行为模块 Random（生成随机数），把数据输出类型更改为 Time，如图 9-92 所示。

⑩ 设置 Random 的参数 min 为 0 秒，max 为 2 秒，这样它运行时会生成一个 0~2 秒的随机时间，如图 9-93 所示。

⑪ 添加行为模块 Delay，连接流程如图 9-94 所示，使它做一个随机延迟。

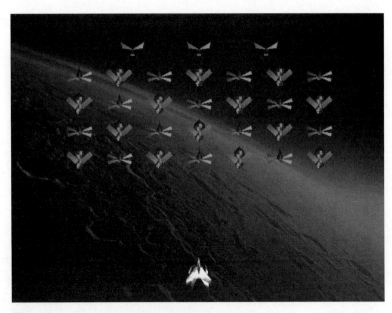

图 9-89

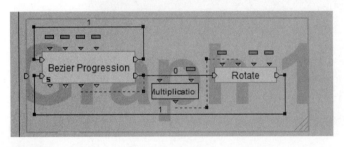

Bezier Progression
Rotate
Multiplicatio
Graph1

图 9-90

Swing

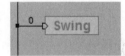

图 9-91

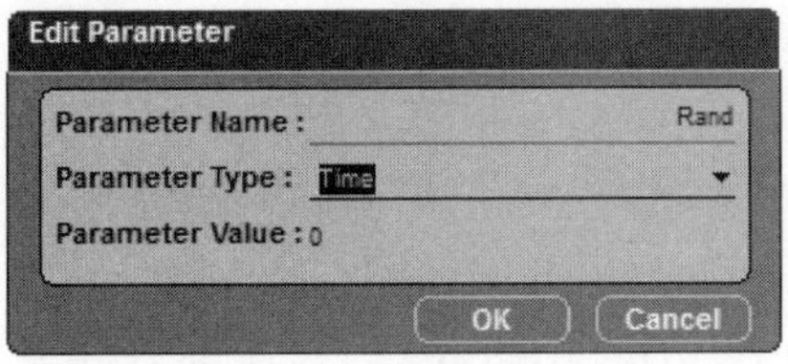

Edit Parameter
Parameter Name : Rand
Parameter Type : Time
Parameter Value : 0
OK
Cancel

图 9-92

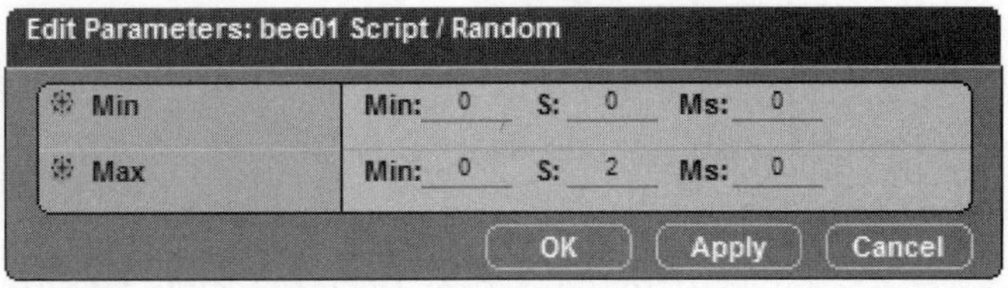

Edit Parameters: bee01 Script / Random
Min
Max
Min: 0 S: 0 Ms: 0
Min: 0 S: 2 Ms: 0
OK
Apply
Cancel

图 9-93

12 把飞机脚本里刚才制作的Swing拷贝到这里，连接在Delay后面，注意，Swing里面Rotate的Referential要设置成This，如图9-95所示。

Random
Delayer

图 9-94

Delayer
This
Bezier Progression
Rotate
Multiplicatio
Swing

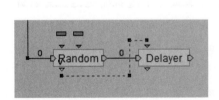

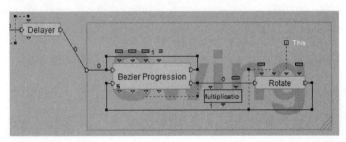

图 9-95

13 同理，拷贝相同的脚本到 bee02 Script 和 bee03 Script，如图 9-96 所示，蜜蜂摇摆的动作就做好了。

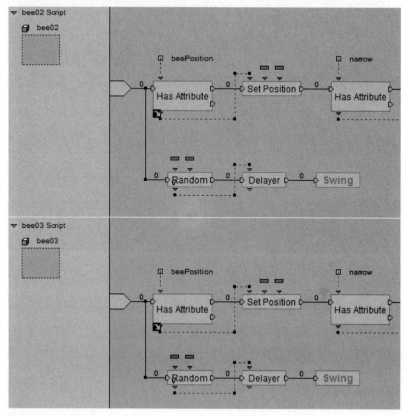

图 9-96

11. 让蜜蜂自己左右移动

1 为了增加游戏的难度，使蜜蜂在排列整齐之后能够左右摇晃。这一点需要一个 Group 群组操作和 Message 信息的操作。先创建一个 Group，命名为 beeGroup，如图 9-97 所示。

2 在 bee01 Script 里添加行为模块 Add To Group 和 Wait Message，使蜜蜂在接受信息后开始摇摆，如图 9-98 所示。

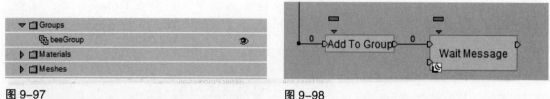

图 9-97   图 9-98

3 设置 Add To Group 的 Group 输入 beeGroup，Wait Message 的 Message 输入为 START_ROCK，如图 9-99 所示。

4 添加行为模块 Bezier Progression、Set Component、Translate 做摇摆的具体动作，连接流程，如图 9-100 所示。

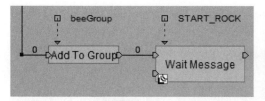

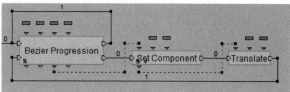

图 9-99　　　　　　　　　　　　　　　　图 9-100

5　设置参数，如图 9-101 至图 9-103 所示。

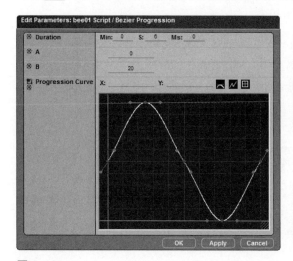

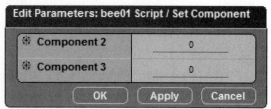

图 9-102

图 9-101　　　　　　　　　　　　　图 9-103

6　把刚才的所有行为模块复制给 bee02 Script 和 bee03 Script，如图 9-104 所示。这样，消息的监听部分就做好了。

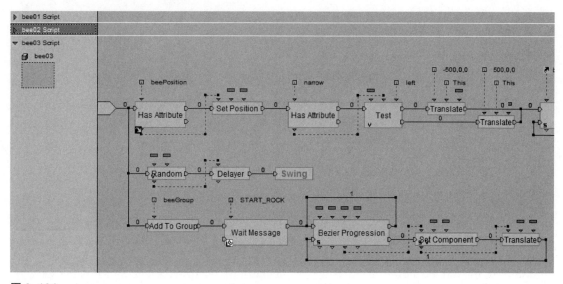

图 9-104

7　制作消息的发送部分。打开 game2 Script，在 Counter 后面添加 Delayer 和 Send Message To Group 行为模块，如图 9-105 所示。

8　Delayer 的 Time To Wait 设置为 4 秒，如图 9-106 所示。

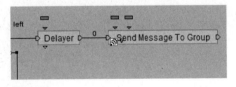

图 9-105　　　　　　　　　　图 9-106

9　Send Message To Group 的 Message 设置为刚才填写的 START_ROCK，Group 设置为 beeGroup，如图 9-107 所示。

图 9-107

10　播放测试，看一下效果。

12. 飞机发射导弹的制作（1）

1　在 plane Script 里添加行为模块 Key Event 做键盘按键的触发，将 Key Waited 设置成 Space（空格），如图 9-108 所示。

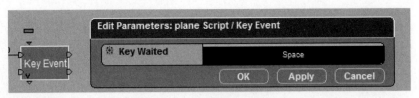

图 9-108

> ⚠注意
>
> 为什么使用 Key Event，Key Event、Key Waiter、Switch On Key 三者之间的区别。

2　因为如果飞机能不间断发子弹，会出现满屏的子弹，就失去的游戏的意义，所以设置一下使飞机在同一屏幕至多出现 3 颗子弹。先打开 game 场景的 Attribute 面板，创建一个自定义属性 shotNum，类型为 Integer，如图 9-109 所示。

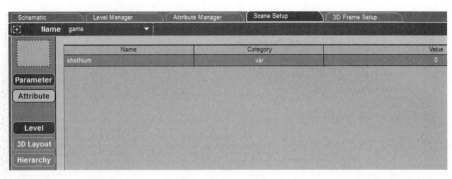

图 9-109

3　因为 Attribute 不能设置 IC 值，所以需要在 game Script 脚本里面的 Gradient 后面添加一个 Set Attribute 行为模块，并设置 shotNum 为 0，如图 9-110 所示。

4　返回 plane Script 脚本，在 Key Event 后面添加行为模块 Has Attribute，其参数设置成 shotNum，target 设置成 game 场景，并与 Key Event 的 Pressed 连通，如图 9-111 所示。

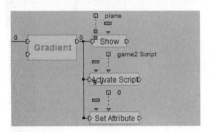

图 9-110

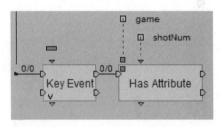

图 9-111

5　添加行为模块 Test，测试是不是小于 3，参数设置如图 9-112 所示。注意，Test 的输入要改成 Integer 类型。

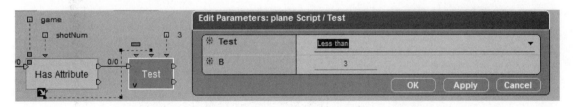

图 9-112

6　添加行为模块 Op 和 Set Attribute 进行递加 1，并写回 Attribute，具体参数设置如图 9-113 至图 9-115 所示。

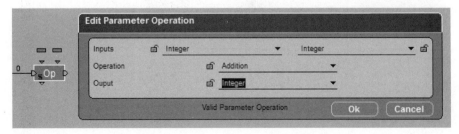

图 9-113

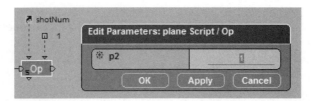

图 9-114

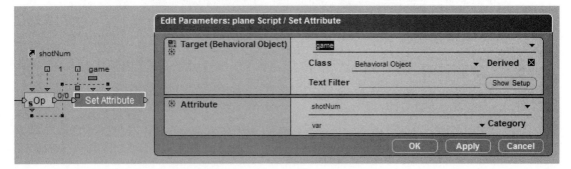

图 9-115

7 这样就实现了每次按空格键，如果 shotNum 小于 3 就递加 1 的功能。在 Set Attrbute 之后，添加行为模块 Object Copy 和 Set Position，用来创建发出的子弹。

注意

此时的子弹会出现在飞机的位置，不会移动，子弹的移动稍候制作。Object Copy 的 Original 设置为三维物体 shot(之前已经放在场景里的子弹)，Set Position 的参数不用设置，如图 9-116 和图 9-117 所示。

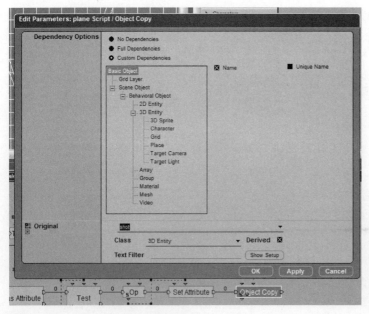

图 9-116

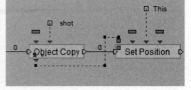

图 9-117

13. 飞机发射导弹的制作（2）

1 新建一个 3D Frame，移动到场景中，与之前的蜜蜂模版放到一起，并设置好 IC，用作子弹的效果，如图 9-118 所示。

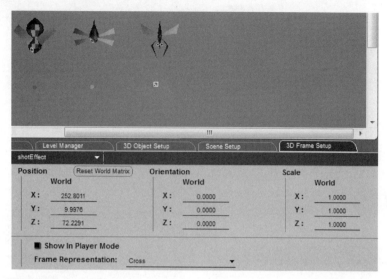

图 9-118

2 把 shotEffect 的 Activate At Scene Start 与 Active Now 打叉，如图 9-119 所示。

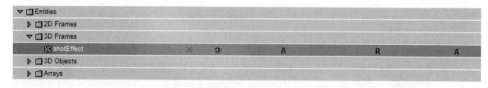

图 9-119

3 为 3D Objects 的 shot（飞机的子弹）添加脚本，添加行为模块 Object Copy，和 Set Position，使子弹效果始终跟随子弹物体。设置 Object Copy，如图 9-120 所示。

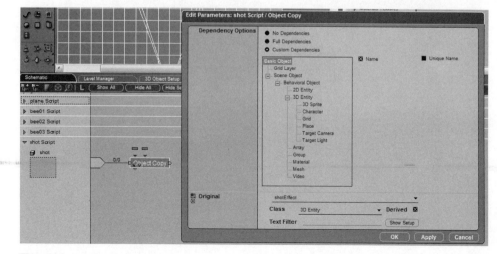

图 9-120

4　设置 Set Position 的 target 来自 Object Copy 的输出，Referential 设置为 This，如图 9-121 所示。

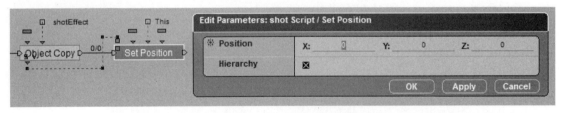

图 9-121

5　为了使子弹特效一直跟随子物体，需要给 Set Position 做一个自我的回圈，如图 9-122 所示。

6　然后制作子弹的发射动作，通过 Bezier Progression、Translate 和一个数值计算完成，行为模块的连线如图 9-123 所示。

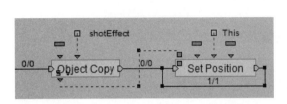

图 9-122

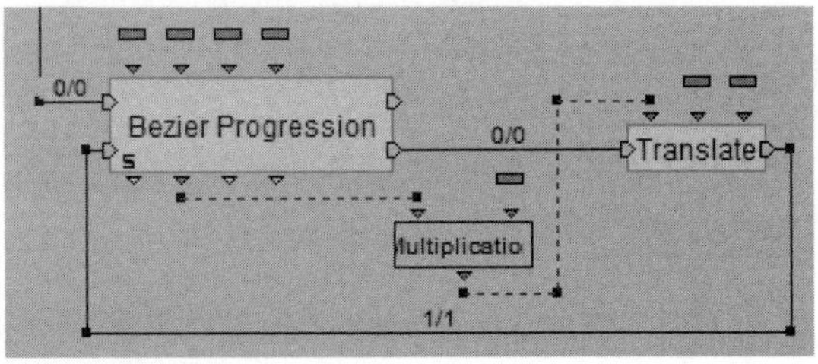

图 9-123

7　将 Bezier Progression 的 Duration 设为 2 秒，如图 9-124 所示。

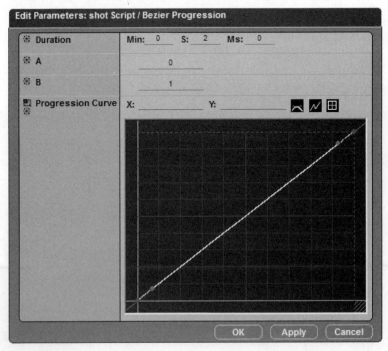

图 9-124

8　相乘的数值计算设置如图 9-125 和图 9-126 所示。

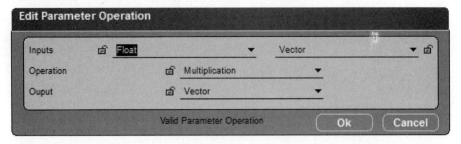

图 9-125

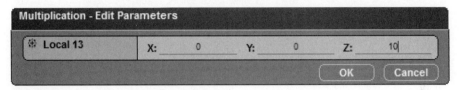

图 9-126

> **说明**
>
> Translate 的 Translate Vector 来自于数值计算，其他的不用设置。
>
> 发射动作完成后需要把 game 场景的自定义属性 shotNum 递减，并把自己删除。

9　添加行为模块 Has Attribute、Set Attribute 和一个数值计算，它们的设置如图 9-127 至图 9-130 所示。

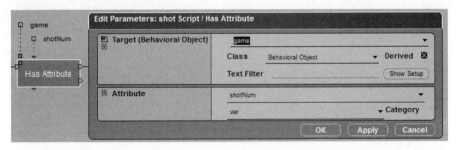

图 9-127

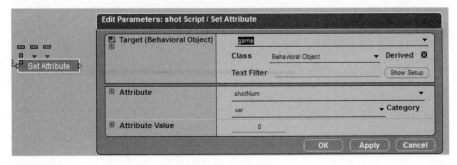

图 9-128

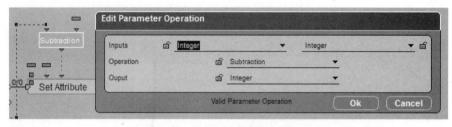

图 9-129

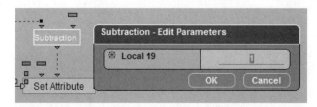

图 9-130

10 连接 2 个 Object Delete，Object 分别设置成 Object Copy 的输出和 This，如图 9-131 所示。

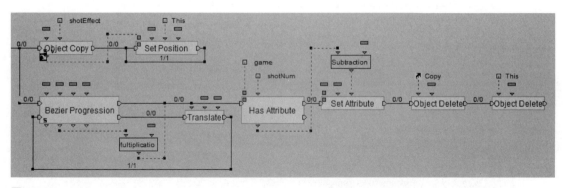

图 9-131

11 在 Level Manager 中，打开 Level 层级，将 3D Objects 下面的 shot 和 shot2 的 Activate At Scene Start 和 Active Now 打上叉，不然在游戏开始的时候，shot 会把自己删除掉，如图 9-132 所示。

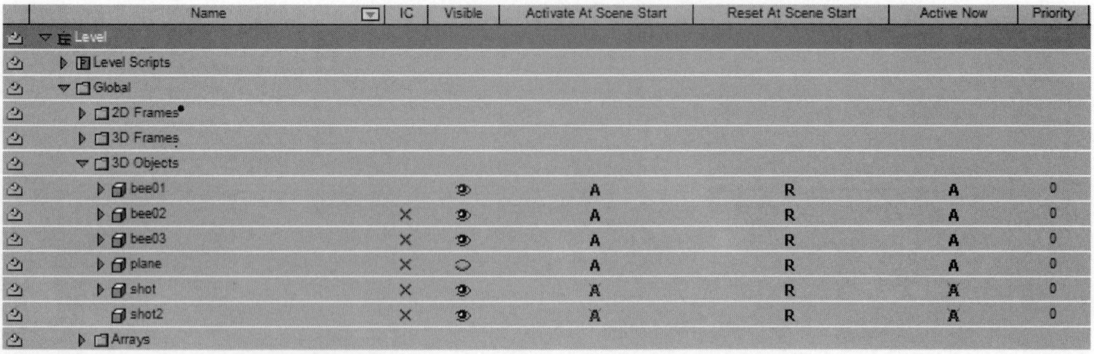

	Name		IC	Visible	Activate At Scene Start	Reset At Scene Start	Active Now	Priority
	▽ Level							
	▷ Level Scripts							
	▽ Global							
	▷ 2D Frames							
	▷ 3D Frames							
	▽ 3D Objects							
	▷ bee01			👁	A	R	A	0
	▷ bee02		×	👁	A	R	A	0
	▷ bee03		×	👁	A	R	A	0
	▷ plane		×	◯	A	R	A	0
	▷ shot		×	👁	A	R	A	0
	shot2		×	👁	A	R	A	0
	▷ Arrays							

图 9-132

14. 制作飞机子弹的拖尾效果

1　现在的子弹还不够真实，需要给子弹添加一些粒子效果使子弹更真实些，这时需要借用 Virtools 自带资源库的一个粒子贴图，打开 VirtoolsResources，转到 Textures 下的 Particles，将 Burst.bmp 拖入 game 场景内，如图 9-133 所示。

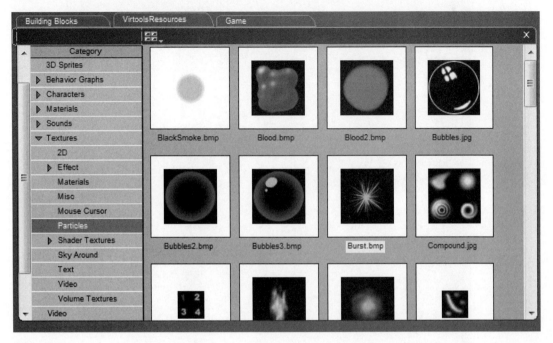

图 9-133

2　为 3D Frames 物体 shotEffect 添加一个脚本，如图 9-134 所示。

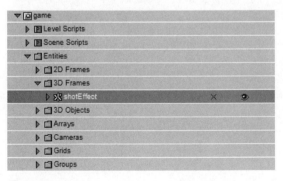

图 9-134

3　在 shotEffect Script 中添加行为模块，Point Particle System，如图 9-135 所示。

图 9-135

4 具体参数设置如图 9-136 所示。

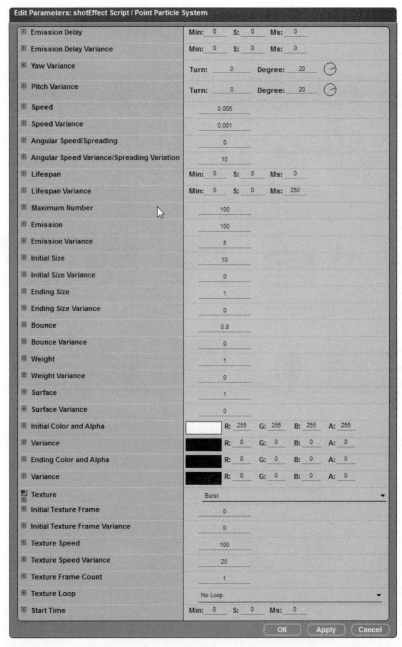

图 9-136

5 播放测试效果。

15. 制作打中蜜蜂爆炸的效果

1 在制作打中蜜蜂的效果之前先做一些预备工作，把动态生成的蜜蜂与 beeGroup 中的原始蜜蜂隔离，以防不小心删除掉原始的蜜蜂。在 game 场景中新建一个 Group，命名为 beeShowGroup，如图 9-137 所示。

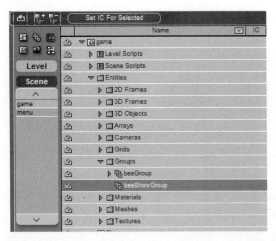

图 9-137

2 将 bee01、bee02、bee03 脚本中 Add To Group 的 Group 参数修改为 beeShow-Group，如图 9-138 所示。

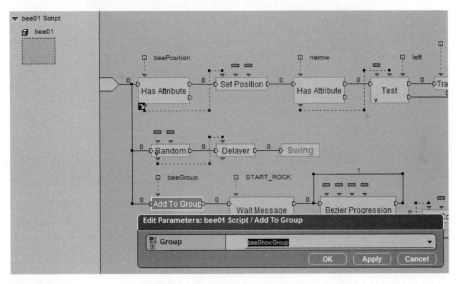

图 9-138

3 将 game2 Script 脚本中 Send Message To Group 的参数 Group 修改为 bee-ShowGroup，如图 9-139 所示。

图 9-139

4 在game场景中新建一个3D Frames，将其移动到蜜蜂模版的旁边（为了查看和选择的时候方便），把Activate At Scene Start和Active Now设置为 ×，并命名为boomEffect，制作爆炸效果，如图9-140所示。

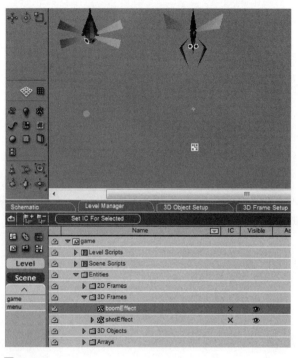

图9-140

5 打开Virtools自带的资源库VirtoolsResources，将Textures/Particles/Fire.jpg拖入3D Layout场景中，如图9-141所示。

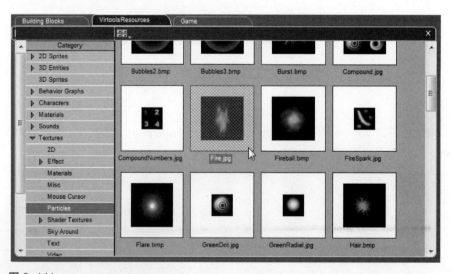

图9-141

6 接下来为boomEffect添加一个脚本，在脚本中添加行为模块Point Particle System粒子系统，如图9-142所示。

boomEffect Script
boomEffect
Point Particle System

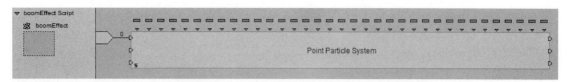

图 9-142

7 具体设置如图 9-143 所示。

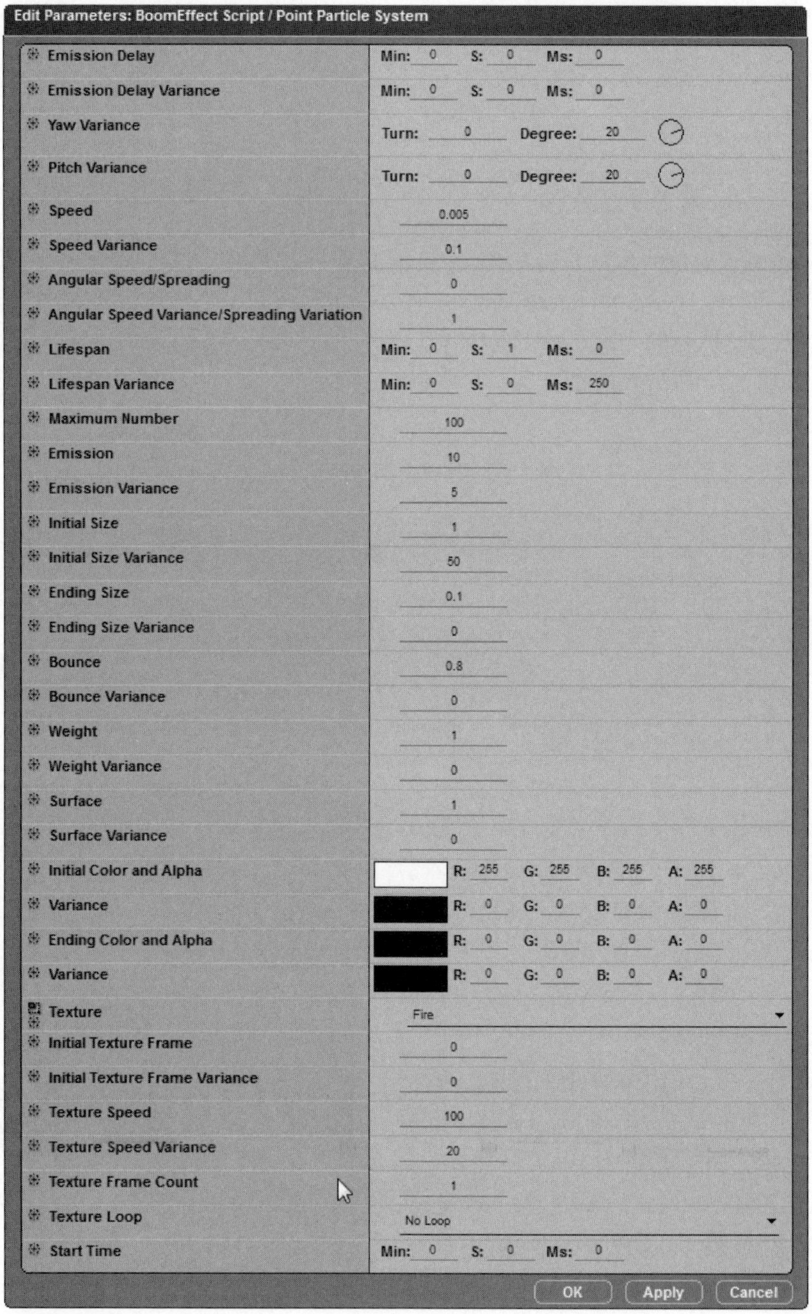

Edit Parameters: BoomEffect Script / Point Particle System
Emission Delay
Min: 0 S: 0 Ms: 0
Emission Delay Variance
Min: 0 S: 0 Ms: 0
Yaw Variance
Turn: 0 Degree: 20
Pitch Variance
Turn: 0 Degree: 20
Speed
0.005
Speed Variance
0.1
Angular Speed/Spreading
0
Angular Speed Variance/Spreading Variation
1
Lifespan
Min: 0 S: 1 Ms: 0
Lifespan Variance
Min: 0 S: 0 Ms: 250
Maximum Number
100
Emission
10
Emission Variance
5
Initial Size
1
Initial Size Variance
50
Ending Size
0.1
Ending Size Variance
0
Bounce
0.8
Bounce Variance
0
Weight
1
Weight Variance
0
Surface
1
Surface Variance
0
Initial Color and Alpha
R: 255 G: 255 B: 255 A: 255
Variance
R: 0 G: 0 B: 0 A: 0
Ending Color and Alpha
R: 0 G: 0 B: 0 A: 0
Variance
R: 0 G: 0 B: 0 A: 0
Texture
Fire
Initial Texture Frame
0
Initial Texture Frame Variance
0
Texture Speed
100
Texture Speed Variance
20
Texture Frame Count
1
Texture Loop
No Loop
Start Time
Min: 0 S: 0 Ms: 0
OK
Apply
Cancel

图 9-143

8　为了让爆炸效果停留1秒，再在Exit On的后面接一个Delayer，Time to wait设置为1秒，使粒子效果延迟1秒，如图9-144所示。

9　在Delayer后面添加行为模块Object Delete，并将Object设置为This参数，进行自删除，如图9-145所示。

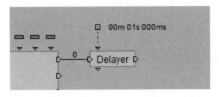

图9-144

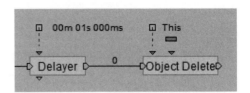

图9-145

16. 制作打中蜜蜂的逻辑部分

1　在shot Script的脚本里添加一些逻辑脚本。打开shot Script，添加行为模块Get Nearest In Group并连接到开始位置。再将Group设置为beeShowGroup，Referential设置为This参数，并做自我的回圈。

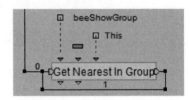

图9-146

2　添加行为模块Test，设置如图9-147所示。

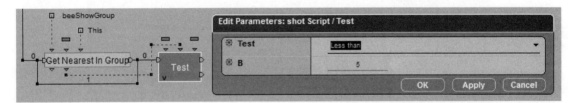

图9-147

3　在Test的true输出后面添加行为模块Object Copy和Set Position，并将Test的true输出也连接到Has Attribute的输入，这样做是为了让蜜蜂中弹后将蜜蜂删除，并出现中弹的火花效果，如图9-148所示。

4　Object Copy的Original设置为boomEffect，如图9-149所示。

5　Set Position的Referential设置为参数This，并将Object Copy的数据输出连接至Set Position的Target，如图9-150所示。

6　在Set Position后面连接行为模块Object Delete，将Get Nearest In Group的第

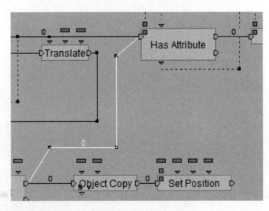

图9-148

1个数据输出Nearest Object，通过粘贴快捷方式的方式连至Object Delete的Object输入，如图9-151所示。

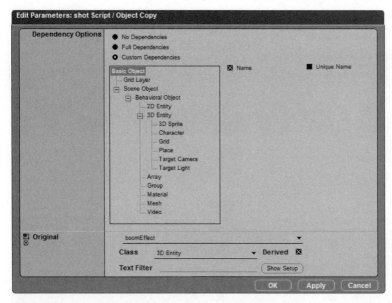

图 9-149

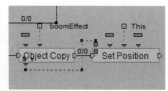

图 9-150

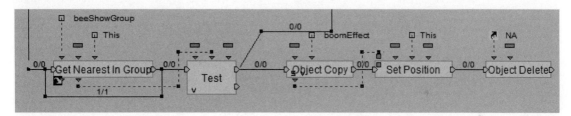

图 9-151

17. 游戏胜利的制作

当所有蜜蜂都打完了的时候，将出现胜利的界面，如图 9-152 所示，接下来开始制作胜利界面的流程。

　1　打开 game 场景的 Attribute 面板，添加一个 integer 类型的属性，用来记录打中蜜蜂的数量，如图 9-153 所示。

　2　在 game Script 脚本中添加行为模块 Set Attribute，将 beeNum 的值初始化为 0，如图 9-154 所示。

　3　打开 game2 Script 脚本，准备在 Send Message To Group 后面添加蜜蜂计数的脚本，如图 9-155 所示。

图 9-152

　4　添加行为模块 Has Attribute、Set Attribute 和一个参数计算模块，目的在于让刚才添加的属性增加 31（蜜蜂的总数），设置如图 9-156 所示。

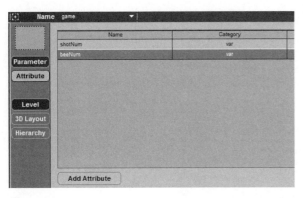

图 9-153

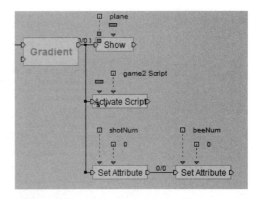

图 9-154

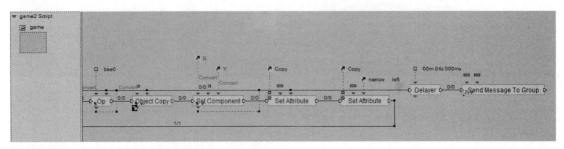

图 9-155

⑤ 在后面添加行为模块 Has Attribute 和 Test，Has Attribute 设置为读取 beeNum 属性，将 Test 的 A 和 B 参数更改为 integer，参数 A 来自于 Has Attribute 的数据输出，其他设置如图 9-157 所示，意义在于不停地测试 beeNum 的值有没有小于等于 0。

⑥ 添加行为模块 Show，target 设置为 2D Entity 物体 MissionComplete，如图 9-158 所示。

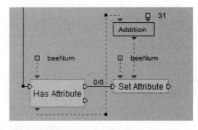

图 9-156

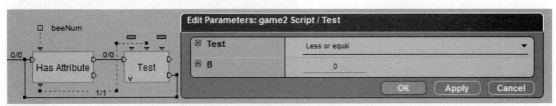

图 9-157

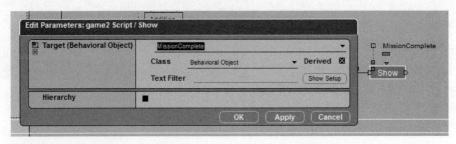

图 9-158

⑦　添加行为模块 Hide，target 设置为 3D Entity 物体 plane，用于将飞机隐藏起来，如图 9-159 所示。

图 9-159

⑧　打开 shot 脚本，在删除蜜蜂用的 Object Delete 后面添加行为模块 Has Attribute、Set Attribute 和一个参数计算，Has Attribute 和 Set Attribute 的 target 都设置为 game 场景，参数 Attribute 设置为 beeNum。参数计算的是起到减 1 的作用，参数设置如图 9-160 所示。

⑨　播放测试效果，如图 9-161 所示。

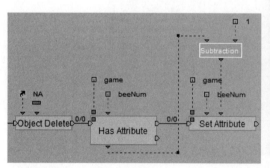

图 9-160

图 9-161

18. 蜜蜂发子弹的制作——子弹运动过程和与飞机碰撞效果

除了飞机可以发子弹，蜜蜂（敌人）也是可以发子弹的，接下来制作蜜蜂发子弹的效果。

①　打开 Level Manager，进入 game 场景，为 shot2 添加一个 Script 脚本，如图 9-162 所示。

②　在 shot2 Script 面板里制作一组以自己为起点向下运动的脚本，此脚本比较常用，在此不作详细说明，详细参数设置如图 9-163 至图 9-166 所示。

③　在循环结束后添加行为模块 Object Delete，并把 Object 参数设置为 This，如图 9-167 所示。

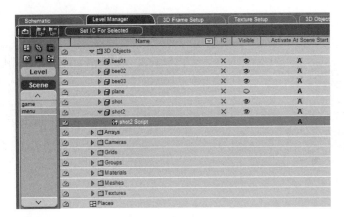

图 9-162

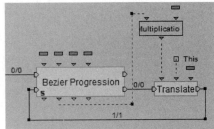

图 9-163

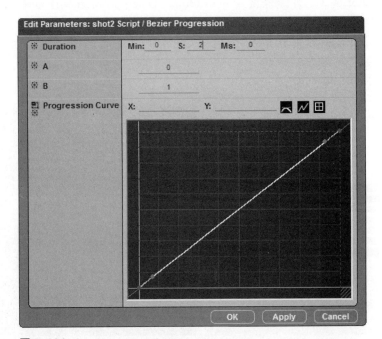

图 9-164

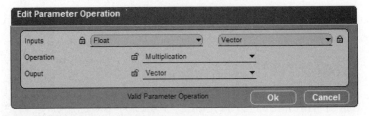

图 9-165

图 9-166

> **注意**
>
> 　　脚本中有 Object Delete，且是删除自己的脚本，一定要在 Level Manager 中把 Activate At Scene Start 和 Active Now 打上叉，不然运行时会把物体本身和脚本一起删除掉。

　　[4]　制作子弹撞到飞机的部分，在 shot2 Script 新起一行脚本，添加行为模块 Op 和 Test，连线如下，如图 9-168 所示。

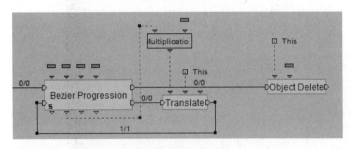

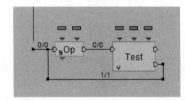

图 9-167　　　　　　　　　　　　　　　　　　　图 9-168

　　[5]　右键单击 Op，选择 Edit Settings 命令，在打开窗口中，Inputs 设置为两个 3D Entity，Operation 设置为 Get Distance，如图 9-169 所示。

　　[6]　把 Op 的双个输入参数设置成 This 和 plane，如图 9-170 所示。

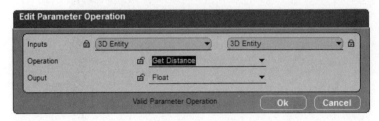

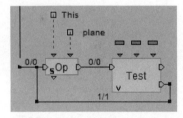

图 9-169　　　　　　　　　　　　　　　　　　　图 9-170

　　[7]　将 Op 的输出连接到 Test 的 A 参数上，Test 的参数 Test 设置为 Equal，B 填入 10，如图 9-171 所示。

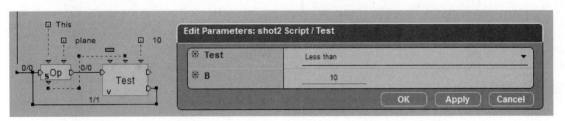

图 9-171

　　[8]　在 Test 的 true 后面添加行为模块 Send Message，打开参数窗口，Message 用键盘输入 planeBomb，Dest 选择为 plane。使子弹与飞机的距离小于 10 个单位的时候向 plane 发送一个 planeBomb 信息，如图 9-172 所示。

　　[9]　打开 plane Script，新起一行添加行为模块 Wait Message，并将参数 Message 设

置成刚才键盘输入的 planeBomb，如图 9-173 所示。

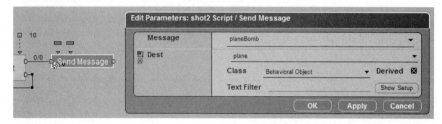

图 9-172

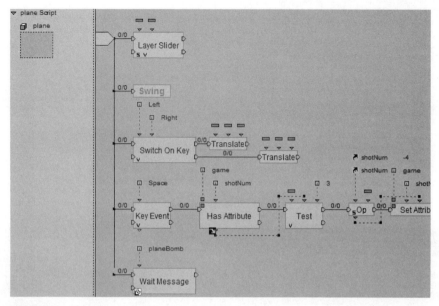

图 9-173

10 Wait Message 后面的脚本一会再制作。现在回到 shot2 Script 中，将 Send
Message 的输出也连到 Object Delete 上，如图 9-174 所示。

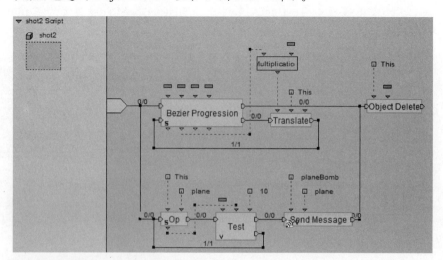

图 9-174

19. 蜜蜂发子弹的制作——蜜蜂自动发子弹

1 打开 bee01 Script，新起一行添加行为模块 Random 和 Delayer，连线方式如图 9-175 所示。

2 将 Random 数据输出的类型设置成 integer，并将它的参数 Min 设置成 1，Max 设置成 5；Delayer 的 Time 设置成 1 秒，这组脚本是为了每秒生成一个 1~5 的随机整数，如图 9-176 所示。

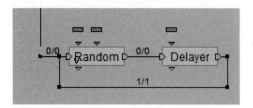

图 9-175

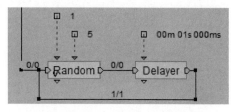

图 9-176

3 在 Delayer 后面添加行为模块 Test，并把 Test 的 A 和 B 设置成 integer 类型，Test 的 A 参数来自于 Random 的数据输出，参数 Test 设置成 Equal，参数 B 设置成 3，如图 9-177 所示。

4 打开 LevelManager 面板，在 game 场景里新建一个 Group，并命名为 beeShot，用来存放动态生成蜜蜂子弹，如图 9-178 所示。

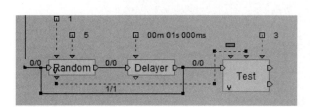

图 9-177

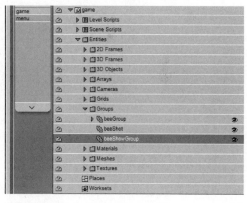

图 9-178

5 回到 bee01 Script，在 Test 的 true 输出后面添加一个 Object Copy，并将参数 Original 设置成 3D Entity 物体 shot2。使其在随机数生成 3 的时候，动态生成一颗蜜蜂的子弹，如图 9-179 所示。

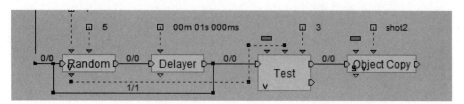

图 9-179

6 在 Object Copy 后面再连接行为模块 Add To Group 和 Set Position，这 2 个行为

模块的 target 都设置成 Object Copy 的数据输出，Add To Group 的 Group 设为 beeShot，Set Position 的 Referential 设为 This 参数。使动态生成的子弹加入 beeShot 群组，并把初始位置设为蜜蜂本身，如图 9-180 所示。

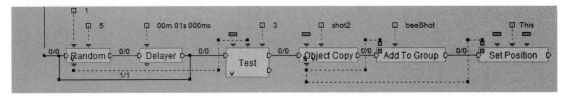

图 9-180

7　播放测试，看看效果。

20. 游戏失败的制作

飞机中弹 3 次游戏会失败，接下来开始制作飞机中弹及其游戏失败的过程。

1　打开 game 场景的 Attribute 面板，添加一个 integer 类型的属性 lifeNum，用来记录飞机的生命值，如图 9-181 所示。

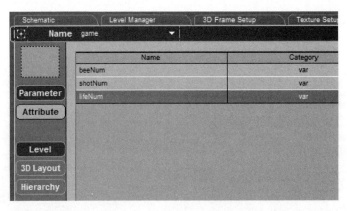

图 9-181

2　打开 game Script 面板，在 2 个 Set Attribute 之后再添加 1 个 Set Attribute，把 lifeNum 初始化成 3，如图 9-182 所示。

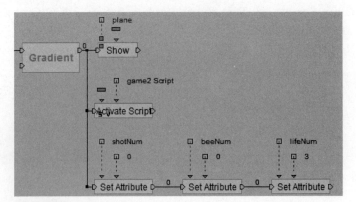

图 9-182

[3] 打开 plane Script 脚本，在 Wait Message 后面添加行为模块 Has Attribute、Set Attribute 和一个减1的参数运算，使 game 场景的 lifeNum 属性值递减1，意思是飞机中子弹后生命值减少1。此功能比较简单，在此不作详细说明，如图 9-183 所示。

[4] 生命值减少之后添加飞机中子弹屏闪的效果。在 Set Attribute 后面添加行为模块 Counter。Counter 的设置如图 9-184 所示，执行3次循环。

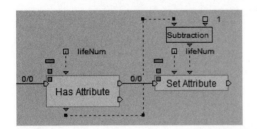

图 9-183

图 9-184

[5] 在 Counter 的 Loop Out 后面添加行为模块 Camera Color Filter，其 target 设置为 gameCamera，Filter Color 调为红色，Density 设置为100%，如图 9-185 所示。

图 9-185

[6] Camera Color Filter 的 Exit On 后面连接行为模块 Delayer，唯一的 Time To Wait 参数设置为20ms，如图 9-186 所示。

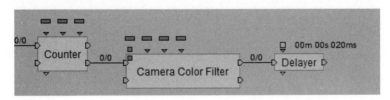

图 9-186

[7] 如图 9-187 所示连线，即做出3次红色屏闪的效果。

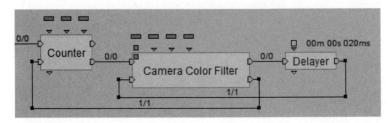

图 9-187

8　在 3 次屏闪之后，再用 Has Attribute 取一次 lifeNum 的值，如图 9-188 所示。

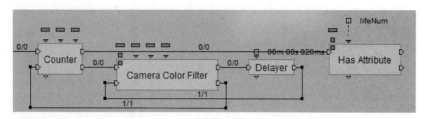

图 9-188

9　添加行为模块 Test，参数设置及连线如图 9-189 所示，注意 Test 的 A 和 B 要调整为 integer 类型的数字，测试 lifeNum 的值是不是小于等于 0。

图 9-189

10　在 Test 的 False 输出后面添加行为模块 Delayer，并设置成 3 秒，之后回圈到 Wait Message，如图 9-190 所示。即如果 lifeNum 的值还大于 0 的话，等待 3 秒，并继续等待下次的飞机中弹。这个等待的 3 秒有点类似有些游戏中子弹后的无敌状态。

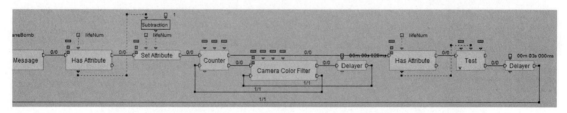

图 9-190

11　在 Test 的 True 输出后面添加行为模块 Show，设置 target 为 2D Entity 物体 MissionFailed，即如果 lifeNum 的值被扣成 0 的话，则显示游戏失败的字幕，如图 9-191 所示。

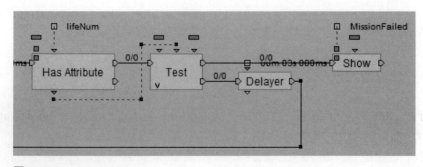

图 9-191

[12] 在 Show 的后面添加行为模块 Hide 和 Delete Dynamic Objects，即把 plane 飞机物体隐藏，把 Scene 设置成 game 场景，删除场景中动态生成的蜜蜂，如图 9-192 所示。

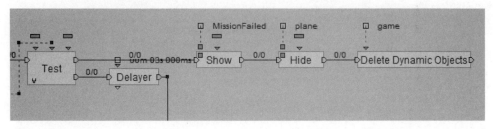

图 9-192

[13] 播放测试整个游戏，如图 9-193 所示。

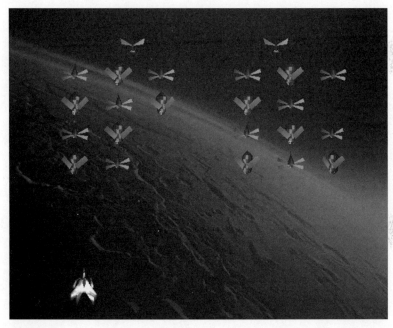

图 9-193

21. 游戏制作的后期调整及修改 BUG

游戏制作的最后往往需要修改一些小的 bug，例如通过测试可以发现，在游戏开始界面和游戏结束界面，飞机仍然可以发子弹，这是不正常的，需要改正这个错误。将飞机的脚本手动激活和关闭。

[1] 打开 Level Manager 的 game 场景，将 3D Objects 物体 plane 的 Activate At Scene Start 和 Active Now 打上叉，这样飞机的脚本就不会在一开始运行了，如图 9-194 所示。

[2] 打开 game Script 脚本，在飞机出现的 Show 脚本后面添加一个 Activate Script，Script 选择为 plane Script，将飞机的脚本打开，如图 9-195 所示。

[3] 打开 game2 Script 脚本，在飞机隐藏 Hide 的后面添加一个 Deactivate Script，Script 选择为 plane Script，将飞机的脚本关闭，如图 9-196 所示。

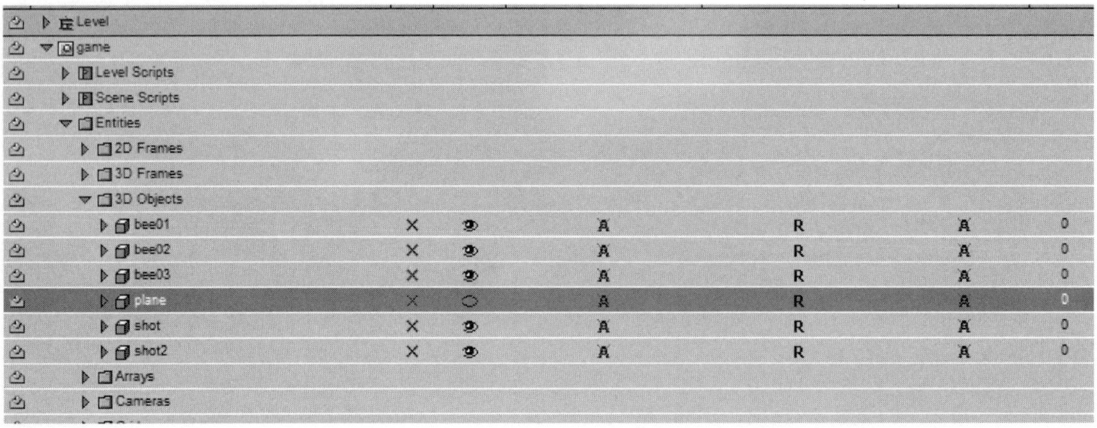

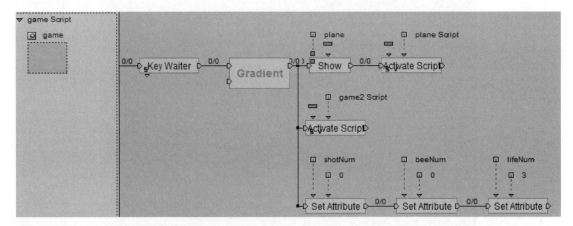

图 9-194

图 9-195

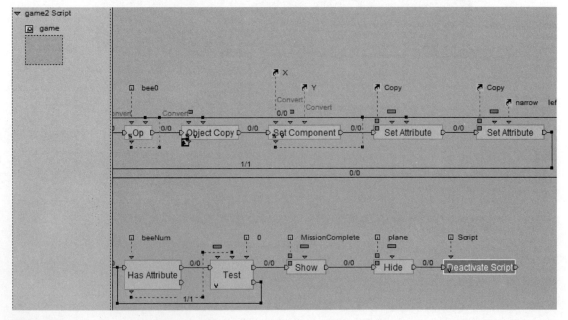

图 9-196

[4] 同样的，在plane Script脚本的 Delete Dynamic Objects后面也添加一个 Deactivate Script将飞机的脚本关闭，如图 9-197所示。

这个bug就修复好了。

在测试中感觉游戏的难度比较简单，为 了增加游戏的难度，可以让bee02的小蜜蜂 也会发射子弹。将bee01 Script的最后一行 发射子弹的脚本复制进bee02，如图9-198 所示，这个问题就解决了。

现在测试游戏会感觉游戏更完整，更有 可玩性。

图9-197

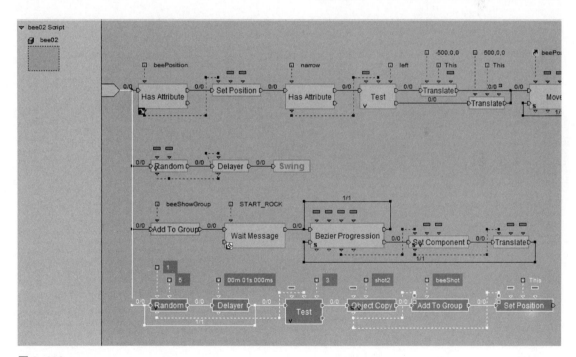

图9-198

22. 添加游戏音乐

在游戏中音乐成分是必不可少的，不过习惯上最后才为游戏加上音乐，因为音乐对 于游戏的流程没有任何关系，只需在流程制作完毕后加上即可。

[1] 打开Game资源库，打开Sounds类型，如图9-199所示，将右面所有的音乐文 件拖入Level Manager的Level下面，如图9-200所示。

[2] 打开btnStart Script脚本，在PushButton和Gradient中间插入一个行为模块 Play Sound Instance，并将参数的target设为btn，将参数2D功能打开，如图9-201所示。

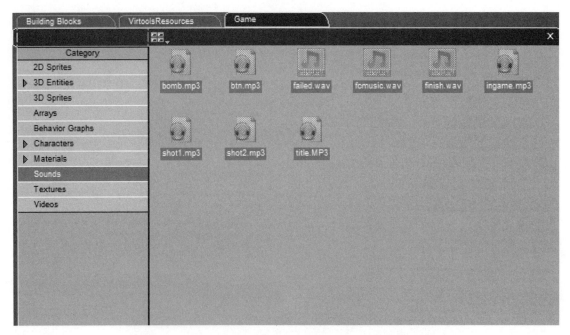

图 9-199

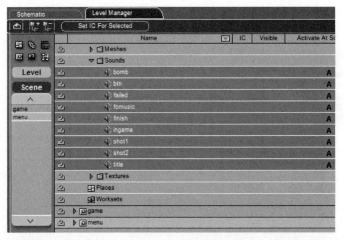

图 9-200

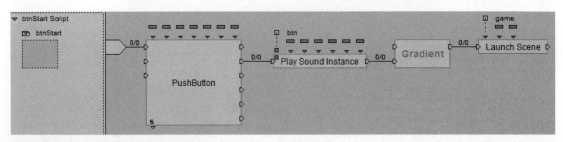

图 9-201

3　打开 btnHighScore Script 脚本，在 PushButton 的 Released 后面加入行为模块 Play Sound Instance，设置参数 target 为 btn，2D 功能打开，如图 9-202 所示。

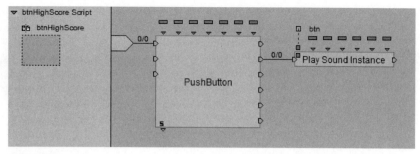

图 9-202

4　打开 menu Script 脚本，在 Set As Active Camera 和 Gradient 之间再引出一根流程线，添加行为模块 Wave Player，在 Start Playing 后面添加行为模块 Wait Message，并连回 Wave Player 的 Stop 入口。其中，Wave Player 的 target 设为 title，把 Loop 打开，Wait Message 的 Message 参数用键盘输入 STOP_SOUND，使 Wait Message 接收到 STOP_SOUND 信息之后把 title 音乐关掉，如图 9-203 所示。

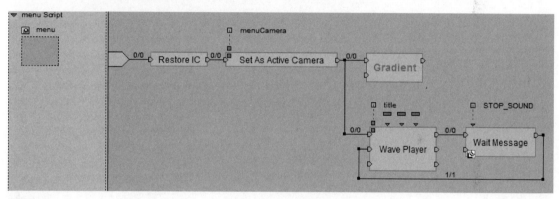

图 9-203

5　重新打开 btnStart Script 脚本，在 PushButton 和 Play Sound Instance 中间插入行为模块 Send Message，Message 信息选择 STOP_SOUND，目的是单击 Start 按钮时把 title 音乐关掉，如图 9-204 所示。

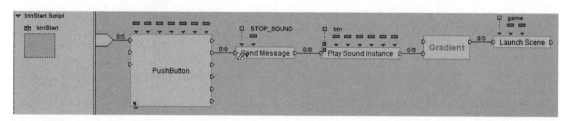

图 9-204

6　以上菜单的音乐编辑完毕，接下来编辑进入游戏前的背景音乐。打开 game Script 脚本，添加行为模块 Wave Player，在 Gradient 和 Key Waiter 之间引出一条流程线，连入 Wave Player 的 Play 入口，再在 Key Waiter 后面的 Gradient 的出口引出一条流程线，连入 Wave Player 的 Stop 入口，将 Wave Player 的 target 设置为 fcmusic，Loop 功能不要打开即可，如图 9-205 所示。

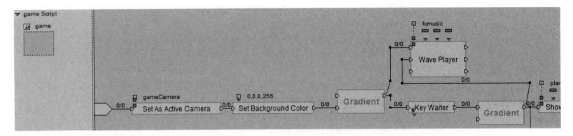

图 9-205

7 打开 game2 Script 脚本，在 Set Background Image 后面加入行为模块 Wave Player，target 设置为 ingame，将 Loop 打开，如图 9-206 所示。这是游戏中的背景音乐。

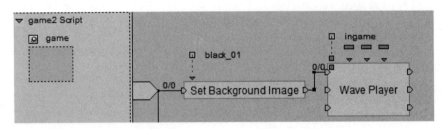

图 9-206

8 移到 game2 Script 脚本的最后，在关闭 plane Script 的行为模块 Deactivate Script 的后面添加行为模块 Play Sound Instance，target 设置为 finish，将 2D 打开，如图 9-207 所示。这是游戏失败时的声效。

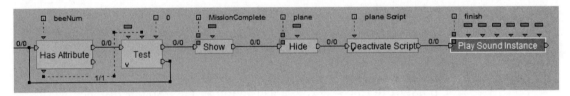

图 9-207

9 打开 plane Script 脚本，在 Set Attribute 和 Counter 之间插入行为模块 Play Sound Instance，target 设置为 bomb，将 2D 打开，如图 9-208 所示。这是飞机中弹时的声效。

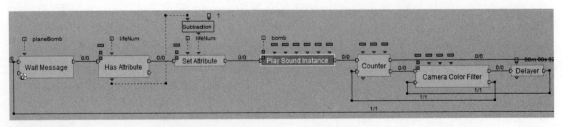

图 9-208

10 移到 plane Script 脚本的最后，在关闭 plane Script 的行为模块 Deactivate Script 的后面添加行为模块 Play Sound Instance，target 设置为 failed，将 2D 打开，如图 9-209 所示。这是游戏失败时的声效。

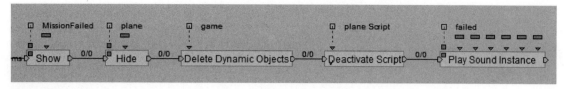

图 9-209

11　打开 shot Script 脚本，新起一行流程，添加行为模块 Play Sound Instance，target 设置为 shot1，将 2D 打开，如图 9-210 所示。这是飞机发子弹时的声效。

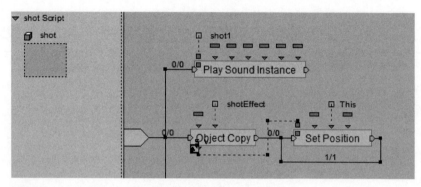

图 9-210

12　在 shot2 Script 脚本中新起一行流程，添加行为模块 Play Sound Instance，target 设置为 shot2，将 2D 打开，如图 9-211 所示。这是蜜蜂发子弹时的声效。

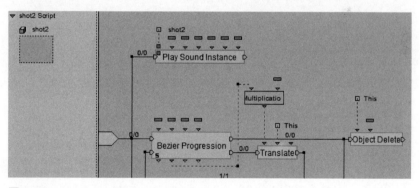

图 9-211

13　打开 boomEffect Script 脚本，新起一行流程，添加行为模块 Play Sound Instance，target 设置为 bomb，将 2D 打开，如图 9-212 所示。这是打中蜜蜂时的声效。

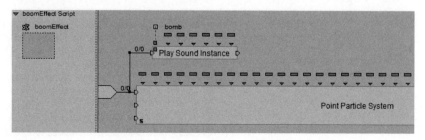

图 9-212

注释

因为声音都是在流程中附加或插入的，所以添加声音的位置不是唯一的，以上实例仅仅是做个参考。

14 最后一步，打开主菜单中 Editors 菜单，选择 Variables Manager（变量管理器），将 File Options 下面 Sounds 的 Value 值调整为 Includes Original Files，如图 9-213 所示。只有这样，最后输出的 .vmo 及 .cmo 文件才会包含声音。

Building Blocks	VirtoolsResources	Game	Variables Manager

Commit | Restore | All

Variable Name	Value	Composition	
▷ Actions			
▷ BehaviorManager			
▷ CK2_3D			
▽ File Options			
Compression	Compressed	✕	
Compression Level	4	✕	
On Load Duplicate User Flags & Enums	Ignore		
Save Thumbnail	TRUE		
Selection Sets Compact on Load	FALSE	✕	
Selection Sets Reference	Includes Original Files	✕	
Selection Sets Save	Save sets on cmo save	✕	
Selection Sets Save Backup	Do not backup	✕	
Sounds	Includes Original Files	✕	
Textures,Sprites	Raw Data	✕	
Videos	References Original Files	✕	
Videos Input IDs	Saved By Name	✕	
▷ File Options for VMOs			

图 9-213

23. 导出网页格式

游戏制作完毕，需要发布成网页格式。打开 File 菜单，选择 Create Web Page 命令。在弹出的对话框，设置如图 9-214 所示。在 Choose Destination 中选择好文件夹，Web Page Title 中输入页面的标题，Windows Size 中输入游戏窗口的尺寸 640×480，然后单击 OK 按钮就发布成功了。

经过测试没有问题后，游戏正式制作完毕。

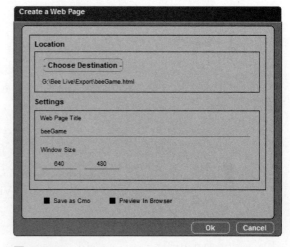

图 9-214

第二节　经典小游戏——吃豆子

一、使用 3ds max 做游戏前期工作

1. 打开 3ds max，首先将单位设置为米，如图 9-215 所示。

2. 创建地板

1　建立一个平面，大小为 10m×10m，并确保其初始位置在原点上。将地板转化为可编辑面片（或网格），如图 9-216 所示。

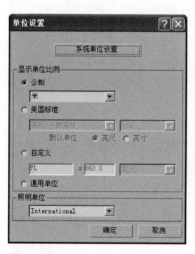

图 9-215

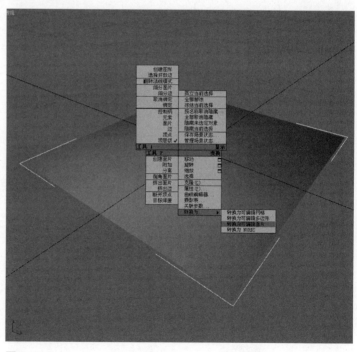

图 9-216

2　为地板展 UV，加上贴图，如图 9-217 所示。

 注意

　　给模型和材质分别命名，便于在 Virtools 中识别。

3　选择工具／重置变换／重置选定内容，如图 9-218 所示。

4　将地板模型导出，设置如图 9-219 至图 9-221 所示。

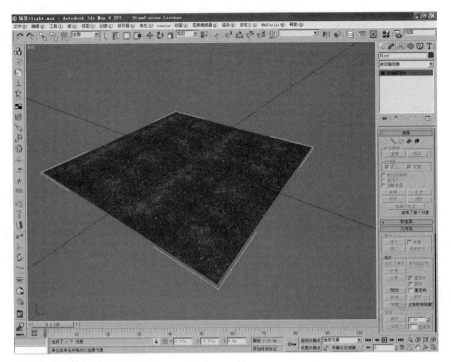

图 9-217　　　　　　　　　　　　　　　　　　　　　　图 9-218

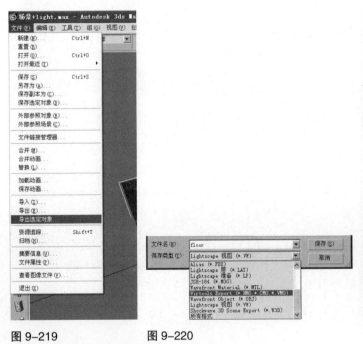

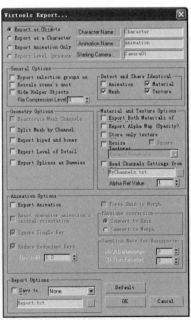

图 9-219　　　　　　图 9-220　　　　　　　　图 9-221

3. 创建迷宫

1　建立一个与地板同样大小的平面，增加分段，并使用挤出工具，做出迷宫的形状，如图 9-222 所示。

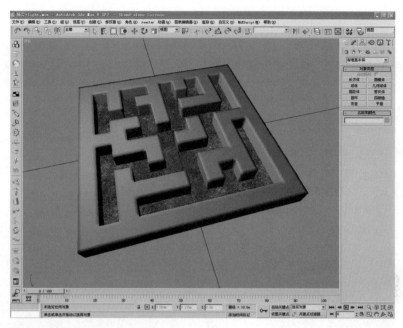

图 9-222

2　将迷宫转化为可编辑面片（或网格），为地板展 UV。加上贴图，如图 9-223 所示。

注意

　　给模型和材质分别命名，便于在 Virtools 中识别。

3　选择工具 / 重置变换 / 重置选定内容，如图 9-224 所示。

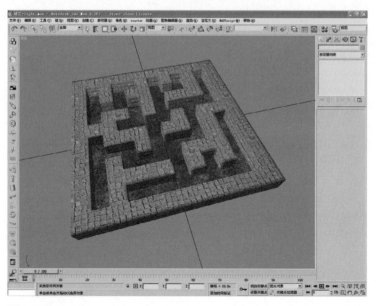

图 9-223

图 9-224

4　将迷宫模型导出。

4．创建角色1：主人公——雪人

1　建立模型。

2　将模型转化为可编辑面片（或网格）。

3　为模型展UV、加上贴图，如图9-225所示。

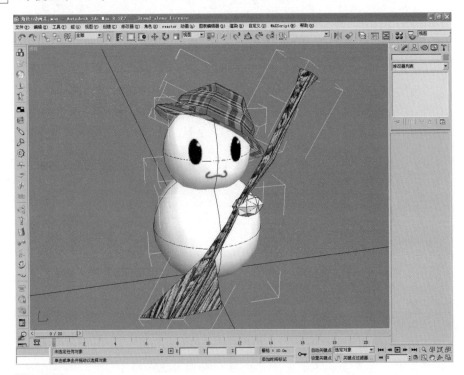

图9-225

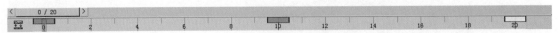

给模型和材质分别命名，便于在Virtools中识别。

4　选择工具／重置变换／重置选定内容。

5　调动画：雪人的行走（可循环动作），如图9-226所示。

图9-226

6　将雪人的模型和动画分别导出，如图9-227和图9-228所示。

5．创建角色2：追逐者——鞋子

1　建立模型。

2　将模型转化为可编辑面片（或网格）。

3　为模型展UV、加上贴图，如图9-229所示。

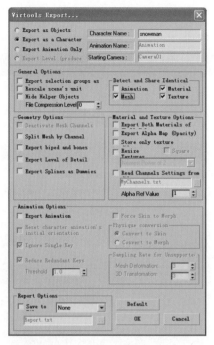

图 9-227　　　　　　　　　图 9-228

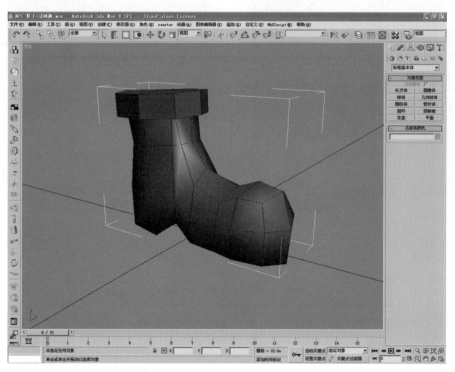

图 9-229

注意

给模型和材质分别命名，便于在 Virtools 中识别。

4　选择工具／重置变换／重置选定内容。

5　调动画：鞋子的跳跃（可循环动作），如图9-230所示。

图9-230

6　将鞋子的模型和动画分别导出，如图9-231和图9-232所示。

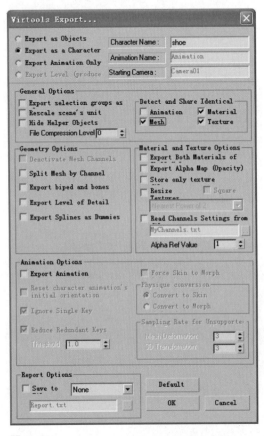
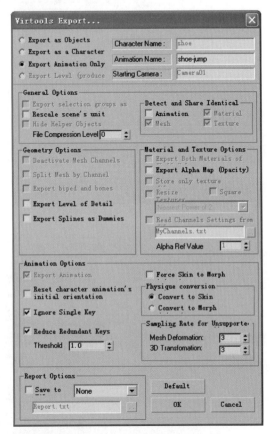

图9-231　　　　　　　　　　　　　　　　　　图9-232

6．创建物体：豆子——红樱桃

1　建立模型。

2　将模型转化为可编辑面片（或网格）。

3　为模型展UV、加上贴图，如图9-233所示。

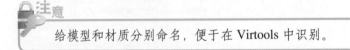

给模型和材质分别命名，便于在Virtools中识别。

4　选择工具／重置变换／重置选定内容。

5　将红樱桃的模型导出。

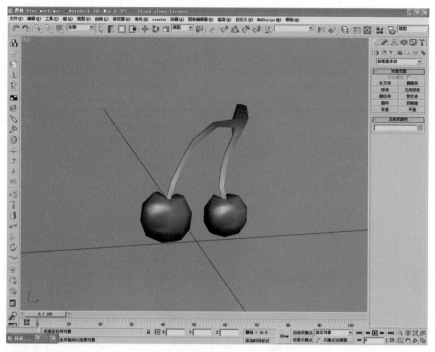

图 9-233

二、使用 Photoshop 做界面设计

1. 按钮

1 在 Photoshop 中，做出按钮的图样，每个按钮 2～3 张，如图 9-234 所示。按钮分为开始（Start）和重新玩（Replay）2 种。

2 在通道栏中，留出 Alpha 通道，如图 9-235 所示。

正常

鼠标经过

点击

图 9-234

图 9-235

3 存储为 .png 或者 .tga 格式的图片，带有通道。

2. 主界面

使用 Photoshop，设计开始界面以及胜利、失败界面等，效果如图 9-236 至图 9-238 所示。

图 9-236

图 9-237

图 9-238

三、使用 Virtools 做吃豆子游戏

（一）游戏框架与用户界面

1. 建立资源库

选择菜单中的 Resources/Create New Data Resource 命令，如图 9-239 所示。

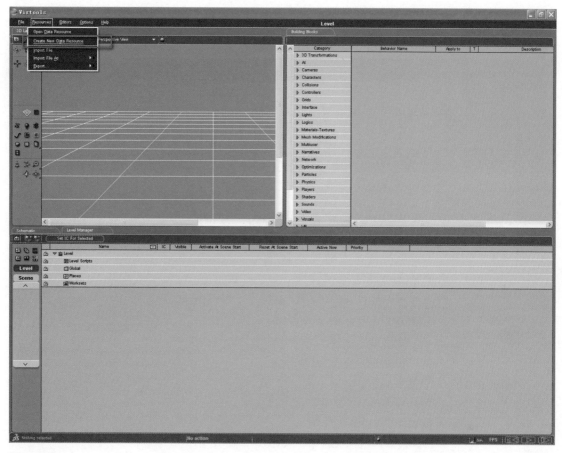

图 9-239

2. 导入素材

将 3DS max、Photoshop 导出的素材，分类放入 Pacman.rsc 资源文件夹下的目录中。

3. 建立游戏框架（使用 Group）

1　建立 Group "Header :: Game Master"，用于游戏整体管理，如图 9-240 所示。

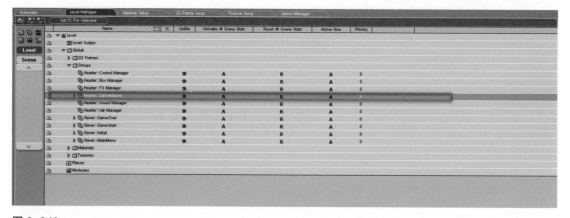

图 9-240

2　在组内创建脚本，使用 Draw Behavior Graphic 搭建游戏框架，即主流程：初始化—主界面—开始游戏—结束游戏—重新开始，如图 9-241 所示。

图 9-241

3　依照框架，建立 Group。命名前缀用 Header 表示统治地位的组，用 Slaver 表示被统治地位的组，具体如下。

　　Header:: 包括：Game Master 游戏整体管理。

　　　　　　　　　Env Manager 环境管理。

　　　　　　　　　Var Manager 变量管理。

　　　　　　　　　Control Manager 控制管理。

　　　　　　　　　FX Manager 特效管理。

　　　　　　　　　Sound Manager 声音管理。

　　Slaver:: 包括：Initial 初始化。

　　　　　　　　　Main Menu 主菜单。

　　　　　　　　　Game Start 游戏开始。

　　　　　　　　　Game Over 游戏结束。如图 9-242 所示。

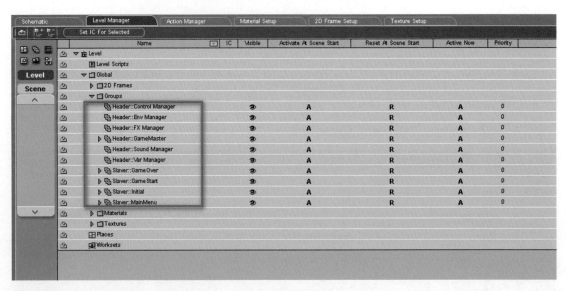

图 9-242

4. 制作按钮

1　将按钮图片拉入 virtools 场景中。

[2]　将按钮图片做成 2D Frame。选择 Editors/Action Manager 命令，如图 9-243 所示，在 Object Creation 面板中，选择 Create 2D Frame From Texture 前面的 Activate，如图 9-244 所示。

图 9-243　　　　　　　图 9-244

[3]　进入 2D Frame 的材质面板，将材质模式改为 Mask，使通道起作用，并隐藏按钮周围的黑色背景，如图 9-245 所示。

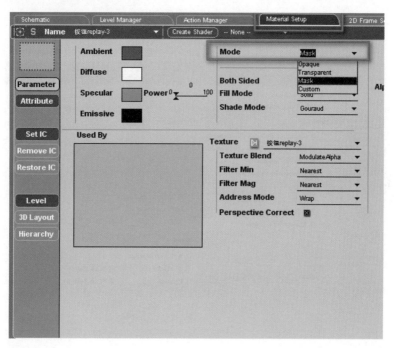

图 9-245

[4]　将每个按钮所生成的 3 个 2D Frame 删去 2 个，只留 1 个，但是 3 张贴图都要保留，如图 9-246 所示，为保留的 2D Frame 命名，如图 9-247 所示。

图 9-246

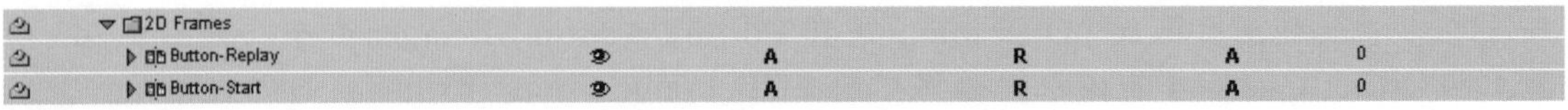

▽ □ 2D Frames							
▷ □ Button-Replay		👁	A	R	A	0	
▷ □ Button-Start		👁	A	R	A	0	

图 9-247

5　在 2D Frame 上写脚本。添加行为模块 Interface/Controls/PushButton，如图 9-248 所示。

6　分别给鼠标释放、点击、经过 3 栏指定做好的贴图，如图 9-249 所示。

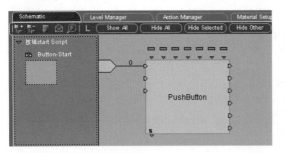

图 9-248

图 9-249

7　进入 2D Frame 的 Setup 中，将材质改为 None，如图 9-250 所示。

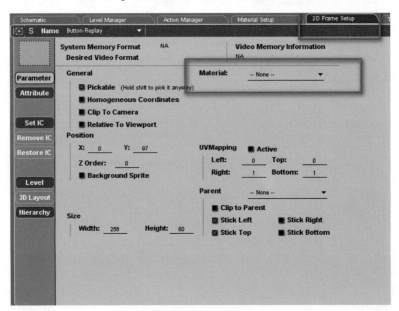

图 9-250

8　完成按钮的制作，如图 9-251 所示。

5.开始界面制作

1　将开始界面图片拖入 Virtools 中。

2　参数设置，将屏幕大小改为和图片一样的 800×600 像素，如图 9-252 所示。

3　将界面图片做成 2D Frame。选择 Editors/Action Manager 命令，如图 9-253 所示。在 Object Creation 面板中，选择 Create 2D Frame From Texture/Activate，如图 9-254 所示。

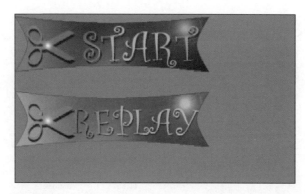

图 9-251

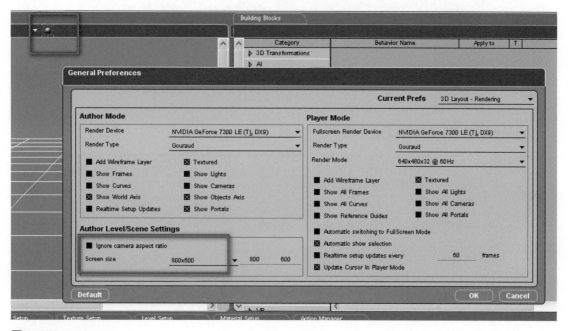

图 9-252

图 9-253　　　　　图 9-254

　　4　设置 2D Frame 的参数，将 Z order 改为 −999，使其处于最下层。去掉 Pickable 的勾选，使界面不可被鼠标点选，如图 9-255 所示。

　　5　将做好的按钮和界面放入 Group 中打组，并关掉 2D Frame 显示，设定 IC UI :: MainMenu 主菜单界面，如图 9-256 所示。

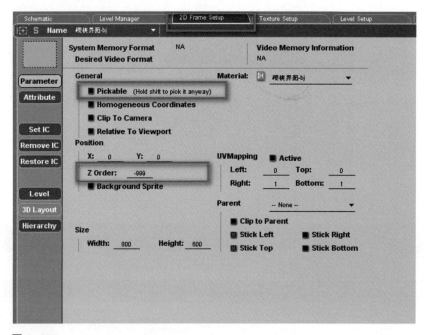

图 9-255

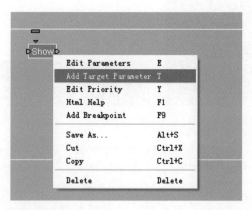

图 9-256

6　给 UI :: MainMenu 组加脚本。加入行为模块 Group Iterator，右键单击，在菜单中选择 Add<this>parameter 命令，如图 9-257 所示。将 this 指给 Group Iterator 的上方输入参数，并连接 Loop out 和 Loop in，使其自循环。

7　加入行为模块 Show，右键单击，选择 Add target Parameter（加入目标参数输入）命令，如图 9-258 所示。双击 Show，去掉 Hierarchy 的勾选。将 Group Iterator 下方的 Element 参数输出指给 Show 的 Target。

Draw Behavior Graph	G
Add Building Block	▶
Add Building Block by Name	Ctrl+Left Dbl Click
Add Local Parameter	Alt+L
Add ⟨This⟩ Parameter	Alt+T
Import from Variable Manager	▶
Add Parameter Operation	Alt+P
Add Comment	C
Add Mark	Ctrl+F2
Rename	F2
Save As...	Alt+S
Copy	Ctrl+C
Delete	Delete
Import Behavior Graph	

图 9-257

Edit Parameters	E
Add Target Parameter	T
Edit Priority	Y
Html Help	F1
Add Breakpoint	F9
Save As...	Alt+S
Cut	Ctrl+X
Copy	Ctrl+C
Delete	Delete

图 9-258

$\boxed{8}$ 加入行为模块 Wait Message，设置参数 Message（输入信息）为 Game Start，如图 9-259 所示。

$\boxed{9}$ 再次加入行为模块 Group Iterator，单击右键选择 Add<this>parameter 命令，如图 9-260 所示。将 "this" 指给 Group Iterator 的上方输入参数，并连接 Loop out 和 Loop in，使其自循环。

图 9-259

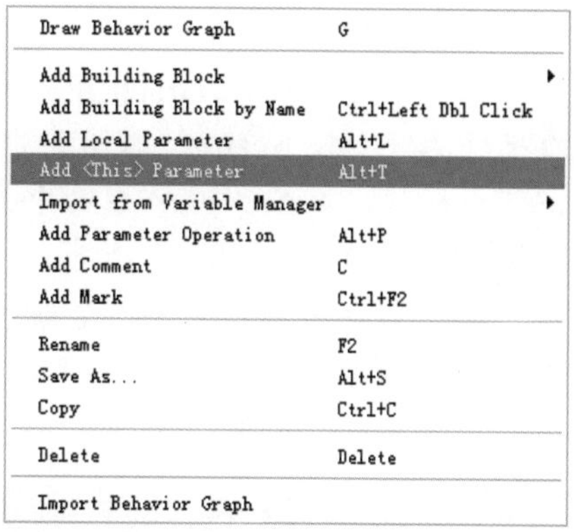

图 9-260

$\boxed{10}$ 加入行为模块 Hide，单击右键，选择 Add target Parameter 命令，加入目标参数输入。将第 2 个 Group Iterator 下方的 Element 参数输出指给 Hide 的 Target。

$\boxed{11}$ 整体流程连接如图 9-261 所示。

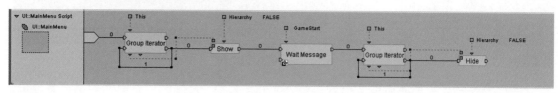

图 9-261

6. 为按钮添加脚本

$\boxed{1}$ 在按钮脚本中，加入行为模块 Broadcast Message（发布信息），将信息设置为与开始界面 Wait Message 相同的信息 Game Start，如图 9-262 所示。

图 9-262

$\boxed{2}$ 将 Broadcast Message 与之前添加的行为模块 Push Button 的参数输出 Released 相连接，使得按钮按下后，激活信息的发送。然后，将 Push Button 的 off 与 Broadcast Message 的 out 相连接，使按钮被激活一次之后，不再产生作用，如图 9-263 所示。

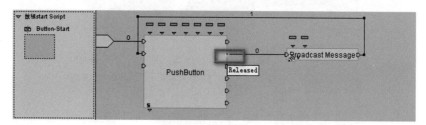

图 9-263

7. 编写主菜单管理组——Slaver:: Main Menu 的脚本

$\boxed{1}$ 在脚本中 Draw Behavior Graph，并命名为 Button Active 建立框架，用于激活

按钮，如图 9-264 所示。

[2] 在 Behavior Graph 中，加入行
为模块 Activate Script（激活脚本），双
击行为模块，在 Script 一栏选中要激活
的按钮层脚本。

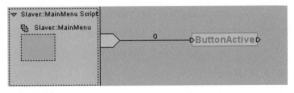

图 9-264

[3] 在行为模块上单击右键，加入
新的 input 参数，如图 9-265 所示。在新的参数栏中，选择要激活的另一脚本，即主界面
层，如图 9-266 所示。

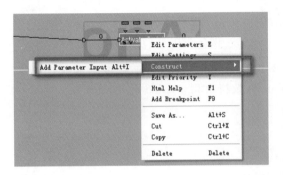

图 9-265

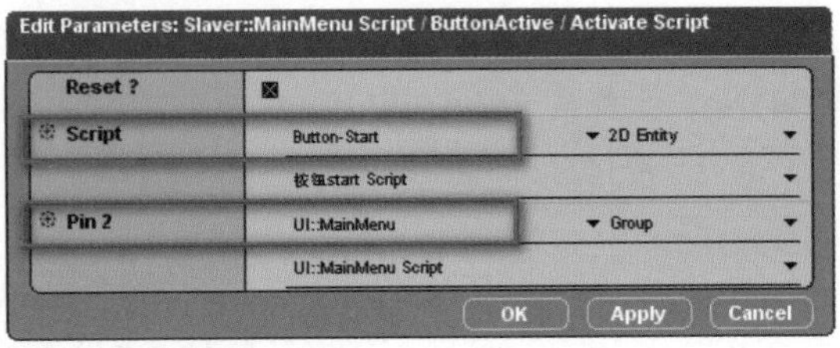

图 9-266

[4] 将按钮层与主界面层 2 个脚本的 Activate 关掉，使得它们在刚开始不产生作用，
而是在 Slaver:: Main Menu 的管理下被激活，如图 9-267 所示。

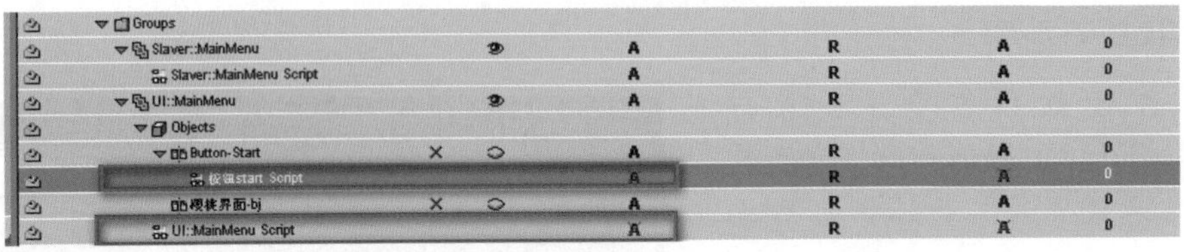

图 9-267

[5] 把 Start 按钮放置在界面上的合适位置，如图 9-268 所示。

图 9-268

（二）游戏主体制作

1. 导入场景素材

1 导入地板文件。在 level 层级管理的 3D object 下找到它，并双击进入参数设置窗口，如图 9-269 所示。

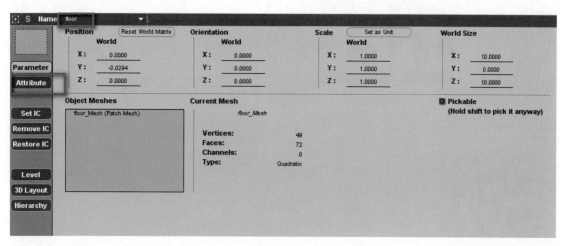

图 9-269

2 单击 Attribute 按钮，添加属性，选择 Floor 属性加入，即将地板物体指定为地面，如图 9-270 所示。

3 导入迷宫文件。

4 建立网格 New Grid，用于标示迷宫墙面的碰撞，如图 9-271 所示。

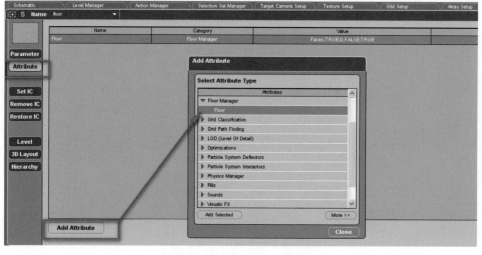

图 9-270

图 9-271

5 将网格大小调整为与迷宫大小完全一致。

6 双击进入网格编辑，右键单击 New Layer Type，新建 Layer，并命名为 collision。在左边按照迷宫走向，绘制网格，使 collision 部分完全覆盖迷宫墙面，如图 9-272 所示。

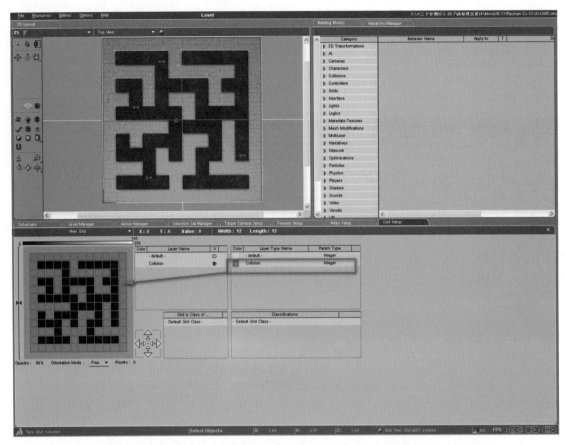

图 9-272

7 给网格调整合适的厚度，使其能够完整覆盖迷宫，如图 9-273 所示。

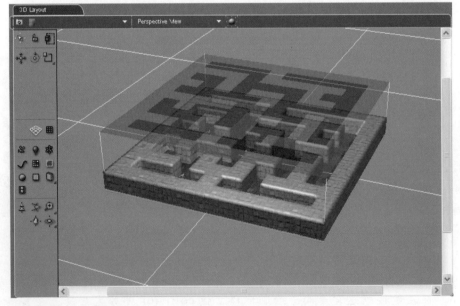

图 9-273

2．主人公——雪人的制作

1 将角色雪人导入场景，放在合适的位置。为它建立脚本，并设置 IC。

2 加入行为模块 Unlimited Controller，用于管理角色的动画动作，双击进入参数编辑窗口，设置参数，Joy_Up 动作一栏，选择在 max 中做好的循环动作，Keep character on floors 去掉勾选，如图 9-274 所示。

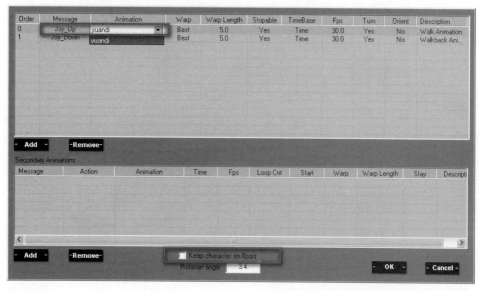

图 9-274

3 加入行为模块 Keyboard Mapper，用于键盘控制角色的运动。一般使用键 W、S、A、D 来控制角色的移动，指定为 Joy_Up 消息，使角色在键盘的控制下，开始运动（播放循环动画），如图 9-275 所示。

4 加入行为模块 Switch on Key，以此来管理角色具体往哪个方向移动或旋转，加入 Output 输出参数，如图 9-276 所示，加至 4 个，并分别指定 W、S、A、D4 个按键，如图 9-277 所示。

图 9-275

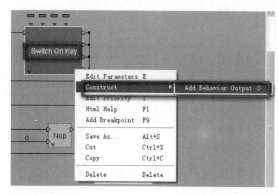

图 9-276

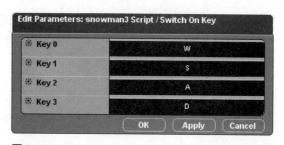

图 9-277

5 在 Switch on Key 后面，加入行为模块 Parameter Selector，并与 Switch on Key 的上方 2 个参数输出连接，用于控制角色的前后移动，如图 9-278 所示。

Switch On Key
Parameter Selector
Parameter Selector

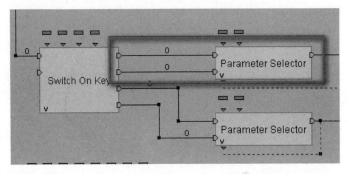

图 9-278

6 双击 Parameter Selector 编辑参数，在 Z 轴分别输入正、负 2 个数值，即控制角色前后移动的距离大小。参照场景的比例，经过测试，调整为合适的数值，如图 9-279 所示。

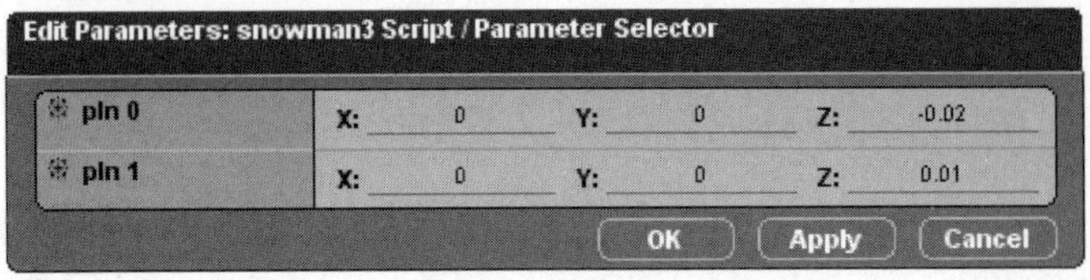

Edit Parameters: snowman3 Script / Parameter Selector
pIn 0
X: 0
Y: 0
Z: -0.02
pIn 1
X: 0
Y: 0
Z: 0.01
OK
Apply
Cancel

图 9-279

7 在 Parameter Selector 后面加入行为模块 Translate，用于实际操作角色的位移。将 Translate 上方参数 Translate Vector 连接到 Parameter Selector 下方的参数输出，使得角色移动的数值能够实时转化为在场景中的位移。

8 右键单击，选择 Add this parameter 命令，将 This 参数连接到 Translate 上方的 Referential 参数，即角色位移的参照物为它本身，如图 9-280 所示。

This
Switch On Key
Parameter Selector
Translate

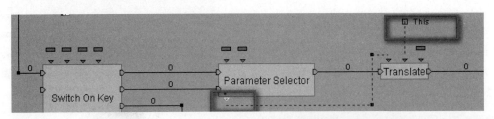

图 9-280

9 同理，控制角色的旋转。在 Switch on Key 后面，加入行为模块 Parameter Selector，并与 Switch on Key 的下方 2 个参数输出连接，用于控制角色的左右旋转。

Edit Parameters: snowman3 Script / Parameter Selector
pIn 0
0.01
pIn 1
-0.01
OK
Apply
Cancel

图 9-281

10 双击 Parameter Selector 编辑参数，在 pin0、pin1 分别输入正、负 2 个数值，即控制角色左右旋转的角度大小。参照场景的比例，经过测试，调整为合适的数值，如图 9-281 所示。

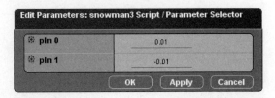

11　在 Parameter Selector 之后，加入行为模块 Rotate，用于实际操作角色的转身角度。将 Rotate 上方参数 Angle of Rotation 连接到 Parameter Selector 下方的参数输出，使得角色旋转的数值能够实时转化为在场景中的转身角度。

12　右键单击，选择 Add this parameter 命令，将 This 参数连接到 Rotate 上方的 Referential 参数上，即角色位移的参照物为它本身，如图 9-282 所示。

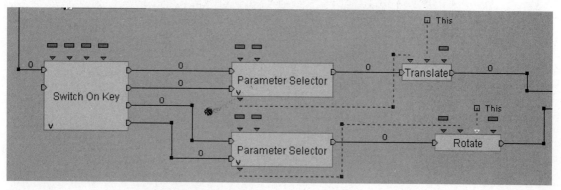

图 9-282

13　加入行为模块 Enhanced Character Keep On Floor，使角色保持在地面上运动。编辑参数，注意角色的朝向，如图 9-283 所示。

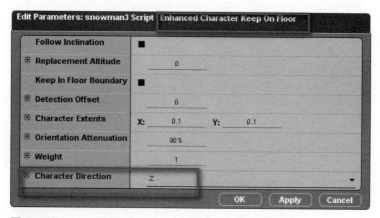

图 9-283

14　加入行为模块 Layer Silder，用于控制角色与迷宫墙面的碰撞。设置参数，选择在网格中画好的碰撞层 collision，影响半径大小为 100%，如图 9-284 所示。

图 9-284

15　将 Translate 与 Rotate 用行为模块 Nop 连接，起到集线器的作用。在 Nop 之后，加入行为模块 Activate Script，为下一步激活吃豆子脚本做好准备。

16 整体流程连接如图 9-285 所示。

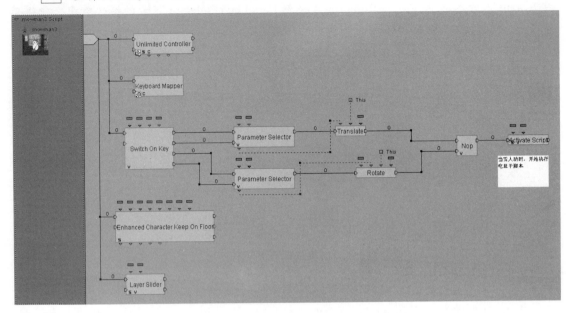

图 9-285

3. 摄像机的制作——玩家视角

1 新建一个camera，命名为1st，作为游戏中玩家的第一人称摄像机，如图 9-286 所示。

2 在场景中，将 1st Camera 放置到雪人的眼睛前方，模拟它的视线。

3 在 Hierarchy Manager 中，将 Camera 作为雪人的子物体，使其跟随雪人移动，如图 9-287 所示。

图 9-286

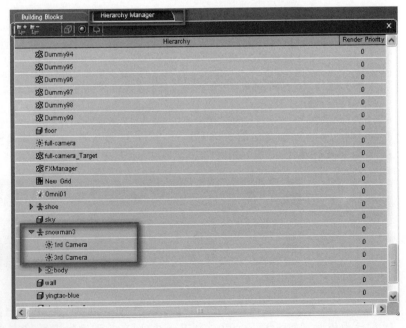

图 9-287

④ 在 Camera 的设置窗口中，将 Near Clip 和 Far Clip 调整为合适的数值，控制相机的视野范围，如图 9-288 所示。

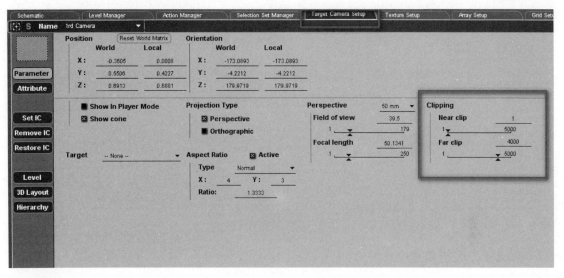

图 9-288

⑤ 同上方法，新建一个 camera，命名 3rd，作为游戏中玩家的第三人称摄像机，将其放置到合适的位置，如图 9-289 所示。

图 9-289

⑥ 给摄像机添加脚本。加入行为模块 Set As Active Camera，即玩家进入游戏之后，进入第三人称 Camera 的视角。然后加入行为模块 Keep Active 使摄像机一直处于被激活状态。

⑦ 下面编写摄像机的切换脚本。在 3rd Camera 的脚本中，在 Set As Active Camera 之后，加入行为模块 Key Event，设置按键为 C，如图 9-290 所示。

图 9-290

8 加入行为模块 Sequencer，用于控制一键切换的命令，单击右键添加 2 个 Behavior Output 输出端口。

9 加入 2 个行为模块 Set As Active Camera，将它们的 target 分别指定为 1st Camera 和 3rd Camera，并将这 2 个行为模块连接到 Sequencer 的 2 个输出端口上，完成一键切换，如图 9-291 所示。

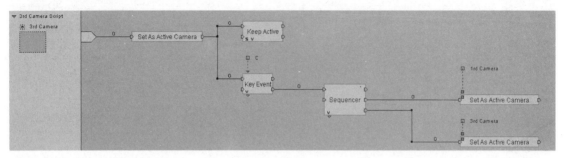

图 9-291

4. 豆子——小樱桃的复制

1 在 3Dmax 中，依照场景迷宫走向，建立若干虚拟物体（Dummy），作为樱桃的位置参考，如图 9-292 所示。然后，将虚拟物体（Dummy）统一导出至 Virtools 中。

注释

在 Virtools 中，直接建立 3D Frame 作为位置参考也可以。

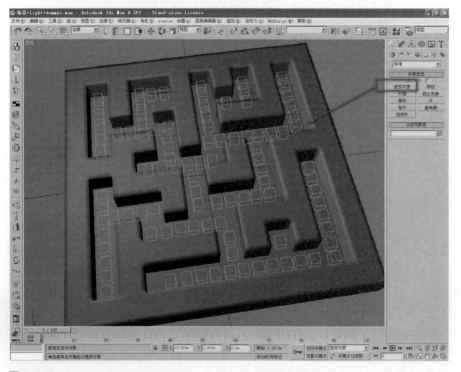

图 9-292

2　将所有的虚拟物体（Dummy）放入一个组中，如图9-293所示。

Schematic	Level Manager	Material Setup	Texture Setup	2D Frame Setup	Action Manager

	Name	IC	Visible	Activate At Scene Start	Reset At Scene Start	Active Now	Priority
	▶ collision		👁	A	R	A	0
	▽ Dummy-100		👁	A	R	A	0
	▽ Objects						
	Dummy03		👁	A	R	A	0
	Dummy04		👁	A	R	A	0
	Dummy17		👁	A	R	A	0
	Dummy18		👁	A	R	A	0
	Dummy23		👁	A	R	A	0
	Dummy24		👁	A	R	A	0
	Dummy26		👁	A	R	A	0

图9-293

3　导入樱桃的原模型，放在主要场景之外的某处。

4　接下来建立新组"Slaver :: CopyCherry"，用于建立复制樱桃的脚本。加入行为模块 Group

图9-294

Iterator，用于指定组。双击打开参数设置窗口，将 Group 指定为 Dummy 组，如图9-294所示。

5　加入行为模块 Object Copy，用于物体的复制，双击打开参数设置窗口，原型选择 cherry 樱桃物体，选择用户自定义复制，确保 mesh/material/texture 都被复制，如图9-295所示。

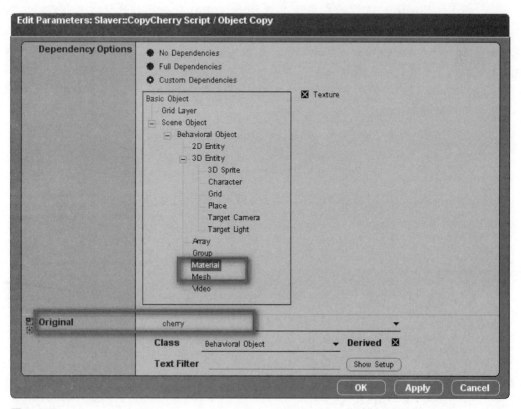

图9-295

6　加入行为模块 Set Position，将复制出来的樱桃，放置在 Dummy 标示的位置上。将 Set Position 上方的目标参数 Target Parameter 与 Object Copy 的下方输出参数 copy 相连接，即被设定位置的目标是复制出的樱桃物体。将 Group Iterator 下方输出的参数 Element 复制，并在旁边以快捷方式的形式粘贴，可以给它设定一个颜色作为区分，如图 9-296 和图 9-297 所示。

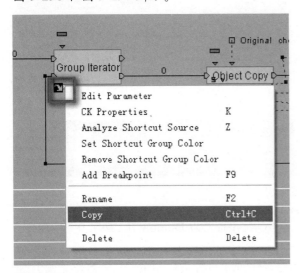

图 9-296

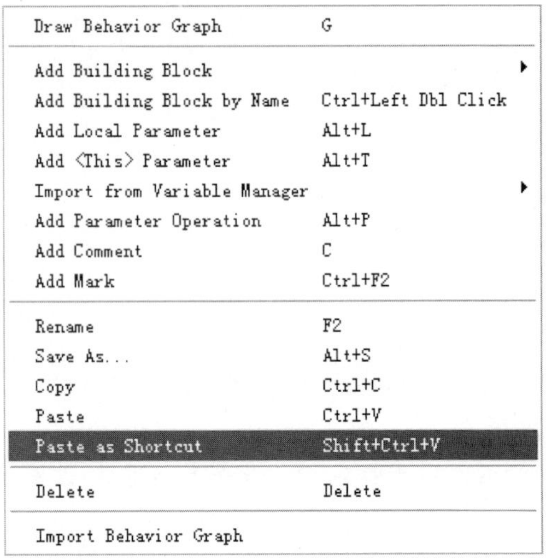

图 9-297

7　将 Set Position 上方的参考物参数 Referential 与参数的快捷方式相连接，即把从 Dummy 组中选出的虚拟物体，作为给樱桃设定位置的参考物，如图 9-298 所示。

8　加入行为模块 Object Rename，为复制出的樱桃命名。将上方 object 参数与 Object Copy 下方输出的参数相连接，即要重命名的物体是复制出的樱桃。将上方 name 参数与 Group Iterator 下方参数 index 相连接，后者表示 Dummy 在组中的序号。这里将它作为重命名樱桃的依据。

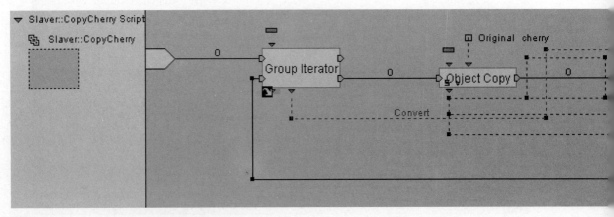

图 9-301

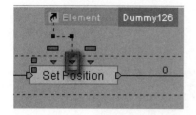

说明

由于 index 数值是整数（integer），而 name 是字符串（string），因此二者需要转化。连接会出现标有 convert（转化）的绿色虚线，并出现如图 9-299 所示对话框。

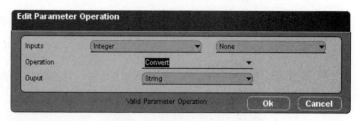

图 9-298　　　　　　　　　　　　图 9-299

9　建立新组 "Pills"，用于处理豆子（樱桃）的被吃得分、特效等脚本。

10　仍然回到 Slavery：CopyCherry 的脚本中，加入行为模块 Is In Group，对于樱桃是否在所选组中作出判断。双击打开参数设置窗口，Group 选择刚创建的 Pills 组，如图 9-300 所示。

图 9-300

11　加入行为模块 Add To Group，将目标物体加入组内。右键单击，添加目标参数 Target Parameter，将目标参数与 Object Copy 下方的参数输出相连接，目标是复制出的樱桃。双击打开参数设置窗口，Group 选择刚创建的 Pills 组。

12　将 Add To Group 的 out 端口与 Group Iterator 的 Loop in 端口相连接，使得这一脚本首尾循环，不断执行。

13　整个流程如图 9-301 所示。

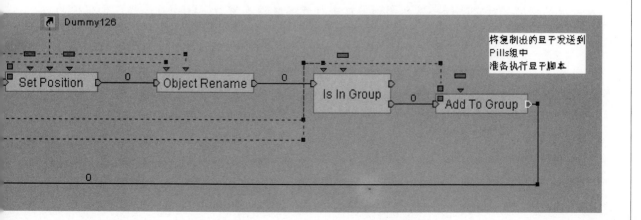

说明

在这一脚本中，首先依照 Dummy 的位置来复制樱桃，再对樱桃进行重命名，之后将复制出的所有樱桃都放入新组 Pills 中，等待下一步对它们的操作。

14 执行脚本，依照 Dummy 位置复制出樱桃，如图 9-302 所示。

图 9-302

5. 豆子的效果——雪人吃樱桃

1 在樱桃的组 Pills 上，建立脚本。加入行为模块 Get Nearest In Group，识别离雪人最近的樱桃，对它进行一系列操作。双击打开参数设置窗口，Group 选择包含樱桃的 Pills，识别参照物选择雪人角色，如图 9-303 所示。

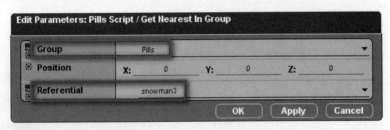

图 9-303

2 加入行为模块 Test，测试樱桃离雪人的远近，足够近，则视为"吃到"。Test 的 A 参数连接到 Get Nearest In Group 的下方参数 Distance 上，即樱桃离雪人的距离。打开参数设置窗口，B 设为一个合适的数值，Test 选择"Less or equal"，即当樱桃与雪人距离小于或等于 B 所设的数值时，满足测试条件，如图 9-304 所示。

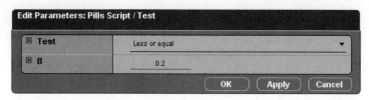

图 9-304

③　加入行为模块 Nop，作为一个集线器，并给 Nop 加入 4 个 Output 端口。在 Nop 的右边 Draw Behavior Graph，画出 4 个组，分别命名为"豆子消失"、"得分"、"特效奖励"和"奖励音效"，作为框架，如图 9-305 所示。

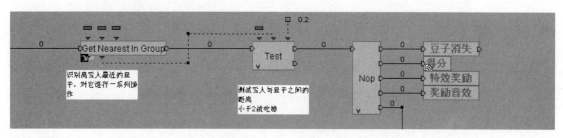

图 9-305

④　"豆子消失"版块的制作。加入行为模块 Hide，隐藏"被吃"的樱桃。

⑤　将 Get Nearest In Group 的下方参数 Nearest Object 复制出来，并粘贴快捷方式。

⑥　给 Hide 添加 Target Parameter，并将目标连接到 Nearest Object，即隐藏最近的"被吃"樱桃。

⑦　加入行为模块 Remove From Group，将"被吃"的樱桃从组中删除。给 Remove From Group 添加 Target Parameter，并将目标连接到 Nearest Object，即删除最近的"被吃"樱桃。双击打开参数设置窗口，Group 选择 Pills。

⑧　"豆子消失"版块整体流程，如图 9-306 所示。

⑨　下面制作"得分"版块。建立新的数列，将其命名为 Score，如图 9-307 所示。

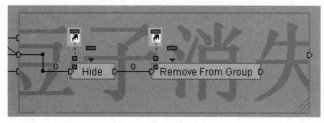

图 9-306

图 9-307

⑩　右键单击，打开 set up 编辑窗口，单击 Add Column（添加列）按钮 2 次，添加两列，命名为 Life 和 Score，代表生命值和得分。单击 Add Row（添加行）按钮，添加 1 行，设定生命值为 3，得分为 0，如图 9-308 所示。

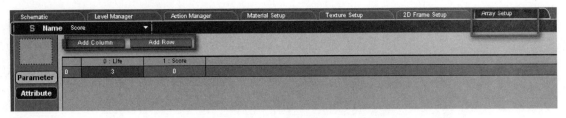

图 9-308

11　给 Score 数列建立脚本。加入行为模块 Switch On Message，设置参数，Message 0 为 Kill（减命），Messeage1 为 Add Score（加分），如图 9-309 所示。

图 9-309

12　画两个组，分别为减命和加分的框架，如图 9-310 所示。

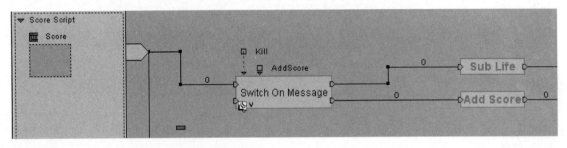

图 9-310

13　下面制作 Sub Life 减命版块。加入行为模块 Get Cell，获取现在数列中的数值。双击打开设置参数 Row 与 Column 的序号都设为 0，即获取 Life 一栏的数值。

14　加入行为模块 Op，用于参数运算。复制 Get Cell 下方输出的生命值，粘贴快捷方式，连接到 Op 的上方参数输入，即被减数。双击 Op，将 p2 的值设为 -1，即每运算一次，生命值就减 1。

15　加入行为模块 Threshold，控制生命的阈值大小。将最小值设为 0，最大值设为 10。将上方参数 X 的值，连接到 Op 的下方输出，即运算的结果数值。

16　加入行为模块 Set Cell，将得到的数值传回数列中。双击打开设置参数，Row 与 Column 的序号都设为 0，即传送到 Life 一栏。将上方参数 Value，即生命值，连接到 Op 的下方输出，即运算的结果数值。

17　将 Threshold 右边输出端口的第 3 个 MIN<X<MAX 连接到 Set Cell，游戏继续。而将 Threshold 右边输出端口的第 1 个 X<MIN 连接到组之外，生命值为 0，游戏结束，连接 GameOver 版块（后面详述）。

18　SubLife 减命版块整个流程如图 9-311 所示。

19　制作 Add Score 加分版块。加入行为模块 Get Cell，获取现在数列中的数值。双击打开设置参数，Row 的序号设为 0，Column 序号设为 1，即获取 Score 一栏的数值。

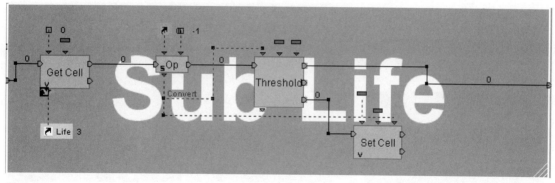

图 9-311

20　加入行为模块 Op，用于参数运算。复制 Get Cell 下方输出的得分值，粘贴快捷方式，连接到 Op 的上方参数输入，即加数。双击 Op，将 p2 的值设为 10，即每运算一次，得分就加 10。

21　加入行为模块 Set Cell，将得到的数值传回数列中。双击打开设置参数，Row 的序号设为 0，Column 序号设为 1，即传送到 Score 一栏。将上方参数 Value 即得分值，连接到 Op 的下方输出，即运算的结果数值将 Set Cell 右边输出端口 Found 连接到 Behavior Graph 之外。

22　Add Score 加分版块整个流程如图 9-312 所示。

23　加入行为模块 Test。Test 的 A 参数连接到 Get Cell 下方输出的得分值的快捷方式，即当前得分值。设置参数，B 设为一个合适的数值，Test 选择 Greater or equal，即当得分值高于或等于 500 分时，满足测试条件，如图 9-313 所示 Test 右边输出端口 true 连接到后面的 Win 版块（后面详述）。

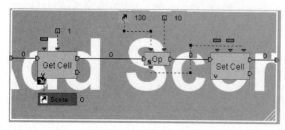

图 9-312

图 9-313

24　右键单击，选择 Add Local Parameter 命令，加入 2 个本地参数。第 1 个命名为 Life，第 2 个命名为 Score，分别代表生命值和得分值。将它们分别复制并粘贴快捷方式，如图 9-314 所示。

25　下面制作得分的显示。加入行为模块 Get Row，用于获取数列的某一行数值。双击打开设置参数，Row index 设为 0。

26　加入行为模块 Text Display，用于文本显示控制。双击打开设置参数文字位移、颜色、排列方式、大小以及内容设置，如图 9-315 所示。

27　将 Life、Score 2 个本地参数的快捷方式分别连接到 Get Row 的下方输出 life 和 Score 上，再将它们与 Text Display 的上方输入 life 和 Score 相连接，作为桥梁。

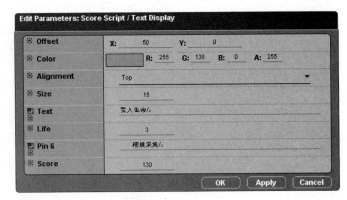

图 9-314　　　　　　　　　　　图 9-315

28　得分显示整体流程连接如图 9-316 所示。

图 9-316

29　制作 Game Over 版块。在 Sub Life 之后，Draw Behavior Graph 画出 Game Over 框架。加入行为模块 Broadcast Message，设置参数 Message 为 GameOver。为游戏结束的一系列操作做好准备。

30　制作 Win 版块。在 Test 之后，Draw Behavior Graph 画出 Win 框架。加入行为模块 Broadcast Message，设置参数 Message 为 YouWin。为游戏胜利的一系列操作做好准备。

31　回到 Pills 的脚本中，在得分版块中，加入行为模块 Send Message，设置参数 Message 为 AddScore，即与 Score 脚本中，Switch On Message 所需的信息一致，Dest 为 Score 数列，如图 9-317 和图 9-318 所示。以上就完成了"得分"版块的制作。

图 9-317　　　　　　　　　　　图 9-318

32　下面制作"特效奖励"版块——吃到樱桃的视觉特效。

使用 Photoshop，准备一张火焰的贴图，如图 9-319 所示。

33 在 Pills 脚本的"特效奖励"Behavior Graph 中，加入行为模块 Activate Script 触发特效脚本。设置参数，待触发的脚本 Script 为 FXManager，如图 9-320 所示。

34 建立一个 3D Frame，命名为 FXManager。

35 给 FXManager 添加脚本。加入行为模块 Set Position，控制特效发生的位置（正好在雪人的位置）。设置参数，参照物 Referential 为 snowman3（雪人角色），如图 9-321 所示。

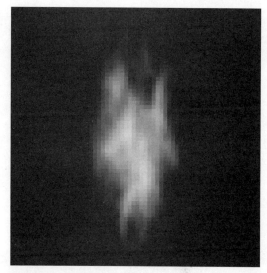

图 9-319

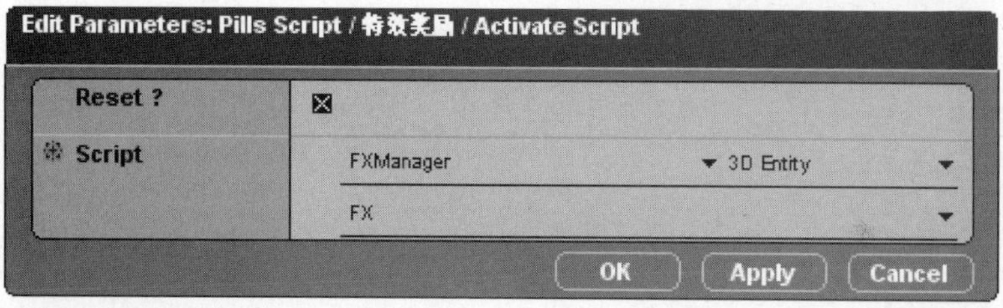

图 9-320

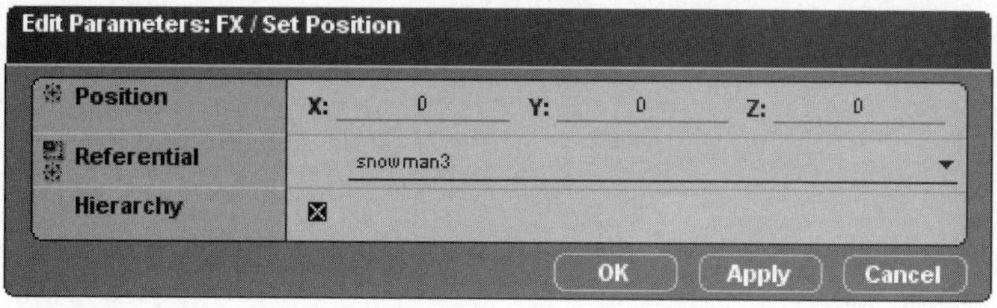

图 9-321

36 加入行为模块 Point Particles System（粒子系统），双击打开设置参数，调整粒子的速度、生命时长、大小、变化等各项参数，Texture 指定为特效所做的火焰贴图，如图 9-322 所示。

37 加入行为模块 Timer，控制火焰的闪烁时间长度。双击打开设置参数，时间为 300ms。将 Timer 的 out 端口与 Point Particles System 的 off 端口相连，每播放 300ms 之后，就关掉粒子系统。将 Timer 的 Loop In 和 Loop Out 相连接，使其循环，如图 9-323 所示。

38 完成"特效奖励"版块的制作，随着雪人的移动，火焰跟随效果如图 9-324 所示。

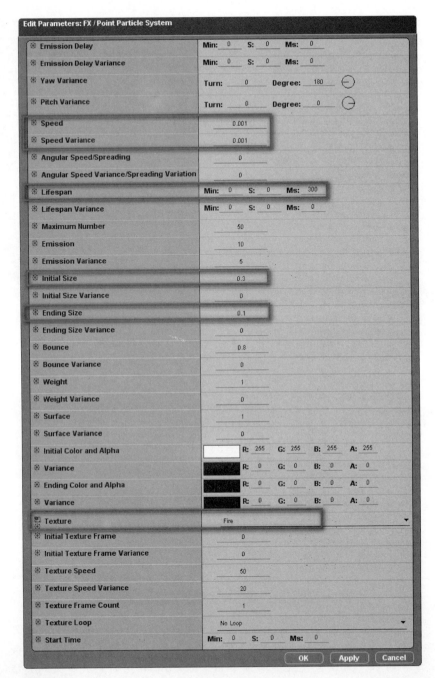

图 9-322

图 9-323

39　下面制作"奖励音效"版块——吃到樱桃的声音。准备一段短音乐或音效，作为吃到樱桃的声音特效。

40　在 Pills 脚本的"奖励音效"Behavior Graph 中，加入行为模块 Wave Player，双击打开设置参数，目标音频为吃豆子音效，可适当加入淡入或淡出效果，如图 9-325 所示。

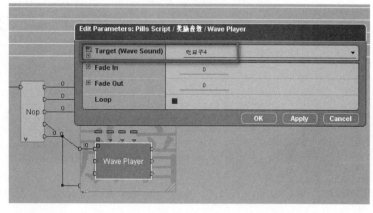

图 9-324　　　　　　　图 9-325

6. 第二个角色——追逐者鞋子

鞋子作为追逐者，是玩家的一大挑战。它要追赶雪人，若踩到，则减去雪人的生命值。这部分要完成鞋子追上雪人和追上后踩中雪人减命的制作。

1　首先制作鞋子追上雪人。拖入"鞋子"角色，并建立脚本。加入行为模块 Unlimited Controller，管理角色的动画动作。双击进入参数编辑窗口，在 Joy_Up 动作一栏，选择在 3DS max 中做好的循环动作，如图 9-326 所示。

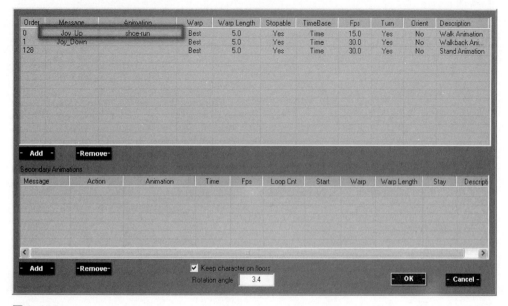

图 9-326

2 加入行为模块 Enhanced Character Keep On Floor，使角色保持在地面上运动。双击编辑参数，注意角色的朝向，如图 9-327 所示。

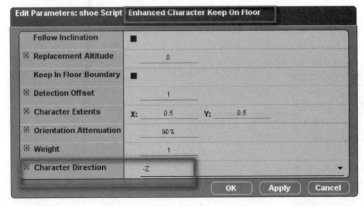

图 9-327

3 加入行为模块 Grid Path Init，定位要遵循的网格。双击打开参数设置窗口，Layer1 选择 Collision，与迷宫墙体走向一样的网格，如图 9-328 所示。

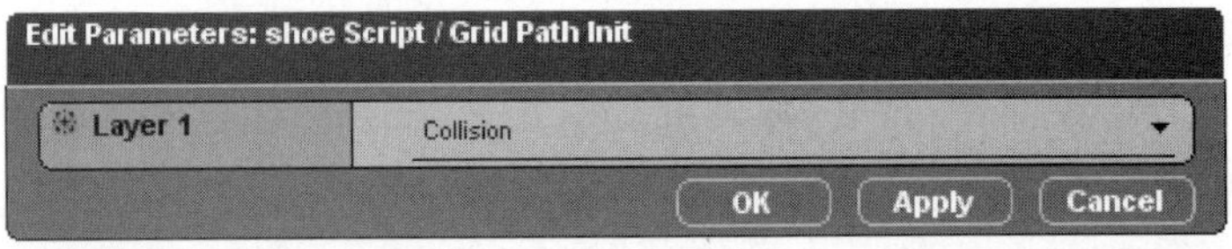

图 9-328

4 加入行为模块 Grid Path Solver，使鞋子按照网格路线寻找雪人。双击打开参数设置窗口，目标设为雪人角色，碰撞层设为 Collision，如图 9-329 所示。将 Grid Path Solver 的右边输出端 not found 与左边输入端 On 相连接，形成循环，一旦找不到则继续再次寻找。

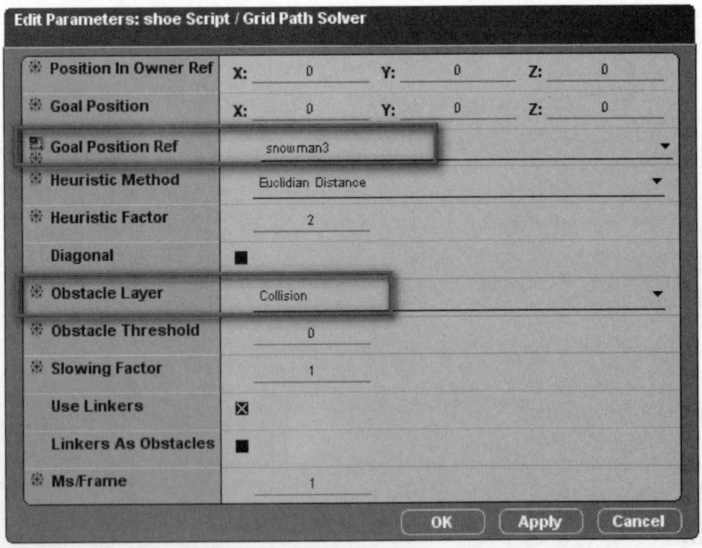

图 9-329

　　⑤　Grid Path Solver 之后加入行为模块 Set Position，控制角色在运动中的偏移纠正。添加 Target Parameter，目标参数指定为 Grid Path Solver 下方输出的参数 Curve，即依照找到的曲线，产生少许偏移。

　　⑥　加入行为模块 Character Curve Follow，用于角色的曲线跟随。双击设置参数，注意角色的朝向，如图 9-330 所示。将上方参数 Curve To Follow 与 Grid Path Solver 下方输出参数 Curve 相连接，即依照找到的曲线去跟随。将 Loop In 和 Loop Out 相连接，使行为模块自循环。

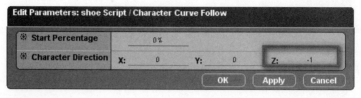

图 9-330

　　⑦　加入行为模块 Delayer，目的是鞋子追上雪人之后，等待片刻，再继续追逐。双击打开参数设置窗口，Time to Nait 设为 3 秒的延迟，如图 9-331 所示。将右端 out 与 Grid Path Solver 的左端 on 相连接，延迟过后，继续开始寻找曲线。

图 9-331

　　⑧　下面制作鞋子追上雪人，踩中则减命的脚本。在 Grid Path Init 之后，加入行为模块 Test，用于判断鞋子与雪人的距离。右键单击，选择 Add Parameter Operation（本地参数运算）命令，设置如图 9-332 和图 9-333 所示，获取两个角色之间的距离。

　　⑨　再将这个本地参数运算的结果（浮点数值）连接到 Test 的 A 端口，如图 9-334 所示。

图 9-332

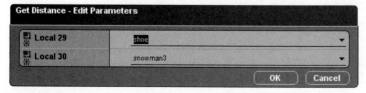

图 9-333

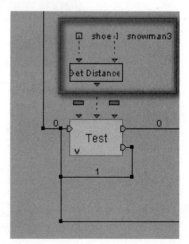

图 9-334

10 双击 Test 打开参数设置窗口，B 数值设为 1，Test 设为 Less or equal，即两者的距离小于或等于 1，则判断鞋子追上了雪人，如图 9-335 所示。

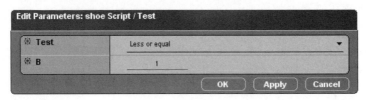

图 9-335

11 Test 的右边输出端 False 与左边 In 相连接，形成自循环，若 Test 的条件一直不满足，则一直运行。

12 加入行为模块 Bezier Progression，设置参数如图 9-336 所示，将 Loop In 和 Loop Out 连接，使其循环。

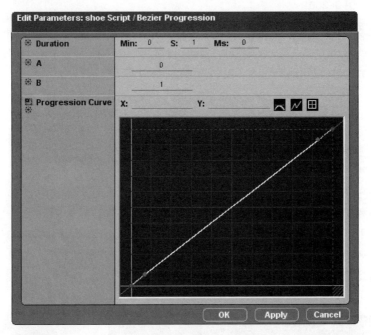

图 9-336

13 加入行为模块 Blink，使雪人被踩中之后，闪动几下。加入 Target Parameter，设定目标为雪人。双击打开参数设置窗口，设定隐藏和显示的帧数，做成闪烁效果，如图 9-337 所示。

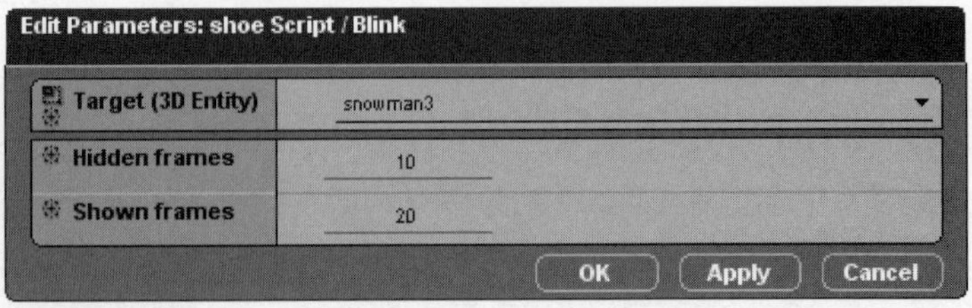

图 9-337

14　加入行为模块 Broadcast Message，发送"减命"信息。设定参数 Message 为 Kill，即与 Score 脚本中，Switch On Message 所需的信息一致，如图 9-338 所示。将 Broadcast Message 的右边端口 out 与 Test 的左边 In 相连接，形成循环。

15　加入行为模块 Show，确保在加入闪烁效果之后，雪人不会消失。加入 Target Parameter，设定目标为雪人，如图 9-339 所示。

图 9-338

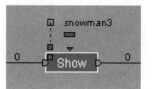

图 9-339

16　追逐者鞋子的整体脚本连接如图 9-340 所示。

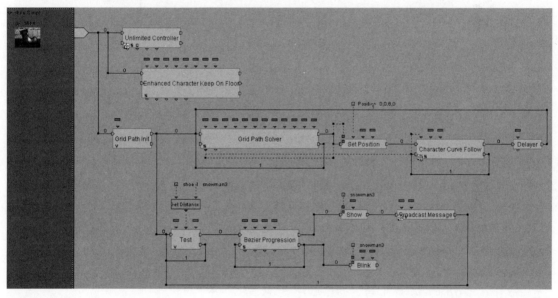

图 9-340

7.胜利、失败界面

1　首先将胜利、失败界面图片做成 2D Frame，并放置到合适的位置。选择 Editors/Action Manager 命令，如图 9-341 所示。在 Object Creation 面板中，Create 2D Frame From Texture——Activate，如图 9-342 所示。

2　建立 2 个新组，UI::GameOver 放入失败界面的 2D Frame，UI::YouWin 放入胜利界面的 2D Frame，如图 9-343 所示。

3　为 UI::GameOver 编写脚本。加入行为模块 Switch On Message，双击打开参数设置窗口，设定 Message0 为 GameOver，即当生命为 0，游戏结束时，Message1 为 Replay，

图 9-341

即当 Replay 按钮被激活时，重新开始，如图 9-344 所示。

图 9-342

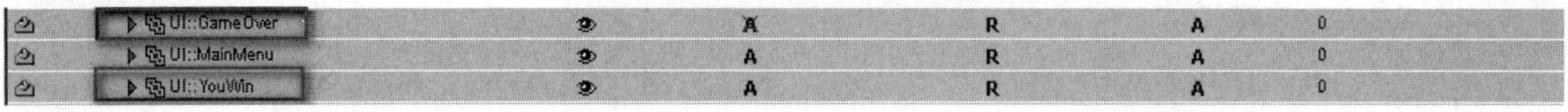

图 9-343

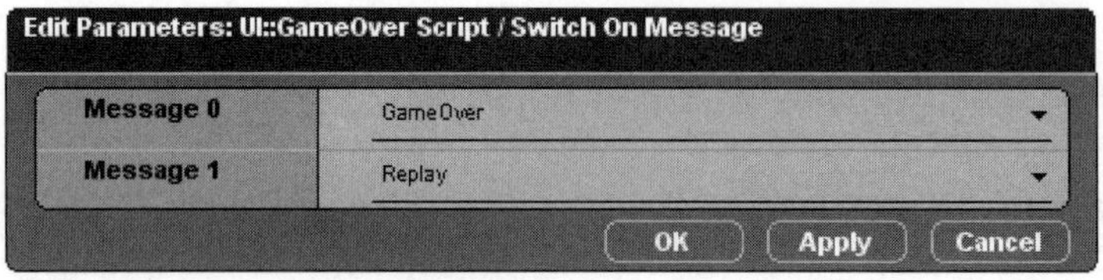

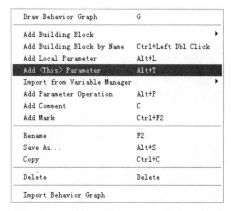

图 9-344

4 在 Switch On Message 的右边端口 1 (Message 0 receive) 之后加入行为模块 Group Iterator，用于选择组。右键单击，选择 Add this parameter 命令，指定本组内的 2D Frame，如图 9-345 所示。将 this 指给 Group Iterator 的上方参数输入，指定本组。将 Loop In 和 Loop Out 连接，使其循环，如图 9-346 所示。

5 在 Group Iterator 的右边输出 out 端口，连接行为模块 Nop，作为集线器。为 Nop 添加 1 个 Output 输出端口，便于连接。

Draw Behavior Graph	G
Add Building Block	▶
Add Building Block by Name	Ctrl+Left Dbl Click
Add Local Parameter	Alt+L
Add ⟨This⟩ Parameter	Alt+T
Import from Variable Manager	▶
Add Parameter Operation	Alt+P
Add Comment	C
Add Mark	Ctrl+F2
Rename	F2
Save As...	Alt+S
Copy	Ctrl+C
Delete	Delete
Import Behavior Graph	

图 9-345

6 在 Nop 的端口 1 后，加入行为模块 Activate Script。双击打开参数设置窗口，设定要激活的脚本是 Replay 按钮的脚本，如图 9-347 所示。

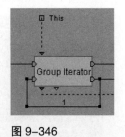

图 9-346

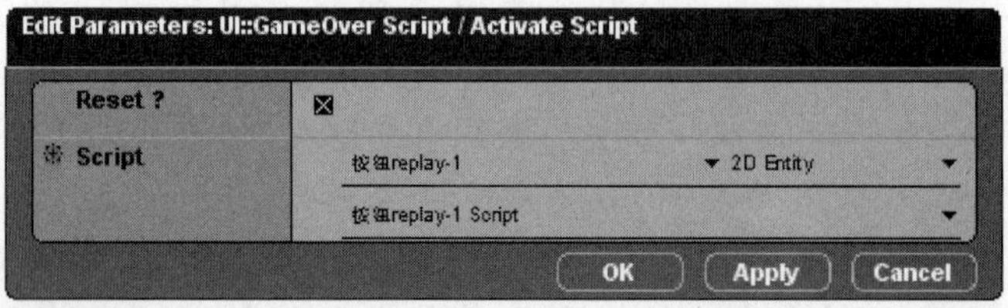

图 9-347

7 在 Nop 的端口 2 后，加入行为模块 Deactivate Script，用于关掉脚本。添加 1 个 Parameter Input 参数输入端口。双击打开参数设置窗口，设定要关掉的脚本是雪人和鞋子 2 个角色的脚本，如图 9-348 和图 9-349 所示。

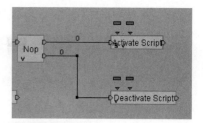

图 9-348　　　　　　　　　　　　　　　　　　图 9-349

8　在 Group Iterator 的右边输出 Loop out 端口，连接行为模块 Show，显示失败界面。添加 Target Parameter，目标连接到 Group Iterator 的下方参数 Element，即本组中的失败界面。

9　同样的，在 Switch On Message 的右边端口 2（Message 1 receive）之后加入行为模块 Group Iterator，用于选择组，并且同上步骤，加入 this Parameter，并将 Loop In 和 Loop Out 连接，使其自循环。

10　在 Group Iterator 的右边输出 Loop out 端口，连接行为模块 Hide，目的是接收到 Replay 命令之后，隐藏掉失败界面。添加 Target Parameter，目标连接到 Group Iterator 的下方参数 Element，即本组中的失败界面。

11　UI::Game Over 的脚本整体连接如图 9-350 所示。

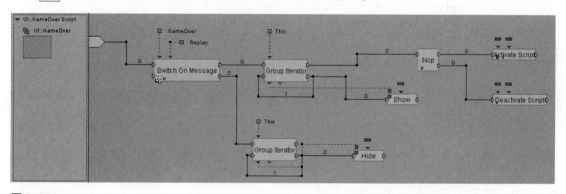

图 9-350

12　编写 UI::YouWin 的脚本的原理和做法与上一步失败界面的脚本完全相同，只是注意将 Switch On Message 的 Message 0 改为 YouWin。脚本整体连接如图 9-351 所示。

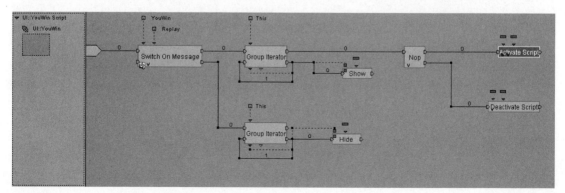

图 9-351

8. Replay——重新开始按钮

1 为做好的 Replay 按钮（2D Frame）添加脚本。加入行为模块 Show，显示按钮本身。

2 加入行为模块 Push Button。与前面讲过的"Start"按钮做法相同，分别给鼠标释放、点击、经过 3 栏指定做好的贴图，如图 9-352 所示。

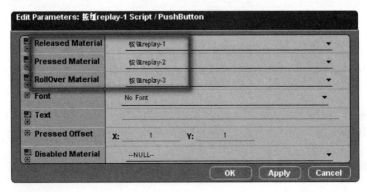

图 9-352

3 加入行为模块 Broadcast Message，当按钮按下，则发布消息 Replay，如图 9-353 所示。

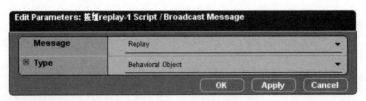

图 9-353

4 加入行为模块 Hide，按下按钮之后，隐藏按钮本身。将 Hide 的输出端口与 Push Button 的 off 输入端相连接。一旦隐藏，则不再起作用。

5 脚本整体连接如图 9-354 所示。

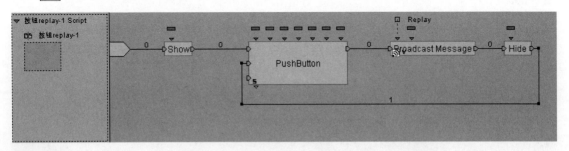

图 9-354

9. 游戏脚本整体管理

1 在之前建立的组 Header :: Game Master 脚本中，加入行为模块 Switch On Message，右键单击，选择 Add Behavior Output 命令，添加至 4 个参数，分别输入场景中的 4 个消息 YouWin、GameOver、Replay 和 GameStart，如图 9-355 所示。

图 9-355

2　在 Switch On Message 的右边第 3 个输出端口（即 Replay 消息的输出端）之后，用 Draw Behavior Graph 画出框架——Init，用于写入重新开始后，场景的初始化脚本，如图 9-356 所示。

3　编写 Init 初始化版块。首先，新建一个 Group，命名 Init。将所有在 Replay 之后，需要初始化的物体，包括 2 个角色、界面、按钮、摄像机、生命与分数数列、要复制的樱桃、音乐及音效等等，全部放入这个组中。

给所有需要初始化的物体都设 IC，如图 9-357 所示。

图 9-357

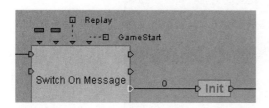

图 9-356

4　在 Behavior Graph 中，加入行为模块 Group Iterator，双击打开参数设置窗口，指定初始化的组 Init。

5　加入行为模块 Restore IC，重新加载初始状态。添加 Target Parameter，目标指给 Group Iterator 下方的参数输出，即 Init 组的内容。将 Group Iterator 的 Loop Out 端口与 Restore IC 相连，再将 Restore IC 的输出端与 Group Iterator 的 Loop In 端口相连，使这个脚本循环，如图 9-358 所示。

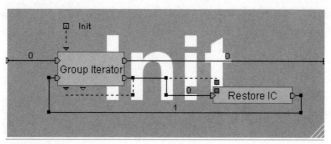

图 9-358

6 在 Init 版块之后，加入行为模块 Activate Script，用于激活重新开始之后要起作用的脚本。添加若干参数输入，双击打开，设置参数如图 9-359 所示。

图 9-359

7 在 Switch On Message 的右边第 4 个输出端口（即 Game Start 消息的输出端）之后，加入行为模块 Activate Script，双击打开设置参数，游戏开始时，需要激活的是雪人和鞋子 2 个角色的脚本，如图 9-360 所示。

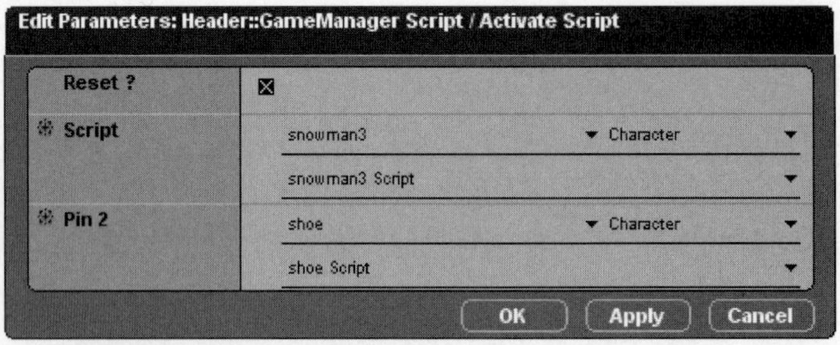

图 9-360

8 脚本整体连接如图9-361所示。

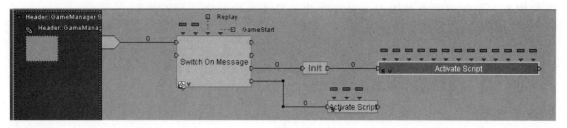

图9-361

10．游戏背景音乐

1 将选择好的背景音乐导入Virtools场景。

2 建立新组Slaver::BJMusic，用于控制背景音乐，并为它添加脚本。

3 在脚本中，加入行为模块Switch On Message，并添加3个Behavior Output参数输入端口，双

图9-362

击打开参数设置窗口，分别输入3个消息指令，如图9-362所示。

4 在Switch On Message的右边输出端口1之后，加入行为模块Wave Player，双击打开参数设置窗口，指定背景音乐。

5 在Switch On Message的右边输出端口2和3之后，加入行为模块Nop，作为集线器。

6 在Nop之后，加入行为模块Deactivate Script，双击打开参数设置窗口，指定背景音乐脚本本身，即当游戏结束（胜利／失败）时，停止背景音乐的播放。

注意

将音乐脚本加入Header :: Game Master，即游戏整体管理的脚本中。

7 游戏背景音乐脚本整体连接如图9-363所示。

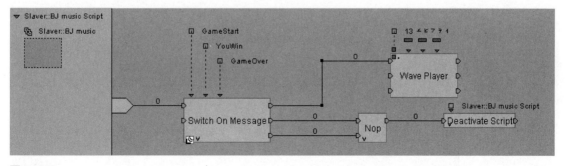

图9-363

至此，用Virtools实现的经典小游戏——吃豆子制作完毕。